黛安・雅各 Dianne Jacob 著　王心宇 譯

飲食寫作

【暢銷美食作家養成大全】

Will Write for Food

The Complete Guide to Writing Cookbooks, Blogs, Memoir, Recipes, and More

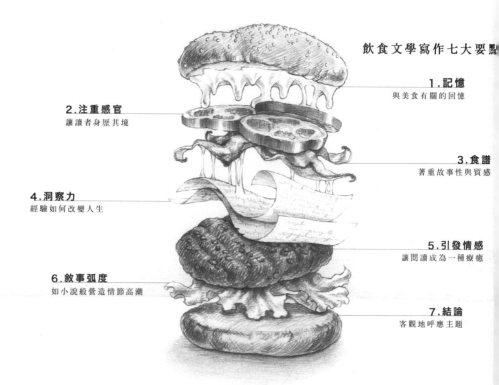

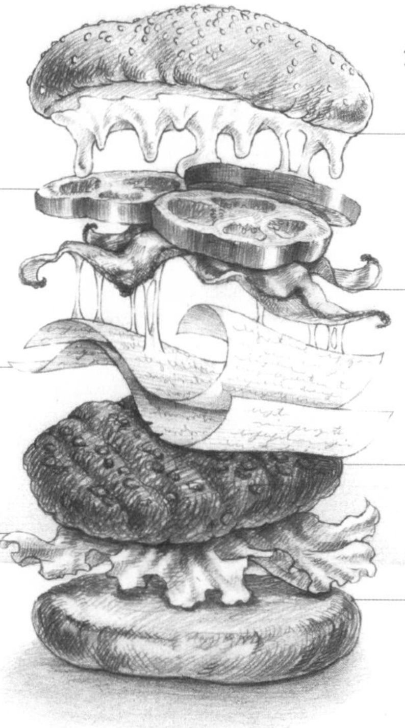

飲食文學寫作七大要點
1.記憶
與美食有關的回憶
2.注重感官
讓讀者身歷其境
3.食譜
著重故事性與質感
4.洞察力
經驗如何改變人生
5.引發情感
讓閱讀成為一種療癒
6.敘事弧度
如小說般營造情節高潮
7.結論
客觀地呼應主題

全美最強寫作教師

教你從部落格、食譜、專欄、評論、散文、小說，

到社群經營與自由創業，成為備受矚目的飲食名家。

謹將此書獻給我的父母，
你們用食物盛載了美好的記憶與性格，
你們是如此熱愛精采的故事。

推薦序

這本書是一個很棒的禮物，不只適合美食寫作的新手閱讀，已在業界多年的老鳥們也能從中學到很多。黛安詳盡的說明、立意良好的建議、以及對於工作上的鼓勵與忠告都令人為之振奮。

——《大家的素食料理》作者／黛博拉．麥迪遜

經營一個成功的美食部落格超過十年、出版過四本書，但仍在擴展事業的我，由衷感謝有這本書的存在，讓我相信自己真的做得到。

——「無麩質女孩」部落客作者／夏娜．詹姆斯．阿赫恩

我經常推薦並贈送這本書給新作家。這本書很適合當作烹飪書寫作的導讀。

——藍燈書屋出版集團「胃口」出版社發行人／羅伯．麥可洛

黛安・雅各為美食寫作新手畫出了一份清楚的藍圖，教導他們在業界該如何起步。

——《舊金山紀事報》美食與美酒版主編／麥可・包爾

我對這本書唯一的不滿以及最大的抱怨就是：為什麼我剛開始寫作時沒有這種書？如果你真的有心想成為美食作家，建議你立刻抱著這本書去結帳，這樣可以省去多年慌亂無助、頭槌牆壁的時間。

——「萊特的美食博覽會」部落格、美食作家與編輯／大衛・萊特

想知道如何把對美食的熱情轉化為文字的人，一定要讀這本書。黛安・雅各給任何曾經夢想成為美食作家的人，奉上一大堆實用的建議，並且告訴我們寫作可以是個美味又能讓你收穫滿滿的消遣。

——《美食盛會》雜誌創刊編輯／達拉・高登斯坦

這本書確實將美食寫作的眉眉角角交代得很清楚。但雅各不只是給點建議而已，她呈現了這個行業的真實面，提供了許多內行的見解，以及實用的練習項目，同時又從內心散發真摯的熱情，讓初出茅廬的新作家和經驗豐富的老手都因此充滿動力。

——《精緻廚藝》雜誌前發行人、烹飪書作家／瑪莎・霍倫伯格

要成為美食作家所需要知道的所有事情，全都在這不可或缺、資訊滿滿的書裡了！如果你已經是美食作家，這本書能幫你成為一個更好的美食作家。如果你對美食寫作懷抱熱情，現在就拿起這本書開始讀吧！

——《美國烘焙》作家／葛瑞格·派坦

目錄

前言

歡迎回來！如果這是你第一次讀這本書，歡迎你！自從本書第一版在二〇〇五年出版之後，我一直不斷書寫、更新其中的內容，現在你看到的是目前最新的版本。出書之前，我剛開始教授美食寫作課程，但當時苦尋不著要給學生的參考書目，於是我決定自己寫一本。書中收錄了許多專業美食作家對於各種美食寫作領域的實用建議與智慧，從回憶錄、美食部落格到烹飪書的寫作皆有提到。

自二〇〇五年以來，美食寫作有了不少改變。最明顯的不同，就是美食部落格的崛起。十年前，有名的部落客屈指可數，出版業界也大多看不起他們。現在，主流的美食雜誌會邀請部落客寫專欄，部落客也可能在美食頻道擁有自己的節目，甚至二〇一三年全美最暢銷烹飪書的作家，也是寫部落格起家的。時至今日，為數眾多的美食部落客都出書了，少數幾位的收入還高達美金六位數呢！說實話，精進攝影技術、社群媒體經營與自我行銷的訣竅，有時比文筆好還重要。為報章雜誌撰寫文章的機會則是減少了，尤其是餐廳評鑑這一塊，而較知名的烹飪書作家，也紛紛開始嘗試自助出版。

本書修訂及更新了以上這些訊息，並加入了更多的流行趨勢。無論你現在發展到什麼階段，我都希望仍舊能透過這幾頁的說明，提供親切的導引，以實用及實際的建議，鼓勵你繼續前進：

- 如果你才剛起步，或是為了興趣來寫寫看部落格或文章，甚至只是想當作一種消遣的話，你能在本書裡找到實用的資訊與工具，打下穩固的基礎。
- 如果你希望成為全職的美食作家，準備迎接挑戰吧！確實有人這麼做，你也能透過本書學到該怎麼達成。本書增添了全新的章節，討論如何創業，也列出許多令人精神振奮的工作機會，從傳統的方法到全新的點子，必定能讓你耳目一新、受到啟發。
- 如果你已經是一位美食作家，恭喜你！以你現有的才能為基礎，本書能告訴你該如何延伸到其他領域的美食寫作。在討論如何透過美食寫作獲利的新章節裡，或許也能激發你去開發新的收入來源。
- 相較於舊版，本書的第十二章是全新內容。另外我也更新了每一章的內容：在烹飪書寫作裡加入一些細節、討論最新的社群媒體趨勢、更新一些過時的資訊、增加一些新的意見與專業知識，並且加入一些新的練習題。
- 如果你想要自助出版，我在第十一章加入了許多更詳細的資訊，包括電子書與ＡＰＰ方面的建議。

身為美食作家，無論你在什麼階段，我希望本書能夠解答你長久以來的疑問、給予實用的工具，幫助你前進。本書能協助你深入了解美食寫作、銷售及出版各個環節所需耗費的精力。我將帶你進入美國知名美食作家、部落客、編輯與經紀人的思緒裡。他們的智慧、建議與經驗，散落在每一個章節中，一旁我也收錄了一些成功的美食作家在業界發跡的故事。同時，我在本書中，加入豐富的基礎工具、資源與寫作練習題，以提升你的寫作知識與技巧。了解美食寫作背後的過程、一窺成功者的特質，以及美食寫作有哪些必備工具，能夠適度減緩你未來在這條路上，必定會面臨的焦慮感。

我自己的美食寫作經歷，是從成為一名都會餐廳雜誌編輯之後才開始的。我當時剛從家加拿大溫哥華的新聞學院畢業，負責撰寫餐廳介紹的專題、管理一群餐廳評論員。後來，我在加州工作的時候，開始當全職雜誌編輯與兼職自由美食作家，為雜誌與網站評論餐廳與烹飪書，撰寫食譜專欄、封面故事、人物特輯、專題報導、建議型短文和意見書等等。二〇〇八年，我與芝加哥廚師克雷格・普利比（Craig Priebe）合著我的第一本烹飪書《碳烤披薩與義式烤餅》（*Grilled Pizzas & Piadinas*）。二〇〇九年，我開始撰寫一個美食部落格，名字叫「Will Write for Food」，網址是 diannej.com。我與克雷格合著的第二本烹飪書《披薩共和國》（*The United States of Pizza*）在二〇一五年出版。同一年，《輕盈飲食》（*Cooking Light*）系列叢書，也出版了一本我協助撰寫的烹飪書，內容大多是在教人如何善加利用家中儲藏室裡的食品。

為報紙、雜誌、書籍與網站擔任編輯和美食作家超過三十年，讓我有機會分享許多相關經驗。多年來，我輔導過許多作家轉任自由作家、協助他們出版著作。我曾幫作家以及出版商審核原稿，也曾擔任過詹姆斯．比爾德基金會（James Beard Foundation）和國際專業烹飪協會（International Association of Culinary Professionals）主辦的烹飪書獎項評審。

我對教學懷抱著極大的熱情。自從本書的上一版出版之後，我在加拿大、澳洲、愛爾蘭與阿拉伯聯合大公國，都曾開設美食寫作工作坊。過去，我曾在史密森尼學會（the Smithsonian）與加州大學洛杉磯分校（ＵＣＬＡ）開課。我也在許多會議裡，擔任客座講者與工作坊講師，參加的會議包括國際專業烹飪協會、女性部落格聯播平台（BlogHer）、女性部落格聯播平台美食（BlogHer Food）、南方美食部落格（Food Blog South）、加拿大美食部落客（Food Bloggers of Canada），以及國際美食部落格大會（International Food Blogger Conference）等。教學與演講讓我有機會認識讀者，了解美食作家們目前會遇到的問題。

本書內容包含我自身經驗、研究，以及和著名美食作家、編輯與出版商的訪談。有些作家也曾來信透露他們自己的工作模式，許多引文則來自與當事人的面對面訪談。我偶爾也會引用已出版的書面或網路文獻內容，有時也引用了講者在會議中，或是廣播節目裡的觀點。

如何使用本書

這本書並不是基礎的寫作教課書，書中大部分章節，例如專門討論回憶錄或小說類型的文體，重點是以食物為中心的寫作，而不是該如何書寫這樣的文體本身。你可以參考我在每個章節當中所列舉的許多優秀著作，他們在這方面皆能提供更詳盡的資訊。

你可以從頭開始讀這本書，也可以從你最有興趣的章節開始。每一章都盡可能獨立地呈現，但有時候，你可能會對別的章節裡提到的內容也有興趣。因此，相關內容我都有將對應的頁數寫在一旁，方便你快速前後翻閱。

每一章的最後都有「寫作練習」，這個設計是為了讓你能立刻應用學到的知識與寫作技巧。如果你能在每個章節至少完成一道練習題，在寫作時就能找到新的切入點。你會發現新的題材、打開腦海裡的記憶，並找到自己的熱情所在。若你已習慣書寫，這些練習題能夠拓展你尋找以及處理素材的方式，也能讓你做出一些全新的嘗試。

接受寫作方面的建議，有時會令人感到抗拒，這是正常的。此時，我會希望你能夠先問問自己，是什麼理由讓你如此抗拒？練習題大多都很簡短、有趣，也不會花太多時間。你最主要的目的就是寫作，何不就提筆開始寫呢？相信自己。

美食寫作是個艱苦且充滿競爭的領域，想靠它吃飯更是難上加難。我不想嚇你，而是希望激勵你去追尋一生的夢想、對於嚐遍美食與烹飪的愛好，或是踏出那一步，成為專業的美食作家。你值得獲得發自內心的鼓勵，以及可靠的資訊、資源與支援，這比你一個人單打獨鬥要好太多了。另外，別只是讀這本書，你應該透過參與業界社群、寫作方面的社團，或是從事一些志工活動，找到其他能夠指引、提點你的人。最重要的是：要不斷地寫。堅持，是成功的一半。更何況，你也需要累積一些作品，給那些主動找上門的編輯們看看，就寫一點東西讓他們讀吧！

希望你能告訴我，這本書是否讓你找到開始寫作的契機，或是幫助你重新調整了寫作的方式。你可以寫信到 dj@diannej.com，或是到我的部落格（diannej.com）留言。期待聽到你的消息。

第一章

究竟什麼是「美食寫作」？

WHAT, EXACTLY, IS FOOD WRITING?

美食寫作是個美好又奇怪的愛好，你能放下所有的算計、偽裝，只需動筆寫下你熱愛的事情，即使只是在寫你早餐吃了什麼這種事也沒關係。若你文章風格識別度高，並且文筆磨練得很好，會讓讀者覺得他們能夠了解你。如果有讀者想認識你，你就知道自己成功了。

——「無麩質女孩」部落客／夏娜．詹姆斯．阿赫恩一道義大利寬麵加上生火腿、鮮奶油和肉豆蔻的食譜；茶葉的歷史；一篇關於多倫多中國城餐廳的部落格文章；最美味、最道地的紐約熟食店三明治美食懶人包；環保養生烹飪指南；一篇關於超市裡魚貨標籤的爆料文……美食寫作的內容廣泛，將這一切凝聚起來的，是說故事的人與他們的本事。寫過美食相關書籍或文章的人很多，其中不乏寫作新手，那個人可能就是你。如果你清楚知道你為什麼想要寫跟食物有關的事，如何選擇寫作主題就變得簡單許多。「萊特的美食博覽會」（LeitesCulinaria.com）部落格發行人大衛・萊特（David Leite）曾說：「當某些人說出『我想成為美食作家』這句話時，他們身上會散發出一種溫暖的光芒。在他們眼中，美食寫作是個既浪漫又包羅萬象的職業。」你的美食寫作動機又是什麼呢？

- 你想寫下自己的生平故事，把食譜傳給家人。
- 你是餐飲業者、廚師或餐廳經營者，客人總是在跟你要食譜。
- 你對某種食物的歷史著迷，想要深入研究。
- 你想把自己鑽研的廚藝，寫成一本有關的烹飪書。
- 你找不到能解決自己孩子過敏問題的部落格文章，而且知道其他家長可能也有這方面的需求。
- 你想記錄某個國家的獨特美食，記住你愛的人所做的佳餚。

無論你的動機為何，美食寫作之所以如此吸引人，就是因為你有一個美食寫作必備的特質——你愛吃、能吃，也想把它寫下來。

美食寫作，最基本的就是食譜與餐廳食評，但其實任何主題與形式的文章都能與食物有關，例如：

- 部落格
- 歷史
- 食譜
- 政治
- 餐廳、名廚、農夫
- 新聞、流行趨勢
- 短文、回憶錄
- 旅遊
- 小說
- 科學

本章所探討的是部落格、新聞、雜誌與書籍裡的文章，作為定義美食寫作的起點。我請業界最有創意的作家們告訴我，對他們而言，好的美食寫作究竟是什麼？純粹是文筆好嗎？還是要能讓讀者覺得越讀越餓，讓他們感受到快樂、刺激感官，或是回想起過去某個情境和時空？

好文筆不可或缺

我相信「好的文筆」是成就「好的美食寫作」最重要的因素。《美味》（*Saveur*）雜誌共同創辦人柯爾曼．安德魯斯（Colman Andrews）很直白地說：「如果你無法當個好作家，就沒辦法當個好的美食作家。寫作就是：清晰的表達、風格、語氣、文字精確度以及對結構及語言節奏的掌握。把美食寫作想成是有別於一般的寫作，這種想法是錯的。」《美食》（*Gourmet*）雜誌前編輯與多本回憶錄及小說作家露絲．雷舒爾（Ruth Reichl）更是堅持「美食作家」這個詞就像「女性作家」，帶有輕蔑的意思。她說：「我就是個作家。」僅此而已。

我很欣賞凱文．崔林（Calvin Trillin）。他為《紐約客》（*New Yorker*）雜誌寫了幾十年文章，堅持不肯稱其為美食寫作，只願意稱之為「和吃有關的寫作」，與其他非小說類文體並無差別。他也堅持自己不是廚師，沒有任何烹飪知識，也不去評價美食。他開玩笑道：「要說我是外行人也不為過。」

為了進一步證明這一點，崔林跟我說，他的所有文章裡，都沒有直接描述食物。我實在很難相信，怎麼可能不直接描寫食物？重新檢視他的作品，在《油炸美國：一個開心老饕的冒險》（*American Fried: Adventures of a Happy Eater*）這本書裡，這一段可以拿來當例子：

> 在陌生的城市，請人推薦當地最好的餐廳，結果被帶去某個賣歐陸美食的紫色宮殿，那

餐廳主廚寫食譜的功力，遠勝於他的烹飪手藝……同在旅遊界工作的我，非常能理解上述這種情況多麼令人感到困擾。我也曾經歷過這樣的事，一個無知的旅人，坐在那拜讀菜單上長達三段的描述，詳細說明著今晚吃的鱒魚，是包在什麼東西裡、煎了多久、淋上的醬汁來自什麼地區，最後出現在我盤子上時，滋滋作響的聲音又是如何。而這段描述只差沒提到，這尾可憐的魚在經歷這些過程之前，已經被冰凍了八個半月。

對崔林而言，寫作最重要的是「小心翼翼地寫，確認每一個字都是對的。」他說自己師承A．J．李伯齡（A.J. Liebling），一位有名的《紐約客》特約作家，著有《在巴黎餐桌上：美好年代的美食與故事》（*Between Meals: An Appetite for Paris*）（編按：本書繁體中文版為陳蓁美翻譯，馬可孛羅出版），描述一九五九年在巴黎享受美食的一段故事。

那麼，若你專門寫「與吃有關的事情」，這個文體該如何界定？萊特說：「優異的美食寫作能引人入勝，有明確的語氣，和無法改變的存在感，任何傑出的書寫都能達到一樣的效果。有人能將換機油寫得像是在吃水蜜桃。重點在於如何運用語言、如何傳達意念。」

「美食寫作是個美好又奇怪的愛好，」「無麩質女孩」（Gluten-Free Girl）部落客、詹姆斯．比爾德基金會得獎作者夏娜．詹姆斯．阿赫恩（Shauna James Ahern）說，「你能放下所有的算計、偽裝，只需動筆寫下你熱愛的事情，即使只是在寫你早餐吃了什麼這種事也沒關係。若你文章風格識別度高，並且文筆磨練得很好，會讓讀者覺得他們能夠了解你。如果有讀者想認識你，你就知道自己成功了。」

美食寫作可以發揮的空間很大。曾在《時尚》（*Vogue*）雜誌擔任專欄作家的傑弗瑞·史坦嘉頓（Jeffrey Steingarten）說，他的短文採用「倒敘與提前」的敘事方法。《瀟灑》（*GQ*）雜誌特約作家艾倫·里奇曼（Alan Richman）說，與其他型態的報導性文章相比，美食寫作提供更多自由表述的機會：「寫美食報導或餐廳評論時，經驗是很主觀的，所以你愛說什麼就說什麼。你要尖酸刻薄、逗趣詼諧、深度探究都可以。」他進一步說明：「無論你的寫作題材是食譜、料理，還是一家新店舖或餐廳開幕，即使已被別人寫過成千上萬遍，你仍有機會找出新的切入點。美食寫作在本質上就是會重複，這是在鼓勵人們發揮創意，而不是讓它流於形式。」

所有美食寫作的共通點

有人說，美食寫作有其獨到之處，至少必須要能刺激感官，尤其是食慾。「要把食物寫得好，最必要的條件，就是要有個好胃口。」李柏齡寫道：「胃口不好，就無法在一定的時間之內累積足夠的飲食經驗，找到值得寫下的內容。每天只有兩次實地考察的機會（意思是有兩餐能在餐廳吃），絕對不該為了限制膽固醇的攝取而浪費掉。」

另外，整體過程的享受，也是美食寫作的重要元素。美食作家人達拉·高登斯坦（Darra Goldstein）曾說：「有些美食寫作營造出的世界猶如人間仙境，該如何傳達這般愉悅與享受，也是寫作的目的之一。」

美食寫作經常讓人想起某個地方、某段記憶，或重現某個特定的時刻。克諾普夫出版社（Knopf）副社長與資深編輯茱蒂絲．瓊斯（Judith Jones），曾經擔任過傳奇人物茱莉雅．柴爾德（Julia Child）和詹姆斯．比爾德（James Beard）等人的編輯。她說美食寫作「描述的是味道、口感、調味、氣味，透過書寫這種普遍的經驗，描述一個大家都能感同身受的事物，來放大對這個食物的體驗。」瓊斯也曾擔任過M．F．K．費雪（M.F.K. Fisher）的編輯，她提到費雪一篇名為《豌豆的豆》（*P is for Peas*）的短文，內容是在描述作者與家人在瑞士田園裡摘豌豆的經驗。文章裡有一段如下：

> 我拎著幾個籃子，在陡峭的梯田上下奔跑，母親有時會喊累，有時又因為看到其他人而開心地哼起歌。我可以聽到下方的父親與其他朋友們，大家開心地抱怨著自己背直不起來、大腿痠痛，於此同時，豌豆從藤蔓掉進籃子的微小聲音，在雷曼湖上方幾百公尺的寂靜高空中，依然清晰。

這就是美食寫作。主題是豌豆，但描述的事物又遠遠不僅於此：一個場景、一片土地、一種氛圍、人與人之間的關係，全都活靈活現。彷彿你就站在她身旁那個山丘上身歷其境。

栽培出超強美食作家的傳奇編輯

茱蒂絲．瓊斯，克諾普夫出版社副社長與資深編輯，柴爾德、費雪、愛德娜．路易斯（Edna Lewis）與蘿莉．柯爾文（Laurie Colwin），都是她合作過的知名美食作家，數十年來，深深地影響了美國飲食文化。我問瓊斯當初是怎麼發掘這些作家的，她謙虛地回答：「就只是跟著自己的直覺、選擇自己喜愛的事物。若你對一本書很有感觸，想必一定有人跟你一樣會想擁有它。我總覺得，如果連我對食物都這麼感興趣，一定有其他人跟我一樣。」

瓊斯與這些美食作家的合作契機是什麼？

茱莉雅．柴爾德：瓊斯在一九六〇年收到一份原稿，就是後來的經典名著《一生必學的法式烹飪技巧與經典食譜》（*Mastering the Art of French Cooking*）（編按：本書繁體中文版為王淑玫翻譯，台灣商務出版。）。「柴爾德原本希望由霍頓．米夫林出版社（Houghton Mifflin）出版此書，但那裡的編輯看稿子時，心想：『哪個美國人沒事會想了解這麼多關於法國料理的事？』」瓊斯曾在巴黎旅居三年半，當時回國不久的她，在克諾普夫出版社擔任法文編輯，專門處理翻譯案子。她努力爭取當柴爾德的責任編輯，而艾弗瑞德．克諾普夫（Alfred A Knopf）決定給她一個機會。接下來發生的事，對後來的飲食歷史帶來巨大的影響。

M·F·K·費雪：多年來，瓊斯不斷地寄克諾普夫出版的書給費雪，兩人因此漸漸成為朋友。當時，費雪已是知名作家了，瓊斯希望費雪可以幫忙多宣傳克諾普夫的書。一九六〇年代，瓊斯與同樣是著名美食作家的丈夫伊凡去加州旅遊。費雪邀請他們到她位於聖赫蓮娜的家共進午餐。「那天熱到我們得在地下室吃飯，」瓊斯回憶道。費雪為他們準備了一頓「普羅旺斯風的午餐、冷盤沙拉等等。費雪那時還欠一本書要給她原本的編輯，之後我們就一起合作。」一九七一年出版的《朋友之間》（*Among Friends*）是第一本合作的著作，接著是一九七八年的《重要的小鎮》（*A Considerable Town*）、一九八三年的《銀髮修女》（*Sister Age*），及一九八二年的《一如既往》（*As They Were*）。

威斯坦·休·奧登（W.H. Auden）曾說，他認為在美國，沒有人寫散文寫得過費雪，但費雪選擇以食物作為寫作主題，因此讀者極為有限。這或許是事實，不過費雪至今仍是美國最著名的美食作家之一，她廣大的讀者群，懂得欣賞她感性、幽默、淒美的文筆。

費雪最常被引用的短文，是她在《戀味者》（*The Gastronomical Me*）（編按：本書目前僅有簡體中文版，由新星出版社出版。）的前言：

> 人們問我，為什麼妳要寫關於食物的文章？寫那些吃吃喝喝的事情？為什麼不像其他人那樣，寫些關於爭權奪利、關於愛情的故事？最簡單的答案就是：因為我和其他人類一樣，肚子餓。
>
> 我總是說著自己的事，描述我如何在一座悠遠的山丘上吃著麵包，或是在一間如今已被

炸得粉碎的房間裡喝著紅酒。但就那麼剛好，在我不經意的時候，我透漏了太多關於我身旁的人的故事，和他們對於愛與快樂，那些更深層的需求。

愛德娜．路易斯：一九七〇年代，路易斯在紐約經營一家餐廳，楚門．卡波提（Truman Capote）和田納西．威廉斯（Tennessee Williams）等文人都是常客。瓊斯對路易斯非常感興趣，她說：「我馬上就察覺到，她與食物、與家人的關係，背後肯定有很多精采的故事，她和整個美國社會的歷史經驗緊緊相連。她描述食物的方式非常優美。她是天生的廚師。我跟她說：『寫一本自己的書，寫下自己的經驗，我們一起努力吧！』」

他們努力的成果，就是一九七六年出版的經典著作《鄉村料理的滋味》（*The Taste of Country Cooking*）。若你只讀這本書，你絕對想不到路易斯是在紐約經營一家餐廳。因為這本書講的，是她在維吉尼亞州一個由被解放黑奴創建的小鎮裡，如何與家人一起做菜、一同享受美味佳餚的故事。路易斯以充滿自信、見多識廣的語氣，敘述自己對新鮮、自然風味的喜愛，描述一段取之於大地的簡單時光。在那裡，蔬菜來自菜園、肉類來自煙燻房、水果來自果園，罐裝果醬與佐料則是去年夏天留下來的。

路易斯在前言中解釋，她決定寫《鄉村料理的滋味》的理由：

> 每次我回老家拜訪兄弟姊妹，我們都會重溫過往、回憶起過去。每當我們再次去採集野生草莓、做罐頭、提煉豬油、尋找胡桃、採柿子、烤水果蛋糕時，我才發現，我們之間的繫

絆都跟食物有關。因此我決定寫下，在自由鎮一起長大時，我們是怎麼過生活的，以及為什麼這樣的生活如此令人滿足。

蘿莉．柯爾文：主要是一位小說家，專寫愛情與家庭的主題。透過口耳相傳，柯爾文吸引了一群熱情的粉絲。在她的小說裡，角色大多是待在家裡的感官主義者，他們喜歡煮些看似簡單卻令人深感滿足的佳餚。柯爾文寫了兩本關於烹飪與食物的書，風格簡單不造作：《餐桌上的幸福：廚房裡的作家》（*Home Cooking: A Writer in the Kitchen*）以及《餐桌上的幸福2：回到廚房的作家》（*Home Cooking: A Writer Returns to the Kitchen*）。讀她的文章，真的會覺得她就是你最喜歡、心地最善良又搞笑的朋友。她用愛指導你如何招待朋友，還偷偷告訴你，自己有多喜歡和親朋好友一起煮菜、吃飯。

瓊斯是柯爾文的粉絲。與《美食》雜誌編輯共進午餐時，瓊斯將柯爾文推薦給他們，建議他們採用柯爾文的美食文章，為雜誌增加一個夠份量的新聲音。「我讀過她所有的故事，內容都有寫到食物。所以就跟他們說：『我敢打賭，她會寫得很好。』」

柯爾文這兩本《餐桌上的幸福》都是由瓊斯擔任責任編輯。書裡描述的是柯爾文在紐約的溫馨小家，她在那裡為大家做了簡單、傳統的料理，像是烤雞、菜豆、檸檬蛋糕和咖啡。「人生有兩件樂事並列第二：一是和朋友一起吃飯、二是聊和吃有關的話題。而人生中的第一樂事，就是一邊和朋友吃飯，一邊聊和吃有關的話題。」這是《餐桌上的幸福》前言裡的一小段話。

柯爾文於一九九二年因心臟衰竭英年早逝，她的所有著作至今仍在發行。

同樣由瓊斯擔任編輯的得獎作家還有麗蒂亞・巴斯提亞尼許（Lidia Bastianich）、瑪麗恩・坎寧安（Marion Cunningham）、瑪賽拉・哈贊（Marcella Hazan）、麥蒂荷・賈夫瑞（Madhur Jaffrey）、艾琳・郭（Irene Kuo）、譚榮輝（Ken Hom）、瓊・內森（Joan Nathan）、以及克勞迪雅・羅登（Claudia Roden）。

感官的描述

從我舉的一些例子，不難看出美食寫作經常將重點擺在感官描述：觸感、氣味、聲音、外貌及味道。許多美食寫作新手喜歡著重描寫食物的味道，而其他感官描述則顯得不足。當我在課堂上發形容詞清單（請見二四〇到二四二頁）給學生時，他們通常都很高興，然而，美食寫作並不只是從食物的表象上去描述，而是必須將食物融入文章內容裡。以下是露絲・雷舒爾在《蘋果慰我心》（*Comfort Me with Apples*）書中的一段煽情片段：

> 他吻了我，然後說：「眼睛閉上，張開妳的嘴。」我嗅了嗅，聞到一股混著紫羅蘭和莓

果般的氣味，再加上一絲柑橘味（嗅覺）。我的嘴慢慢含住一個小小的、柔軟的東西，大小和一顆葡萄差不多，但表面有些粗糙（觸覺）。「喜歡嗎？」他緊張地問。是春天的味道（味覺），「這是法國來的野草莓！」（視覺）他又將另一顆滑進我嘴裡。

短短幾行字，就講到四種不同的感官體驗。

嗅覺是最重要的感官，在嚐到味道前，大多都是先聞到。這就是為什麼你感冒時會覺得食不知味。身為律師與美食家的布里亞・薩瓦蘭（Jean-Anthelme Brillat-Savarin）在一八二五年的著作《廚房裡的哲學家》（*The Physiology of Taste*）（編按：本書之繁體中文版為敦一夫、傅麗娜翻譯，霍克出版，但現已絕版）中就寫道：

就我而言，我相信若沒有嗅覺的幫忙，就無法完全品嚐。但我也在想，或許嗅覺與味覺根本是一種相同的感官，一個人的嘴是實驗室，鼻子則是煙囪；更準確地說，在口腔進行實體的品嚐，在鼻腔進行氣味的品嚐。

薩瓦蘭的名言是：「告訴我你吃什麼，我就能說出你是什麼樣的人。」氣味也能勾起情緒，一股懷舊的感覺，並且讓人情不自禁地喚醒記憶，這個現象被稱為「普魯斯特效應」（Proustian Effect）。你可能體驗過，某個氣味觸發了幼時的味覺記憶，接著有一股情緒突然襲來，像是有人朝你肚子狠狠地揍了一拳。

分辨氣味與滋味並不容易，將它們轉化為文字也一樣困難。黛安・艾克曼（Diane Ackerman）在《感官之旅》（*A Natural History of the Senses*）（編按：本書之繁體中文版為莊安祺翻譯，時報出版）書中寫道：

> 氣味會包覆我們，環繞在我們身旁，進入我們的身體，從身上散發出來。我們活在不斷流竄的氣味中。然而，當我們想描述氣味時，文字的貧乏，總是讓我們失望。

大部分作家會用比喻的方式，說某個東西「像」另一樣東西，但這麼做有時也可能會有些模糊。「你或許可以說，蘿勒的味道有一點像薄荷。」安德魯斯說：「但萬一你從沒嚐過薄荷，怎麼辨？」

到底該如何描述味覺呢？前面說過，大家都太著重味覺的描述，因而忽略了其他感官。珍妮佛・麥克拉根（Jennifer McLagan）在她的食譜書《苦味：領略世界上最危險的味道》（*Bitter*）的開頭就面臨這個問題。她寫道：

> 雖然在不少國家的文化裡，苦味具有正面的形象，但盎格魯薩克遜人就是不愛這一味。苦很難引起人們的好感。如果你在字典裡查「苦」這個字，你會找到像是：苦澀、強烈、苦得像膽汁或苦艾、辛辣刺鼻、腐蝕性的、酸澀的、艱苦的、尖銳的等近似或同義字詞，這些看來都不是什麼美味的詞彙。

但至少這些詞彙都還算是準確。好的作者會以此為目標，盡量避免只用「美味」、「好吃」、「超好吃」這類字眼，因為這除了告訴讀者你很喜歡這些食物以外，並沒有傳達任何事。為了讓讀者去想像那種食物，最好使用精準的文字。如果你只寫了「美味」而不是「帶有胡椒香氣」，讀者很難想像出畫面。

寫作時，我們很容易用形容詞來描寫感官，但使用過多形容詞不僅沒有太多好處，反而還會顯得濫情。讀者會需要知道這個巧克力布朗尼多麼濕潤、吃下去多麼讓人感到罪惡嗎？試著寫寫更有原創性的文章，不要使用一連串形容詞來描述事物。我太常看到這樣的文章，讓我有時候覺得，美食作家用形容詞好像會用上癮似的。

達拉．高登斯坦建議多多閱讀費雪的文章，因為費雪只用「一個完美的形容詞，卻總是能將各種感受描述得淋漓盡致，或是能夠傳達一股氣氛，讓你明白是什麼樣的感受。」高登斯坦舉了《紐約客》的一篇短文為例：

> 能坐在幾乎沒什麼人的房間裡就算是一種獎賞了，純潔的洛可可[1]浸在六月的斜陽裡，我們之間放了一大瓶單純的美好，媽咪在那兒呼嚕著，伏特加狡猾地滲入我們的血管，待會兒還有新鮮的木草莓，讓我們覺得自己又變回小孩，而不是飄飄欲仙。

洛可可跟純潔毫無關聯。高登斯坦說：「這有點過頭了，但費雪就只用了這麼一個形容詞，來表達在後半段句子裡所描述的那種孩童般的純真。」

美食寫作裡，除了味覺與嗅覺之外，觸覺也極為重要。觸覺能告訴讀者哈密瓜熟了沒，或是牛排幾分熟。麥克拉根說：「每一種文化對食物的理解都有其獨特之處。一個關於文字的比較研究指出，日文裡用來描述食物口感的詞彙就超過四百個。中文裡有大約一百四十四個，而英文的詞彙看起來最匱乏，僅有七十七個。是因為我們不在乎口感嗎？還是因為我們總是煮一些軟爛的布丁和豌豆泥？法國料理以醬汁聞名，法文光是用來形容醬汁黏稠度的詞彙，就超過十九個。」

史坦嘉頓認為，應該觀察其他觸覺類型的感官體驗，像是透過觀察攪拌時的作用力，你能察覺醬汁變得濃稠時的物理變化，以及對溫度的敏感性。名廚作家安東尼·波登（Anthony Michael Bourdain）在《名廚吃四方》（*A Cook's Tour: In Search of the Perfect Meal*）（編按：本書之繁體中文版為林靜華翻譯，台灣商務出版）中，進一步探討觸覺的表現方式：

> 我被迫學會如何使用小塊的麵包，將食物捏在右手的兩根手指（只能用兩根）與拇指之間，一層折起來的麵包保護著食指……阿布將每小塊三角形麵包的白色麵包芯撕下來，捏造出一個小口袋……我故意戳破他的伎倆，開玩笑地說他這是在作弊，我卻得和這些厚實、難折的麵包塊奮戰。

接著就是視覺的部分。有些作家擅長描述食物的外表，他們使用明喻和暗喻的手法取代形容詞。

明喻用在比較，會用到「像」、「如」這類字詞。暗喻則是將之稱為別的東西。伊麗莎白．大衛（Elizabeth David）在《歐姆蛋與一杯酒》（*An Omelet and a Glass of Wine*）裡描述裹著糖衣的芫荽籽和葛縷子「就像閃亮的鬥片[2]」，這就是明喻。在《在巴黎餐桌上》裡，李伯齡敘述他吃到的四季豆「像一根從道具鬍子上被拔下來的破爛鬍鬚。」也是明喻。

再來是暗喻。奈潔拉．羅森（Nigella Lawson）筆下的巧克力覆盆莓塔，是這樣的：

> 深色的巧克力貝殼，和白巧克力馬斯卡彭起司內餡，看起來如此華麗，但一口咬下去之後，令你驚豔的是它平衡得乾乾淨淨的質樸味道。

塔皮當然不是貝殼，但這能技巧性地避免一直重複用「塔」這個字。這些例子都能讓腦海浮現畫面，伊麗莎白和奈潔拉的例子看起來美味可口，李伯齡的則否。美食寫作並非無時

---

1 洛可可（Rococo），是一種藝術風格，主要是指十八世紀初，法王路易十五時代（一七一五年以後）的一種室內裝飾風格，特色是常使用C形、S形曲線或漩渦狀花紋，另一個特色是甜美輕快、精巧華麗，而不浮誇。

2 「鬥片」是一種童玩，多半是以動畫人物角色造成型做成的彩色塑膠片，但這裡的原文是Tiddlywinks，是一種圓形的透明彩色塑膠片益智玩具，與「鬥片」的意義近似，但意義上略有出入。

無刻都是正向地稱讚。

伊麗莎白・大衛是英國作家，先後在英國與世界各地傳授地中海料理。她的寫作風格感性、能觸動人心又知性。這段文字裡，她將注意力擺在視覺、嗅覺與味覺的刻劃：

現在幾株杏仁樹上的葉子已經有了秋意，露出脆弱、透明的赤褐色。今天早上我醒來，第一次嚐了兩顆當季的橘子。在黎明時分，橘子的香氣撲鼻、滋味濃烈。

珍與麥可・史坦（Jane and Michael Stern）優雅地結合觸覺與視覺的描寫。讀讀看他們是如何漂亮地描述世上最美味的蘋果派；你能想像他們的腦海裡，以慢動作呈現整個經驗：

派皮像奶油餅乾一樣酥脆，叉子壓下去，綻開的聲音如此響亮，碎裂的瞬間，肉桂糖粉的顆粒從表層彈跳出來。底部的派皮比表面的軟，烤到上色了但仍然易碎。派皮上下相接的地方，是一條纏繞難解如電線般的麵皮，裡面被溢出的水果餡填滿，變得更有嚼勁。內餡是扎實排列、被糖漿般蘋果汁液綿密包覆的艾達紅蘋果切片。

用字精準，搭配主動形式的動詞，如「彈跳」、「綻開」及「碎裂」，讓這段描述更為生動。注意其中的明喻，像是「像奶油餅乾一樣酥脆」，以及暗喻「纏繞難解如電線」。

有些作家覺得聽覺是最不重要的感官描述。但你可以從里奇曼在《好胃口》（*Bon*

Appetit）雜誌裡的文章「德州烤肉最大機密」中看到，聽覺是如何讓人如臨現場：

> 因為烹調過程中幾乎沒有去戳肉，裡頭的油脂不斷累積，滋滋作響還冒著泡。一刀切下去，戲劇性的一刻展開，讓人聯想到一卷爆裂開來的水管，又更像是一頭蠻牛在一場牛仔競技賽中從柵欄暴衝而出的瞬間。

描述感官時，很難拿捏分寸，大部分新手作家很容易走過頭。《洛杉磯時報》（*Los Angeles Times*）專欄作家羅斯．帕爾森（Russ Parsons）表示，最糟的狀況，是文章描述過頭了，讓人感到膩煩、無所謂，而且過於積極地想討好讀者。他說：「目的不是彰顯賣弄，而是要顯得優雅。你要用足夠的感官文字，傳達你的愉悅與投入，但不要過度修飾，這樣讀起來既廉價又沒說服力。寫下來之後，要不斷重讀，去蕪存菁、取其精華的部分。」

或許，感官敘述的最佳辦法，就是不要視之為理所當然。我喜歡里奇曼和史坦的處理方式：隨著每個動作的進行，放慢速度去描繪。編輯茱蒂絲．瓊斯建議，利用感官作為一個起點，一個啟發想像力的元素，接著進入更大的主題或背景。

成功表達熱情

如同感官的描述，熱情是美食寫作不可或缺的一部分，但要成功表達熱情並不是件簡單的事。直白地說出你對某件事的熱情，比起用精挑細選的文字來傳達，自然是容易許多，但這麼做的效果並不好，多半無法讓讀者產生共鳴。這時候，寫作的經典原則：「描述但不告訴」（show don't tell）便派上用場了，寫作的任務，是展現我們有多投入，而不是直接跟讀者講「我們很投入」。

打個比方，當我們提著攝影機，讓人們面對鏡頭，請他們來談一談自己熱愛的事物時，他們多半都會僵住，開始用一些艱深的詞，態度變得生硬、不自然，尤其是當他們對某件事特別放感情的時候，安德魯說：「你不能劃開一條動脈，讓熱情像鮮血般就這樣流出來。若你特別喜愛某道料理，你必須克制這股熱情再動筆，否則讀起來十之八九會很可笑。」

在寫作過程中，熱情時而濃烈、時而平淡，就像談戀愛一樣。大衛・萊特說：「有時像是受到感召。熱情會源源不絕地出現，好像通靈一樣，但來得快去得也快，某天醒來就不見蹤影，你也只能接受事實。讓熱情固定回來的唯一方式，就是每天坐下來寫作。」他說，有時寫了六個小時的稿子，只有最後冒出來的幾個句子讓人滿意，儘管如此，只要有這麼一個好句子，就足以讓他樂開懷，讓他有動力繼續寫作。對待熱情的唯一辦法，就只能趁熱情尚在時善加利用，因為並沒有什麼具體的方法能讓我們永保熱情。

偏執可能是意外的副作用。對於題材的每樣小細節和知識都瞭若指掌，還能對自己這種偏執態度自嘲的作家，通常會受到很多編輯的欣賞。可是偏執也會讓你過於迷戀你的題材，有時候這會讓人透露多餘的資訊。關於如何修改自己的作品，請見第五章第二一〇頁。

語氣的重要性

好作家一定都耗費多年時間去修正自己文字裡的語氣。語氣融合寫作的風格與觀點，而語氣也可以被稱為風格。在《風格的要素》（*The Elements of Style*）（編按：本書原著為威廉·史壯克 William Strunk Jr.，最新的繁體中文版由吳煒聲翻譯，所以文化出版）一書中，將語氣簡單定義為「作者的文字在紙上所發出的聲音」，這能讓讀者以文字辨識出真正的你。語氣透露的是你的個性、才華及原創性。「適當的寫作語氣能增加文字的可讀性與樂趣，解釋或描寫複雜概念時，也不會太乏味。」安德魯解釋，「作者在解釋一個複雜的題材時，若能使用口語化的語氣，內容會更容易理解。」

語氣該如何創造？有一次我採訪一位寫作顧問，問他怎樣才能讓寫作時的語氣變得更抒情？他建議我去模仿、複製某位作家的風格，這麼做能讓我了解這位作家如何寫出類似的語氣。我練習分析雷舒爾的一篇文章，發覺她的文章既感性、有畫面、能喚起情緒、富有詩意又能讓人深思。我也注意到她用到了擬人化、押韻等手法。接著，我試著用她的一些技巧練習寫作，發現這個練習讓人有一種被解放的感覺。

然而，瓊斯卻不認同這一點，他說：「我要提醒那些企圖模仿他人寫作語氣的作家們，這不是隨便就能借用、模仿的，這就是你。語氣就是在描述你的真實感受，這是讓作者獨一無二的東西。」

當然，你的文字可能會受到其他作家的影響。茉莉．懷森伯（Molly Wizenberg）剛開始寫她的部落格「橙皮巧克力條」（Orangette）時，正在拜讀史坦嘉頓、崔林和費雪的著作。「我沒有刻意模仿，但我有注意到幾個地方，例如崔林的句子構造是平鋪直敘的，他不寫華麗、富有詩意的那種句子。比較抒情的人則會描寫較多的情緒，像是費雪，她會寫一些哲理的東西，例如人們是如何將食物和愛連結在一起。這些作品都有影響到我自己的寫作。」她進一步指出，崔林會「注意到生活裡一些很細微但又很普遍的感情」，一如崔林對堪薩斯城烤肉的重度痴迷。懷森伯說：「我們內心也會開始著迷於某件事。我很喜歡崔林的幽默感，他能創造一種病態狂熱的能力，讓我們立刻進入他的觀點。他描繪的細節往往鮮明、畫面感很重，又能刺激感官體驗。」

寫作的語氣，能讓讀者在心中勾勒出你這位作者的形象。若要用商業術語來說，這是在創造一個品牌。有時候，寫文章不一定會用到語氣，尤其是報章雜誌文章，因為這方面寫作往往受限於該出版品的整體形象。寫了多年的報導文章後，我第一次寫自己的一篇短文時，就被自己的語氣嚇到，擔心這樣會不會透露太多自己的個性呢？

然而，為了讓讀者充分理解並接受文章所傳遞的內容，你必須讓讀者信任你。你的寫作語氣，能讓敘述更統一、更有力量，高登斯坦說：「剛開始寫作的人，往往會害怕加入自己的語氣，總是在擔心『萬一讀者不喜歡怎麼辦？』少了語氣，文章會變得很乏味。寫作的語氣，是文章看起來是否有自信的一大關鍵。」因此，不用執著於論述有多正當，這反而會讓你的文章顯得嚴肅又無趣。你怎麼講話，就怎麼書寫。

你的文章，表達的是你的獨特性。「語氣就是一種聲音、節奏以及觀點，無論如何都能聯想到這位作者。」萊特說：「你讀到就能立刻分辨。更重要的是，你不會把每個人語氣搞混。波登不是史坦嘉頓，史坦嘉頓不是崔林，崔林也不是雷舒爾。」

「大家常常誤解寫作語氣。」《洛杉磯時報》特約作家帕爾森解釋道：「作者通常會以為，他們必須透漏自己內心的秘密，這是非常私密的事情。但寫作的語氣並不盡然代表你個人，而是語言的節奏、寫作者的技巧，以及用字遣詞的抉擇。」

或許，找到自己寫作語氣的方法，就是用誇飾法，尤其是在撰寫一篇個人短文或回憶錄時。「Food52」網站（Food52.com）創辦人、《為拿鐵先生做飯》（*Cooking for Mr. Latte: A Food Lover's Courtship, with Recipes*）作者亞曼達．赫瑟爾（Amanda Hesser）說，她把自己與男友的特色都誇大，讓他們在書裡的語氣更明顯。這麼做的同時，她並不擔心故事會變得像是虛構的。亞曼達在一次訪談中解釋說：「她（亞曼達）就是個囉嗦又自視甚高的料理人，就是欠吐槽；而他（亞曼達的男友）則是一位詩人、一位英雄。」

所以，請記錄你當下最真實的情感、當時的氛圍以及感官上的體驗。如果你覺得很難找到自己的語氣，請參考四四頁的列表。你也可以請朋友描述你的寫作語氣，他們在這方面通常比你厲害，因為你會覺得自己的寫作語氣「就是我自己啊」，所以好像沒什麼好形容的。

要凸顯自己的寫作語氣的方法，就是運用語言和文化裡的要素。檢視你的選字，試著玩弄文字。例如，你喜歡用艱澀的詞嗎？你會講到流行文化、建築、老電影、或饒舌音樂嗎？你的寫作語氣也會透露你的年齡、地點、性別，甚至是宗教觀點。餐廳評論家喬納森・高爾德（Jonathan Gold）的一篇評語是這麼開頭的：

若你是在七〇年代時髦的聖費爾南多谷一帶吃熱狗長大的，你們家大概是「熱狗秀」、「福路基」、或「香腸工廠」的其中一派。這就跟有人一定會問你是東正教、保守、還是改革派一樣。

他不必明講，你也能得到這個結論：高爾德是一位猶太人，在洛杉磯長大，而且年紀大概是四十幾歲。因此可以看得出來，一位缺乏明顯寫作語氣的作家，可能就會淪為一個沒什麼內容的作者。

美食作家們如何看待自己寫作語氣？

艾倫・里奇曼，《瀟灑》雜誌特約作家，他說：「我是個缺乏自信、脾氣差，愛走進一家餐廳等著看店家怎麼虐待自己的紐約男子。我是消極反抗型的人，但是吵架一定要吵贏。

事情總是發生在我這種人身上。寫作者應該採取被動的角色，讓讀者覺得有人在幫自己說出想法。」

克蘿蒂・杜蘇里埃（Clotilde Dusoulier），知名部落客與作家，部落格名為「巧克力和櫛瓜」（ChocolateandZucchini.com）：「一開始，我的寫作語氣是對題材發自內心的熱衷與快樂。如今我還是保有這些情緒，但比以前鎮定多了，你不能一直都處於狂喜興奮的狀態，不然讀者恐怕會懷疑你是不是有嗑藥。我開始變得比較低調成熟，我的寫作風格是親切、平易近人，讓人能感同身受。」

大衛・勒保維茲（David Lebovitz），作家與部落客：「親切、幽默、平易近人。」

大衛・萊特，「萊特的美食博覽會」部落客與發行人：「我的寫作方式，就如同我說話的方式，受到我那位幽默老媽的影響。我青少年時期便立志成為幽默的人，我創造了這樣的人格，他就活在寫作裡。」

凱文・崔林，作家與自由作者：「本能性地貪吃。」

茉莉・懷森伯，作家與部落客：「我希望我的語氣讀起來是好玩、古怪又異想天開的。此外，誠實對我來說是很重要的。」

邁可・魯曼（Michael Ruhlman），作者與部落客：「權威性的語調，要讓人覺得這是我認真研究過的。我可是上過專業烹飪學校、跟全國頂尖名廚一起工作過的。我很專業。」

羅斯・帕爾森，《洛杉磯時報》美食專欄作家：「個性上我很愛唱反調。用第一人稱敘事時，我總是在想辦法讓讀者給自己扣分。要能自嘲，而不是自誇。我很注重文章的節奏、句子的長度和結構。」

露絲．雷舒爾，作家與編輯：「直白。」

描述你自己的語氣

了解自己有助於加強寫作。例如，當你要諷刺某樣東西，你就得到一個可以切入寫作的工具，讓你的文章讀起來就是在諷刺。請參考這個清單，哪五個形容詞最能代表你和你的語氣？如果選不出來，你可以請朋友幫你選一些最符合你的形容詞：

平易近人	親切的	神秘的
有權威的	幽默的	讓人安心的
可信任的	謙虛的	放鬆的
有能力的	全知的	自嘲的
告解型的	學識淵博	脆弱的

寫作練習

一、這個練習的目的是要讓你的寫作更生動。請寫一個長篇的段落，運用所有的感官，描寫你正在吃最喜歡的料理。請使用明喻和暗喻。（明喻是告訴讀者某樣東西像什麼，例如「葡萄像一串黑色珍珠，閃閃發亮」。暗喻則是直接將某樣東西說成是另一樣東西，像是「我往嘴巴裡丟了一顆黏黏的糰子」。）寫完後，再讀一次你寫的段落，找出一般、概括性的名詞，並用更具體的名詞取代。例如，你可以用「藍莓」取代「水果」。如此讀者便能立刻想像到畫面，相較之下，「水果」太含糊了。取代完名詞之後，再讀一遍你寫的文章，檢查句型構造。句子都一樣長，是不是很刻板乏味？調整一下，讓某些句子變短、某些變長。調整之後，你的文章裡就會出現一個更清楚、更具體的寫作語氣。

二、更多使用明喻和暗喻的方法：

在下列句子的空白處填上內容，將食物比作是某個不能吃的東西。

起司熟得像＿＿＿＿＿。

甜甜圈聞起來好像放很久了，像是＿＿＿＿＿。

烤牛肉三明治吃起來像＿＿＿＿＿。

試著填入誇張的詞彙，接著，用抒情的文字再試一次。

三、檢視以前寫過的文章，看看有沒有用到本章提到的技巧。試著用新的方式重寫看看。

四、試著讓你的寫作呈現「描述而非告訴」。選一個你最喜歡的食物。寫兩段解釋你喜歡這樣食物的理由。試著不要用到「我超愛⋯⋯」這種句子來描述你對食物的喜愛。如果你愛的是甘草軟糖，你可以描述，你願意花費多少心力去得到它，或是你多久一定要吃到一根。你不必明確地點出，讀者就應該能從這樣的描述，看出你多麼熱愛這樣食物。

第二章

美食作家應有的特質

THE GASTRONOMICAL YOU

當一位好客人很重要，因為餐桌是最能反映異地民情的地方，也是融入當地文化最快的通道。你必須願意讓自己隨著環境走，不要猶豫或鬧彆扭。你可能得和東道主拚酒，一杯接著一杯喝著加了熊膽汁的伏特加。這可不是高喊「我吃素」或「我有乳糖不耐症」的時候。

——旅遊生活頻道「波登不設限」主持人、名廚／安東尼·波登如果你想成為一位美食作家，你大概對食物與吃東西懷有相當大的熱情，也可能喜歡烹飪，這就是一切的原點。本書訪問到的作家，無論在這行做了多久，幾乎都會談到他們的這股熱情，或是散發這樣的熱情。如果你滿口美食經，讓你的朋友覺得你是個怪咖，鼓起勇氣吧，你走在對的道路上。

我遇過的許多美食作家都很熱心、積極、有活力，甚至還有點強迫症，他們熱愛埋首在研究裡。這不難理解，畢竟，若有人付錢請你寫一篇關於一位櫻桃農夫的一天、三奶蛋糕[1]的由來，或是羅馬餐廳指南，很難不讓人全心全意地投入。根據訪談記錄，我將美食作家和編輯的一些特質列成一份清單。有些特質是相輔相成的。例如，若你熱愛你的研究領域，你很容易成為一位嚴謹的研究者。如果你花時間做了研究，你很容易成為這個領域的內行人。如果你很熱情，你大多時候也很有活力。你看，很多人是不是同時擁有這樣的特質呢？

有些特質是可以學習的。我在念新聞的時候，學會如何找任何領域的資料，也學會為了報導內容，要如何堅持找到受訪者。這些技能在職場上給了我許多幫助。

我列出的特質當中，很少有作者全都符合，想成為一位成功的作家，你也不必擁有每種特質。有些特質，或許會讓你更適合特定的美食寫作類型。研究型的人，喜歡歷史寫作與長篇故事；對事情持懷疑態度的人，很適合當餐廳評論員；注重細節、堅持到底以及好奇心旺盛的人，適合任何型態的美食寫作，特別是食譜研發員。

繼續往下讀，同時想想自己符合下列哪幾項特質，你必須了解自己適不適合這一行，就像有人之所以成為消防隊員，也是因為他們的個性、價值觀及興趣。這些條件中，有些不需要多考慮，但有些就需要好好思考。擁有的特質多寡並不重要，只有你自己能決定，你有沒有足夠的技能與決心成為一位美食作家。

有熱情。熱愛美食的人，大多是積極且滿腔熱血的人，在他們的文字裡也能感受到這樣的特質。他們喜歡感到快樂、受到賞識。

「熱情其實是一種強迫症，讓人有一種迫切的感覺。」柯諾普夫出版社的烹飪書編輯，茱蒂絲．瓊斯這麼說：「這能讓寫作變得栩栩如生。」

長期持續熱情往往不是件容易的事，但確實有不少傑出的美食作家在業界多年，仍對工作懷有高度熱忱。《瀟灑》雜誌特約作家艾倫．里奇曼說，當他為了工作去找食物試吃時，他會「因為吃到好吃的東西而特別開心」。

熱愛研究。開始寫作之前，能查到越多資訊越好。美食作家無時無刻都在發問。身為求知慾旺盛的研究者，很多美食作家個性上都有點強迫症，對於研究主題的任何小細節，比如羊奶乳酪製作者的一天，都非常著迷。當你做足所有相關研究，終於可以開始動筆時，你應

---

1 三奶蛋糕（tres leches cake），原文是西班牙文，其來源至今仍眾說紛紜，有些主張是起源於中世紀歐洲，也有主張是最早出現在十九世紀的墨西哥。三奶蛋糕顧名思義，這就是含有三種牛奶的蛋糕，通常是以海綿蛋糕為基底，烤完後再浸泡於淡奶、煉乳及全脂牛奶中，最後配上打發的奶油。

該滿腦子都塞滿資訊了。《洛杉磯時報》專欄作家羅斯・帕爾森承認：「當我在查資料的時候，簡直像是發瘋了。為了一篇一千五百字的文章，我可能找到三百頁的研究和影印資料。我想知道所有相關的事情，徹底吸收各方面的知識。」

吸收知識是寫文章的開始。下一步則是篩選資訊，決定哪些是最有力與必要的資訊。故事的切入點、目標讀者群以及他們的喜好、字數限制以及文章結構，都會影響資訊的篩選。這就是帕爾森這種獲獎無數作家與一般新手最明顯的不同。新手作家總覺得自己查到的資料每樣都好有趣，但帕爾森就知道該如何去形塑、裁切出他想要的故事。關於這點，稍後講到專注的重要性時，會再深入論述。

所謂的研究，不一定要待在一個狹窄、昏暗的小房間裡埋首苦讀艱深的書。美食作家大部分時間都在東奔西跑，在旅行、在新奇的地方尋找熟悉的食物，或品嚐他國在地料理。烹飪也是研究的一部分，你會烹飪的話，描述某些主題會比較容易，因為烹飪能幫助你更了解你描寫的食物，以及確認文章裡的烹飪內容是否恰當。

寫食譜的時候，「研究」可能是指：查一道料理的起源、理解當中的化學反應，或是比較不同的食譜做法。

對事物的熱情，能幫助你對寫作主題保持興趣、持續發問、持續關注、持續接受挑戰。

有活力。沒有活力的話，就沒辦法到處跑來跑去、採訪、調查、勤記筆記、無止境地查資料。我之前也提到，熱情能驅使你長時間工作、強迫自己寫完一篇故事、一個章節或一份食譜。如果有一天，你沉浸於工作時突然發覺時光飛逝，你就知道自己找到天職了。

專注。當你找到一個令你無限著迷的主題時，取捨就變得很困難。這時你需要專注。幸好，字數限制也會讓你冷靜下來。故事大綱也是一個有用的工具。你要能理解的是，讀者不一定需要知道所有事情，只需要知道重點即可。你內容越加越多，主題也變得越來越廣，最後變得過於廣泛、沒重點。請站在讀者的角度去想，他們想知道的是什麼？即使是同樣的主題，一篇寫給醫學雜誌的文章，和一篇寫給全素食雜誌的文章，內容想必會有些不同。

勇於質疑。做研究時，要對一切資訊抱持批判思考與合理懷疑的態度。海明威在小說裡經常寫到食物，《巴黎評論》（*Paris Review*）在一九五八年訪問他時，他說：「好作家最需要的才能，就是一個內建、嚇不壞的屁話偵測器。這是作家的雷達，所有偉大的作家都有這東西。」這不是在說你得花好幾個月去確認資料與來源，但你不能只依賴別人寫的東西，除非你知道他們是可信人士或專家。達拉．高登斯坦表示，在美食寫作中，文化習俗或節日的起源應該要特別留意，越是流傳已久、眾人皆知的故事，越有可能出現以訛傳訛的狀況。網路上的資料來源也是同樣的道理，網路不應該是你唯一的資訊來源。

例如，我曾在一份報紙的美食版讀到一篇文章，說茱莉雅．柴爾德曾在美食節目上不慎讓一隻雞掉到地上，撿起來後，她說因為沒人看到，所以還是能端上桌。我從來沒看過這一集。事實是，她從鍋子裡盛起一道馬鈴薯料理時，有些菜掉到瓦斯爐上了。整件事跟一隻雞毫無關係，但寫文章的人，卻將隨便看到、未經查證的內容就這樣刊登了出來。聽到這麼誇張的事情，作者應該抱持懷疑的態度，想辦法去查證。一旦犯了這樣的錯誤，讀者會認為你不值得信任。

編輯與作家能看得出一篇文章有沒有做好功課。《洛杉磯時報》的專欄作家帕爾森說，市面上充斥著許多不營養的文章，像是一些網路上流傳的、道聽塗說的、未經查證就刊登出來的訊息內容。我曾與一位作家合作，當時她花了很多時間，在圖書館查證一些業界名人聲稱的內容，像是他們曾說過「我是第一個如何如何的人」或「我曾經因為某件事情得過獎」等。結果她發現，大部分的人都是在自吹自擂。

大膽。吃美食需要膽量。如果你對事情很熱衷，巴不得親身體驗，那要表現得勇敢就沒那麼難。美食作家必須「試吃他們不想嚐的東西，跟他們不想說話的人說話，強迫自己卡位只為了得到資訊，不斷學習。」萊特說。

名廚波登是位大膽王。他為了自己的書《名廚吃四方》以及他的電視節目，環遊世界、嘗試「極端飲食」，儘管他並不認同這個詞。波登說：「當一位好客人很重要，因為餐桌是最能反映異地民情的地方，也是融入當地文化最快的通道。你必須願意讓自己隨著環境走，不要猶豫或鬧彆扭。你可能得和東道主拚酒，一杯接著一杯喝著加了熊膽汁的伏特加。這可不是高喊『我吃素』或『我有乳糖不耐症』的時候。」

波登補充道：「常見的錯誤，包括對眼前不熟悉事物表露輕蔑的態度、怕吃到泥土灰塵這些髒東西，或是不敢吃奇怪的食物。害怕面對不熟悉的經驗，讓許多寫美食和旅遊的人變成爛作家。你要他們講講墨西哥的食物，他們卻只跟你抱怨水質、覺得吃了會生病的東西，還有他們不想吃的生菜。」

有時候，你還得鼓起勇氣，去聯絡你心目中一些高不可攀的人物。我在寫這本書時就遇到這樣的挑戰。我得去聯絡一些我只敢從遠方仰望的作家，沒想到他們都非常有禮貌、平易近人，回覆很迅速，也樂意幫我的忙。

要完成艱鉅的任務，你可以試試看以下三種方法：首先，如果你必須打電話採訪某人，那麼一大早坐到桌子前，就一定要先做這件事，這樣你就不會一整天都在猶豫不決或拖延進度；其次，就是表現得「像個樣」。意思是你要表現得像是一個超級有自信、溫和、幽默、和你說話很輕鬆自在的樣子，即使你實際上緊張得快崩潰、一點都不相信這一切；最後，請你自問：「大不了會怎樣？」對於未知的結果感到恐懼，往往是被過度放大的。

好奇心旺盛。美食作家必須擁有無窮的好奇心與探索美食的動力。他們喜歡到處閒晃，希望能在途中遇見新奇、美妙的事情，像是去法國街頭市場裡，找出四種新奇的瓜果，或是在一場派對上認識一位冠軍麵包師傅，跟他聊上好幾小時。里奇曼說，他寫作時，經常發現大量的研究內容，因而曾被稱作「美食人類學家」。如果你好奇心不夠的話，萊特說：「你就無法找到下一個寫作題材。」

堅持。不輕言放棄的精神，與好奇心同樣重要的《紐約時報》（*The New York Times*）特約餐廳評論員米米·喜來登（Mimi Sheraton）在回憶錄《食言》（*Eating My Words*）裡寫到，她曾經為了確認自己對某間餐廳的感想而去吃了十二次。幸好都是由《紐約時報》買單。即使工作看起來單調乏味，例如，你為了找到幾個答案，得去翻找、篩選一堆資訊，或是冒著被當成笨蛋的風險去問很多問題。成功的美食作家，在得到他們想要的東西之前，絕不善罷甘休。

知識豐富。在真正動筆之前，優秀的美食作家，都會讓自己變成寫作題材的內行人。這麼做能夠加強自信，即使你不是某種食物或食材的專家，也能讓你顯得更值得信任。如果你不是專家，《美味》雜誌共同創辦人柯爾曼·安德魯斯建議：「最好的方法，就是一邊學習相關的知識，一邊傳授給你的讀者。」這需要一定的膽量，因為你必須表現得非常內行。蘿拉·維林（Laura Werlin）在寫她關於乳酪的第一本書時，就是採取這項策略（請見二六三到二六四頁）。但請別貪心，不要妄想自己能在短期之內化身美食萬事通，這會讓你招架不住。選擇一個你有興趣的題材，專注在這上面，徹底學習相關的所有知識。你可以去上烹飪課、讀書或訪問專家。你可以用扮演初學者的角色，去構造出一篇故事或部落格文章，一路帶著讀者一起累積相關知識。

專業。寫作新手有時會被當作懶惰蟲或是遊手好閒的人。有些人覺得美食寫作有特殊的規則，跟其他類型的寫作相比，要求沒有那麼高。安德魯斯說：「畢竟我們不是在寫什麼國家大事，我們只是在寫主廚怎麼做菜。」很高興安德魯斯如此坦白。當我告訴非業界的人，我的工作是跟食物有關的寫作與編輯時，他們都會對我投以奇怪的表情，好像在說「這真的能當飯吃喔？」有些人以為美食寫作只是個人興趣，想藉機吃美食、雲遊四海的藉口……是很接近啦，這個職業確實能藉機吃美食、雲遊四海，如果你工作夠厲害的話。

想要當一位專業美食作家的條件，其實沒那麼複雜：

- 與人交談要保持禮貌，尤其是有求於人時，並且記得感謝幫助過你的人。
- 做事細心、精確，尤其是在寫人名與職稱的時候。為了避免事後丟臉，一定要再三確認資訊的正確性。
- 設定截稿期限，並且說到做到。你說過要寫什麼，或答應要寫什麼，就要交出來。盡你最大的努力與你的編輯合作。
- 想要得到更多工作，就不要鬧脾氣或耍大牌。

會說故事。「寫作最基本的要求，就是要能帶領讀者進入別的時空，方法就是讓讀者看到你要帶他們去向何處。」部落客與作家茉莉．懷森伯說：「觸發情感、生動、帶有豐富感官體驗的寫作，是一大關鍵。」注意觀察那些能與讀者產生連結的小地方，懷森伯補充說，最好的寫作，能立刻讓讀者用作者的視角看事情，同時也能聯想到自己。

懷森伯在一場部落客大會上是這麼形容「說故事」的：「我熱愛食物為我塑造的生活樣貌，它告訴我那些關於自己、關於親友、關於我居住城市的所有故事，我全都愛。食物能犀利地解析我們在意的事物，突然間，我想知道食物還能讓我看到些什麼？那些就是我想講的故事。從那時開始，這就是我不斷努力的目標，無論是透過我的部落格還是書籍。我試著去描述我自己也喜歡聽的故事。我做的所有事情，無論寫作、攝影，還是跟我先生合開餐廳（這又是另一個故事），目的都是去實現我的想像。我認為，這是我們能設下的最高標準、最難達成的目標。我們試著做出想像中的食物，有時我會覺得好像有些重大的發現，有時我非常喜歡自己正在做的事情，有時還真的成功了！」

用新觀點緬懷過去。我寫的第一篇跟食物有關的個人文章，是關於我母親和她做的菜。我現在仍引以為傲，我也發現這是許多人共同的起點。漸漸地，我發現不只有我在寫關於食物與早期記憶的文章。想要寫些關於自己家人的事情，尤其是那個教你做菜或你很敬重的人物，這種想法非常普遍。這是你熟悉的事物，相關資料容易取得，因為全部都烙印在你的腦海裡了。

我教書時，學生們常跟我說，他們想寫一些懷念過往的文章。這些話我聽過無數次，我猜這大概是一般人寫作過程中的必經之路吧。沒問題，就從回憶開始寫。寫一篇引人入勝、對話有趣、故事前後連貫的文章。然而，若你的目標是出書，就必須說出新的觀點。我那篇關於母親的文章，因為寫作視角不尋常，後來被刊登在一本國際美食雜誌上。那篇文章主要是在描述我母親，因為身為移民者，而無法駕馭如三明治、義大利麵、肉類和馬鈴薯等西方食物的困擾。那是一篇有趣、苦中帶甜的故事，但最重要的是，我說故事的角度，不同於一般編輯們一再重複讀到的故事。大部分的編輯，大概也沒看過關於一位來自中國的伊拉克籍猶太人，盡是煮一些怪怪的西式食物的故事吧。

我不是教你不要寫跟家人有關的文章。如果你知道該如何刻劃你的文字，那確實是可行的。舉例來說，卡洛・菲爾德（Carol Field）的《義大利奶奶的廚房裡》（*In Nonna's Kitchen: Recipes and Traditions from Italy's Grandmothers*）就很成功。這本書寫的是義大利料理，而美國人愛死義大利菜。菲爾德是一位著名的烹飪書作家，這也不是她出版的第一本書。更何況，內容是很多位義大利老奶奶，如何花費一生守住自己的飲食傳統，而不是關於其中某一位給菲爾德煮過飯的奶奶。秀芭・納拉揚（Shoba Narayan）寫的《雨季日記》（*Monsoon Diary: A Memoir with Recipes*）一書中，記錄家族禮節與對美食的熱愛，也寫到她難以適應媒妁之約的婚姻生活，打破大眾對於移民者生活的刻板印象。她幽默、正面的敘事語氣讓整個故事都活起來了。不過也有可能是因為納拉揚是哥倫比亞大學的新聞碩士，而且還是當時普立茲旅遊獎學金（Pulitzer Fellowship）得主。

重視職業道德。若你需要經常拜訪餐廳，你必須得重視職業道德方面的問題。美食作家必須清楚知道自己的身分，以及他們所代表的人。美食作家常有機會得到免費招待的東西，尤其是食物與旅遊，特別是那些高人氣部落客。這聽起來或許有些奇怪，但是有操守、講道義的作家，是會自己付錢的，或若他們有本事、夠幸運的話，他們寫文章賺到的錢，能夠作為抵銷。否則，作家可能會覺得欠了某家餐廳或某個旅遊協會一點人情，最後寫出來的文章就會很像業配文。那些專門寫餐廳卻總是接受免費飲食招待的部落客，鮮少是誠實的。他們會瘋狂推薦所有餐點，或是拍絕美的照片。

無可避免的是，美食作家終究會認識業界裡的其他人，像是廚師和公關人員，因此必須面對很多麻煩場面。你必須對你的讀者負責，而不是對餐廳、旅遊協會或食品業者負責。餐廳評論員里奇曼解釋，好的美食寫作絕對不是「在餐廳裡不斷拍主廚馬屁，在他們面前對所有的食物驚呼『怎麼那麼好吃！』」更多關於職業道德的相關議題，請見第四章部落格經營的介紹。

能夠精準掌握語言。我問過許多資深作家，在別人寫的文章裡，他們最不喜歡的部分是什麼？最常聽到的抱怨，就是用了太多形容詞、老套用語和花俏修辭。這些作者沒有花心思創造漂亮的句子，而是過度倚賴一連串副詞與形容詞來發展故事。意思是，你應該避免寫出類似這樣的句子：「石榴紅餐盤上的巨大綠色朝鮮薊，像一朵鼠尾草綠的花朵，葉片朝著天空、隱藏裡面埋藏的寶藏。」首先，「鼠尾草綠的花朵」算是暗喻的一種，但不怎麼高明，因為多數讀者都已知道朝鮮薊既是綠色又像一朵花。「埋藏的寶藏」是老掉牙的說法，沒有原創性，寶藏通常都是被藏起來的。再來，雖然有點像是在雞蛋裡挑骨頭，但這個句子沒有任何劇情發展，或引起讀者繼續讀下去的興趣。

概括性的描述，跟寫過頭的句子一樣糟糕。我手邊有一本全國性的美食雜誌，剛好在一篇食譜裡看到這樣的句子：「烤雞和米飯配上這些豆子非常棒。如果你手邊剛好有些上好的雞高湯，煮豆子時可以用高湯取代水。」

請問「棒」是棒在哪裡？是因為豆子與雞肉飯很對味嗎？那又是為什麼呢？是口感還是味道很合？還有，什麼是「上好的」雞高湯？誰知道？

空泛的語言雖然不見得會毀掉一份食譜，但更詳細的介紹，卻肯定能幫助讀者想像如何製作、享用這道料理。讓我們假設一下，這些豆子，因為色澤呈現深紅色，在白色的米飯上非常顯眼，或是深黃色的高湯，表面浮著小珠的雞油。你可以多查些同義詞來運用，你總不能從頭到尾都只會說「美味」吧？

記得，關於飲食寫作，不只是在描述食物的滋味與氣味。食物或許是書寫主題，但文章的重點可透過敘事、報導的方式呈現。找到恰當的細節，故事歷史、相關事件、意涵，以及故事發展本身，都是呈現的重點。

不以自我為中心。我訪問的許多作家都慣用第一人稱敘事，他們做得到，是因為擁有足夠的經驗、適合的寫作風格、詳實的報導與資料收集。他們將自己（作家）與文章裡的敘述者分開，所以他們的故事不會像是一段自白書。他們不會在每句話裡都寫到「我」。雖然寫作內容跟作者有關，但並不是關於作者。寫作的目的，是要吸引讀者進入這個有趣的故事。

好的寫作不是在炫耀。我讀過很多「自我感覺良好」的美食寫作，像是「我正坐在埤德蒙特山上一間超級貴的飯店的陽台上吃著松露，那你呢」這種寫作風格。寫出這種句子，表示作者自視甚高，認為讀者一點也不重要。身為讀者的我們，無法感受到作者當下享受的事物，因為他只顧著讓我們忌妒他，沒空把我們拉進故事中。

跟這一點相似的，是過度鑽牛角尖。我還是雜誌編輯的時候，發現許多作者的初稿充斥著瑣事，尤其是文章的開頭。我把這個現象稱之為「潛得太深」，意思是作者太早開始描寫微小的細節。作者自己陷入故事情節、無法自拔，因此失去了方向。

希望你在讀完這一長串列表時，發現自己符合大多數的特質，這是很值得高興的事情。反之，你也知道該在哪些部分下功夫了。對自己好一點，不要想著一步登天、立刻就要掌握所有的技能與特質。這些是要花一輩子精進的課業。

寫作練習

一、寫一段關於你熱愛的某種食物。記得「敘述而非告訴」的原則：展現你的熱情，而不是告訴讀者你為了這個熱愛的食物而做的事情。敘述的表達方式：「不一會兒，碗空了，只剩幾顆油油亮亮、沒有爆開的玉米粒在碗底擺動。」告訴的表達方式則是：「我真的很愛吃爆米花。」

二、在不使用形容詞的前提下，寫兩段關於你最愛的一道菜。不要只是描述這道菜，加上你曾用哪些不同方式做過這道菜、你在哪裡吃過這道菜、或是你和誰一起享用等細節。一開始，內容會看起來光溜溜、毫無修飾性。之後再回過頭，加上精確的形容詞讓故事發光。限制自己只能用三個形容詞。

三、再讀一次練習二的寫作，看能不能用自己的經驗或記憶，將某一段改寫成一個非小說的故事。加入前後文，將重點擺在故事的意義、和這個食物有何關聯。記得寫出故事的起承轉合：開頭、中間經過、以及結尾。

第三章

美食作家準備就位

THE FOOD WRITER'S MISE EN PLACE

我以當美食作家維生。好啦，我也有做別的工作—我同時還教書、攝影、演講，不過這些都是相關的工作。有時也會覺得工作很辛苦、漫長、壓力大，但從來沒有一天感覺到「我討厭我的工作」。我覺得能把自己真正喜歡的事情當工作，是非常幸福的一件事。

——美國烹飪教育學院教師、美食自由作家／瑪吉．佩芮如果你一直想寫美食，你大概會有很多疑問：該怎麼開始？該寫什麼樣的文章？需要相關資歷嗎？大家是如何進展成為美食作家的？

幸好，很多問題都是有答案的。首先，你必須樂於學習。這是頂尖美食作家不斷成長、向前邁進的動力。他們對自製義大利麵條、食品政治學、印度街頭小吃以及廚房裡的小花園都非常感興趣，而不只是專注在自己擅長的領域。你對美食大概也有類似的熱忱，下一步就是運用知識去支撐這股熱情。如果你擔心自己不夠格，這一章會教你如何加強自己的背景知識與技能。「信譽」是寫作中極其重要的一部分，也是業餘與專業的分水嶺。你能提供的知識與經驗越多，成功機率也就越高。

多數美食作家開始寫作都是因為興趣使然，寫作原本只是閒暇消遣，他們沒有試著以此謀生。有些人則是發現，他們熱愛美食寫作，想要當全職作家。在這方面，我列出相關的工作類型，並邀請一些成功作家，分享他們在書桌前與廚房裡的生活樣貌。

美食作家能做什麼類型的工作？

美食寫作的類型非常廣泛，像是烹飪書、部落格、時事通訊、新聞、專題報導、旅遊文章、菜單、食譜、產品標籤等等。我跟別人說我是美食作家時，他們會開始口水直流、想像我的生活就是不斷到處吃美食。在他們的想像中，我每晚都會造訪高級餐廳、一箱箱美酒和鵝肝會不斷送到我家、時不時就舉辦精心策畫的晚宴，或受邀飛去義大利寫一篇跟義大利麵有關的文章……不是的！我的生活不是這樣，或許業界有人是過著這樣的生活，但夢幻程度還得再調降一些。若是一位當紅作家或飲食界名人，雇主是那幾家最大的雜誌社，預算與開支令人望塵莫及，或許就能夠如此。不過，這樣的工作並不多，因此，若你幻想做這樣的工作，你恐怕得要花上好幾十年的功夫才能達成。

所有美食作家的工作內容都不相同，很難分門別類。很多人是什麼都做一點，他們做的事情也會隨著時間而改變，這一章裡有提到他們的故事。

以下是最常見的幾種美食寫作工作。你可以看到作家會做哪些事情，又有哪些工作是彼此重疊的：

美食部落客。大部分美食部落客都不是全職的。對某些人來說，那是他們第一次寫美食相關文章，是個好玩的興趣。寫部落格是嘗試美食寫作的入門模式之一，尤其是食譜研發。另一些人則是發現自己喜歡寫美食文章，漸漸累積讀者之後，想要發展成專業的部落客。其他人則是將部落格當作個人履歷在經營、表達自己的意見，同時讓自己的作品曝光。如果你想寫一本書，寫部落格是最好的起點。

架設一個部落格只需幾分鐘，部落客大部分時間是花在持續定期張貼文章、學習攝影，以及回覆留言。更詳細的資訊，請見第四章關於如何成為一名部落客。

美食部落客與作家的一天

史蒂芬妮．史蒂亞維提（Stephanie Stiavetti）在二〇〇六年開始寫部落格。她曾寫過一本烹飪書、一個部落格、網路文章、以及自由撰稿。她在科技業擁有超過二十年的資歷，同時也是一位數位媒體顧問。她在芝加哥與舊金山通過許多專業烹飪課程認證。以下是史蒂亞維提關於部落客生活的分享：

經營「廚藝生活」（TheCulinaryLife.com）部落格時，我的工作是開發與分享食譜。意思是我會花時間做菜，以及拍攝食物的照片；當然這不只是在廚房裡玩耍這麼簡單。現在我以美食寫作維生，我必須像對待任何新事業一樣，認真看待這份工作。

我每天會收到很多電子郵件。我會從堆得像山一樣高的提案計畫中開始篩選，這些提案大都是公關人員寄來，主題可能是食品、烹飪書、廚房用品及採訪招待團。我也經常收到跟食物無關的企劃案，像是汽車與電腦設備的，這讓我相當困惑，也很少回覆這類信件，除非我直接認識這位公關人員，或少數時候因為某個企劃案吸引到我的注意才會回覆。我不常撰寫評價類型的文章，因此我會把這種寫作機會留給我真正喜歡的產品和烹飪書。

接著，我會追蹤給雜誌編輯的自由撰文提案。我現在比較不常當自由撰稿人了，因為你必須不斷想辦法抓住編輯的注意力，這一點我沒有很喜歡，但我偶爾也會想出一些新故事，然後寄給我在國際專業烹飪協會（IACP）上親自認識到的編輯。我大部分跟部落格無關的事業關係，都是透過這個協會認識到的。美食寫作與部落格都有非常棒的社交圈，但你必須離開你的辦公桌、走出家門，才會比較容易認識到人。

我們再來談談關於社群媒體的侵襲吧。許多部落格都很喜歡這個部分，但我寧願花更多時間待在廚房裡。我會使用MeetEdgar.com協助我自動發佈臉書、推特等社群媒體的訊息。當然，我每天仍然會上傳新的內容，但這個軟體，讓我的社群媒體經營工作更簡單、有效率。我每個月只需要花一個小時，坐下來寫出很多篇文章，然後將它們接上這個工具。Edgar會根據我先前設定的時程，自動安排並張貼文章等等。我最後只需要每天上網一、兩次，回答讀者的問題。

我每天的固定行程，必定少不了處理部落格的後台工作系統問題。內容包括回覆讀者留言、更新外掛程式、解決技術上的問題，以及一般常見的：拿著鐵棍敲打部落格平台直到它聽話為止。幸好我自己就有技術背景，大部分的問題都能自行解決。

再來是電子郵件行銷。每週寫一篇讀者訂閱的通訊文章聽起來很簡單，但要處理這麼一丁點的散文內容，需要的專注力與時間反而出奇的多。管理我的寄件通訊錄需要一些行政上的作業，例如，找出那些不讀內容的人，然後親自寫信詢問他們是否要繼續訂閱。多一位訂閱者，我就會被多收一筆費用，所以我沒道理要繼續寄信給一個六個月都沒打開過訂閱內容的人。

到了下午四點，我的屁股還是黏在椅子上。我還得記帳、檢查網路資料分析、計畫要上線的內容、閱讀工作相關資訊文章、研究美食相關議題、以及回覆讀者詢問。說真的，做這一行真的沒有無聊的一刻。每週一次，我會和我的專案經理進行兩小時的視訊會議，討論經營策略、哪些事情可行、哪些地方行不通、社群媒體經營上有哪些東西需要調整、還有我目前為某一本電子書或網站的品牌行銷、設計的進度到哪裡了。

到目前為止，我已經工作六小時，終於有時間去寫一篇部落格文章、雜誌文章、或是新書裡的某個段落了。要在特定時間、沒有急迫的截稿日期之下寫作，一直都令我困擾。我的靈感，她有點害羞。顯然我得花多一點力氣捧她、讓它更聽話。

之後我會進廚房，在那裡試食譜、拍照、以及拍短片。這在冬天會是個問題，因為太陽五點就下山，我會在一陣兵荒馬亂下，趕著拍一張有自然光的照片。到時候，我寧可讓一天的行程徹底反過來，變成早上煮飯、拍照、烤一個全雞晚餐，只為了能好好利用早上九點的美麗晨光。

我會試著晚餐過後不要繼續工作，但很多時候，晚上還是會回到書桌前，繼續將白天沒做完的事情收尾。好像每天都追不上待辦事項增加的速度。幸好，我很喜歡我做的事情，所以我不覺得這是一份苦差事。

每次有人跟我說，他覺得我一定是整天待在廚房裡，想著該做哪些好吃的東西，都會讓我不禁莞爾。在一整天的忙碌之後，下班後到睡前的六個小時空檔裡，還要塞進上述的所有事情……我也希望大部分的時間能花在煮飯上啊。許多部落格同業都是過著類似的生活，但是大家都甘之如飴。

自由撰稿人。報章雜誌裡的文章，部分是由全職編輯及助理在正職工作內容之外寫的文章。其餘的內容必須仰賴自由作家，以及供稿服務所提供的文章去填滿。有些自由作家負責為雜誌、新聞及網站，撰寫專題報導、個人短文、訪談內容、固定的專欄文章與食譜。

大部分的人會不只寫一種內容，因為單以自由工作者的稿酬維生並不容易。有些人可能會有額外收入。他們或許也經營外燴、在餐廳工作、是私人廚師，或是有開班授課等等。

為企業撰文，例如新聞稿、網站內容、給主廚的食譜與課程等等，薪水會相對比較好，但這類工作非常搶手，也很難打入。

供稿專欄作者。這類作者會撰寫一篇專欄文章，由聯合供稿服務業者寄送到全國多家報社。不過大多數的自由撰稿人，都是寫一篇文章，然後在一家出版刊物上刊登。

自由工作者的生活

瑪吉·佩芮（Marge Perry）是一位得過獎的全職自由美食作家與食譜研發員。合作的雜誌有《輕盈飲食》、《健康》（*Health*）及《悅己》（*Self*）等。此外也為《新聞日報》（*Newsday*）每週撰寫專欄文章，在美國烹飪教育學院（Institute of Culinary Education, ICE）教書、並且每天在「我的食譜」網站（MyRecipes.com）更新部落格文章。以下是她身為自由工作者的生活樣貌：

我以當美食作家維生。好啦，我也有做別的工作——我同時還教書、攝影、演講，不過這些都是相關的工作。有時也會覺得工作很辛苦、漫長、壓力大，但從來沒有一天感覺到「我討厭我的工作」。我覺得能把自己真正喜歡的事情當工作，是非常幸福的一件事。

我得先釐清一點：為了得到足夠的收入（當然，每個人的定義都不同），我的工時必須很長，比我的律師、醫師，和正在當律師的朋友們的工時還要長。不過，當你早上七點，從健身房回家的途中，為了拍一些專欄要用的照片而順道去一趟市集，然後被眼前美艷動人的紅蕃茄打動，直望著它們發呆……以這樣作為一天的開始，工時長一點也仍會覺值得。

我剛開始寫作時，是幫一家當地小型報社寫專欄。我現在仍持續寫專欄（如今是跟一家大規模報社合作），文章裡附帶的照片攝影，也是我工作的一部分。攝影是我一邊工作一邊學會的技能，這項技能讓我得到不少好機會，比方說和自己非常喜歡的烹飪用品、工具與食品廠商合作。

我事業的每個環節，似乎都與彼此互補。我開始教書，原本是為了提升我做為美食作家的知名度，但後來發現我也真心喜歡跟學生一起煮菜的感覺。在紐約的美國烹飪教育學院教書時，我喜歡幫助學生得到他們需要的技能，讓他們對烹飪產生好感。學生幫助我成為更好的作家，他們讓我知道什麼樣的資訊是讀者真正需要的。

我發現學生會重複問一些問題，因此我開始在 MyRecipes.com 上寫一個名為「問問專家」（Ask the Expert）的專欄。後來，我也用專欄裡的題材開始拍攝一系列影片。

我和我丈夫、兩隻狗、兩隻貓、兩個小孩，一起過著自由工作者的生活，我和丈夫一起開了一家名為「食糧與動詞」（Vittles and Verbs）的公司。我們有時會一起接案、有時分開工作，事實上，當我們各自有不同的案子時，還是會詢問對方的意見與想法。我們各自擁有自己的事業、專業與長處，但一半以上的時間都是一起工作的。

整體來說，這份工作的核心，就是能做兩件我最愛的事：寫作和傳達關於美食與烹飪的事。我依然會長時間待在廚房煮東西，花很多時間埋首寫作，以及花費數個小時去捕捉美食的視覺呈現。當我坐太久時，我會去煮飯，煮飯煮太久，就去拍照。當我需要逃離待太久的家（也就是我的辦公室、攝影棚以及廚房）時，我會去教課。

我的自由撰稿事業，不只是每個工作環節的總和，而是讓我因為教學成了更好的作家、因為研發食譜而成了更好的老師、因為寫作而成了更好的攝影師。每個工作環節相互交錯其實是一件好事。因為這樣的組合，讓我能夠保持財務上的穩定、持續接受挑戰、感到興奮並受到啟發。

烹飪食譜書作家。這些自僱型作家，大多時是在專心撰寫烹飪食譜書，不過多半也會抽空做些相關的兼差工作，比方說為其他客戶寫文章、研發食譜給食品銷售業者或製造商、經營網路訂閱的新聞平台等等。有些作家還會擔任食品業者的產品顧問。

出版商會預先提供經費給這些食譜作家，讓他們將預算用在寫書工作上，根據作家研發的食譜數量、需要查多少資料、以及必須去何處旅行來看，寫一本烹飪書要可能要花一到六年的時間。有名氣、粉絲人數龐大、出版紀錄良好的作家，可能會要求足夠的預算，讓他在寫書期間不必再接別的案子，但這情況很少見。幾乎所有的作家都會同時接受其他類型的工作，因為他們無法光是以出版社的預支稿費維生，而若是自費出版的烹飪書作家，根本也就沒有預支稿費這回事。

廚師與企業經營者，經常與代筆寫作者與其他協作者一起出版烹飪食譜。關於這方面的詳情，請見二七六頁。

烹飪食譜作家的生活

茉莉．史蒂文斯（Molly Stevens）身兼美食作家、編輯，以及烹飪老師等身分。她的兩本烹飪書《燒烤料理大全》（*All About Roasting: A New Approach to a Classic Art*）與《燉煮料理大全》（*All About Braising: The Art of Uncomplicated Cooking*）曾獲得詹姆斯．比爾德基金會獎，同時也獲得國際專業烹飪協會的表揚。史蒂文斯所撰寫的文章與食譜，經常刊登在《精緻烹飪》（*Fine Cooking*）雜誌，她本身也在該雜誌擔任特約編輯。此外，她還在《食指大動》（*Bon Appetit*）、《健康飲食》（*Eating Well*）以及《美味》等雜誌擔任特約作家，她的食譜與烹飪技巧曾刊登在《華爾街日報》（*The Wall Street Journal*）、《瑞秋雷相伴每一天》（*Everyday with Rachael Ray*）、以及《簡單料理》（*Real Simple*）等雜誌。在法國科班出身的史蒂文斯，曾在許多料理名校指導課程與教學。她曾經榮獲《食指大動》雜誌年度最佳烹飪教師獎，以及國際專業烹飪協會最佳烹飪教師獎。

以下是她長期從事烹飪書作家的感想：

對我而言，如同許多烹飪書作家一樣，寫書只是這個多面向職業與私人生活的一部分。沒錯，我寫烹飪書，但同時我也是個烹飪老師、食譜研發員、以及代筆寫作者，另外，我還有很多身分，包括自由編輯、雜誌特約作家、顧問、食品造型師、食譜測試員、以及廚師。

事實上，每次有人問我這個問題時，我都會卡住。「請問妳的職業是？」我想，最誠實的回答，就是我做很多事情，也喜歡這樣的工作。大概二十年前，我辭掉烹飪教師的全職工作，開始擔任自由工作者，目的就是希望能在一些雜誌上刊登文章，並成為一位更好的美食作家與編輯。很快地，我學會答應接下任何可能的工作機會，尤其是那些我覺得高不可攀的工作。從一開始，我的自由職業生涯就一直都像坐雲霄飛車，有時忙得不可開交、有時閒到開始擔心以後還會不會有工作找上門。

關於烹飪書的寫作速度，如果可以的話，我都會選擇慢慢地寫，有四個原因。

第一個原因，是因為我本來就寫得很慢，當然要快也是可以快，但我個人的創造過程，總是需要花時間釐清事情。我以前會因為自己寫得慢而感到非常沮喪，但那樣好像只會造成更大的反效果。現在，我會對自己寬容一點，只要求自己持續寫作。

第二個原因是，每次我做一頓飯，內心都會不自覺地把它想成是在做食譜研發或是料理檢驗。有時候，我只是希望能和我老公一起輕鬆用餐，不必一直記筆記，或是不斷質疑這道菜「適不適合放進食譜」。這些時候我會變得沒有生產力，但這同時也在提醒我，不要忘了飲食的樂趣。

第三，我住在佛蒙特州的森林裡，獨處太久會開始發慌，若要閉關好幾個月只為了寫一本書，對我來說是很不健康的。為了平衡孤獨的寫作生活，我同時會去教課、參加座談會、旅行、讀書、當社區志工以及玩樂。這些「休息時間」會拖延到我的寫作進度，但也能幫我充電、激勵自己。而這些也是重要的曝光機會，由於缺乏實際舞台（像是餐廳、電視節目，或是一個超夯的部落格），走出家門、認識人以及一對一銷售我的書，成了建立自我品牌的關鍵，理論上也是讓書籍暢銷的方法。

最後一個原因，有點蛋雞邏輯的感覺，我無法光靠當烹飪書作家維生，因此必須承攬別的工作項目。結果造成自己隨時都有某個交期要趕、某個計畫要做。例如，我最近收到新的烹飪書邀約寫作，因此正在緩慢地進行。上個禮拜，我剛剛交出一個雜誌社的感恩節食譜與文章。這禮拜，為了一個近期要出發的教學巡迴之旅，我正在決定最終的食譜、安排旅遊行程。今天稍早，我回答完線上教學的學生問題。明天，我會去見一家當地咖啡廳兼教學空間的經營人，他們僱用我擔任顧問。

所以，要說當烹飪書作家是什麼樣子，我只能提供自己的經驗。我很慶幸自己的生活圍繞在喜愛的烹飪、寫作與教學上。我的志向從來就不是追求金錢，而是盡量為自己創造一個豐富的人生。我不會明顯區分自己職場上的身分與私下真實的自我。我喜歡當烹飪書作家，因為這是我個人身分很重要的一部分，也是我選擇的生活與工作樣貌。我覺得自己很幸運。

菜單顧問、食譜研發員、試驗員。菜單顧問直接受雇於餐廳或公關公司，他們大多擁有餐飲業相關背景。這類工作者可能是精於文字寫作的人，專門撰寫或檢查菜單。食譜研發與測試員，合作對象是希望針對自家產品寫出食譜的企業，如食品業者，並將這些食譜放在包裝上。這類型工作通常待遇很好，並且大多由自由烹飪書作家、飲食學家或營養師擔任。

餐廳評論員。報社或網站的餐廳評論員可能是正職員工，但多數刊物都是仰賴自由工作者，許多部落格也將重點放在餐廳評價的文章上。

新聞撰稿人。全職撰稿人，通常是從報社其他版面調過來的人員。金・謝文森（Kim Severson）是《紐約時報》的得獎美食記者，他當時是從一般新聞記者轉職開始寫美食文章。其他撰稿人則是大多是從體育或財經版轉過來，或是因為寫過電影或書籍評論，而成為餐廳評論員。《紐約時報》前餐廳評論員法蘭克・布魯尼（Frank Bruni），之前在該社擔任歐洲事務主任（目前為該社評論專欄作家）。若你想成為報社的正職新聞撰稿人並專營美食線，你可能必須先成為一名記者，或是一位成功的自由作家。

如何打入這一行

想打入這一行，基本上有三個方法。

首先，你要有寫作相關背景：知道如何發展並寫出一篇故事，了解怎麼採訪、研究以及報導。如果你已經是一位出過書的作家，並且希望改變寫作方向，打入這一行會比較容易。

我一開始是在報社當記者，後來轉職為雜誌編輯。我學會如何寫作、查資料、採訪、得到出版機會，而且願意挑戰任何題材。漸漸的，我發現食物才是我熱衷的事情。最難之處，在於如何獲得足夠的知識來寫出美食相關文章，以及如何成為值得信賴的美食作家。

第二個方法，是擁有餐飲業相關工作經驗。許多食譜書作家與餐廳評論員都曾做過專業的廚房工作。「Food52」網站共同創辦人亞曼達．赫瑟爾出版第一本食譜書《廚師與園丁》（*The Cook and the Gardener: A Year of Recipes and Writings from the French Countryside*）之前，在法國一座古堡裡擔任廚師。「Chow」網站資深編輯約翰．伯德斯奧爾（John Birdsall）在成為餐廳評論員之前，在餐廳工作了十五年，後來以撰寫個人短文為主業，並以一篇刊登在《幸運蜜桃》（*Lucky Peach*）雜誌上的文章奪得比爾德基金會獎。

有些人認為待在餐飲業太久，也會是成為美食作家的一種絆腳石。「重要的是要保持心胸開闊，認真做研究、不墨守成規、去探索新發現、並且檢查資料。」克諾普夫出版社烹飪書編輯瓊斯說：「有時候，你自以為懂得多，也會成為一種限制。」

許多人最後在飲食圈工作，但一開始並不是。傑佛瑞・史坦嘉頓成為《時尚》雜誌食評專欄作家前，是一名律師，重點是，史坦嘉頓是個幽默的人，他在學期間為《哈佛妙文》（*Harvard Lampoon*）雜誌撰寫文章，磨練幽默文筆。在多位明星部落客中，蕊・杜魯蒙（Ree Drummond）（部落格：ThePioneerWoman.com）之前有行銷相關的背景、大衛・勒保維茲曾是一位甜點師傅、《小小廚房食譜》（*The Smitten Kitchen Cookbook*）一書的作者黛博・佩雷爾曼（Deb Perelman），多年來為高科技相關刊物撰稿。

除了餐飲業相關工作經驗之外，你也可以因為擁有以下這些經驗，成功打入美食寫作的領域：烹飪教師、飲食學家、營養師、飲食歷史學家、烹飪學校畢業生、食品銷售員、食品生產者……等。

第三個方法，同時也是最簡單的方法，就是開始寫一個美食部落格。除了必須會使用電腦以外，經營部落格沒有任何門檻，甚至連相機也不見得需要。

如何接受相關訓練

萬一你不是作家，又沒有餐飲業相關工作經驗呢？別擔心，你仍然可以透過訓練成為美食作家。即使是有寫作或餐飲業資歷的人，也必須持續補強不足之處。美食寫作方面的學習是很享受的一件事。你喜歡吃，對吧？你也喜歡讀好的美食文章吧？你只需要知道該去讀些什麼、如何找到相關課程，以及如何拓展社交圈。讓我們從頭說起吧，首先，你需要學會的是：如何培養出鑑賞食物的能力。

不斷地吃、吃、吃。我剛開始當美食作家時，總覺得自己能力不足，其他的作家好像什麼食物都懂，食物該有的味道，他們都能說得一清二楚。我不曉得要如何學習這項技能。幸好，答案就是去做我平時就在做的事：吃、讀書、做菜，以及上烹飪課。當然，不是一直重複接觸同類型的食物。我的工作是去發掘新事物，並且去了解它們。

「大量地吃是第一步，」《洛杉磯時報》美食專欄作家帕爾森進一步強調，應該是要保持開放的心態去吃，接著他也提醒道：「人們總是企圖將食物分門別類，他們會將食物拿來與預先設想的框架相比，看能不能套用進去。很多人會過度使用一些初學者的觀點，但這樣裝傻只能裝幾次，否則到最後，讀者會想說『那我何必讀你的文章』？」

累積自己的經驗。塔瑪辛・戴・路易斯（Tamasin Day-Lewis）在《岔路口》（*A Fork in*

the Road）旅遊美食選集中，描寫松雞[1]的味道：

> 那還未形成記憶，只是一次經驗。但它讓我相信之後一定還會有類似的經驗，使勁地朝著我衝來，讓我習以為常的味覺神經嚇得不知所措。果不其然，真的發生了。

萬一你不喜歡某些食物怎麼辦？沒關係，別大驚小怪就是了。畢竟那是你的個人意見，不是事實。有些餐廳評論員喜歡在食評裡公告自己的個人喜好，像是他們不喜歡鹹的料理中出現甜的醬汁。

在《嘴大吃四方》（*The Man Who Ate Everything*）一書中，史坦嘉頓決定吃掉所有他一直害怕的食物，例如：韓式料理、鯷魚、印度甜點，以及豬油，看看吃了之後能不能改變自己對這些食物的成見。

> 科學家告訴我們，若我們適量、間隔適中地吃一些我們討厭的食物，排斥的感覺會漸漸淡去，尤其是那些對我們來說過於複雜、新穎的食物。

---

1 松雞（grouse），棲息於北美洲和歐洲的一種禽類，在歐美算是很常見的禽類食材。

他以這樣的理論作為開頭之後，開心地發現，除了藍色的食物以外，幾乎所有食物他都喜歡。「在六個月內，我成功消除自己對大部分食物的排斥與偏食，成了更完美的雜食性動物。」他繼續補充說，自己後來漸漸有一種「入定」的感覺，害他覺得某間巴黎餐廳菜單上的所有食物看起來都相當美味，以至於不知道晚餐該點什麼。你可以在第五章了解更多關於「如何訓練自己的味蕾」以及「如何處理個人飲食偏好」的知識。

這些美食作家是如何入行的呢？

柯爾曼·安德魯斯。《美味》雜誌共同創辦人，當初在洛杉磯以筆名「人形面具」（Persona）為一家地下報社撰寫餐廳評論，後來開始為《洛杉磯自由報》（Los Angeles Free Press）工作。「『人形面具』是個想像出來的人物，他的寫作風格浮誇、喜歡用雙關語，他是閱歷、經歷豐富的人。」

亞曼達·赫瑟爾。受到M·F·K·費雪的啟發，這位「Food52」網站的共同創辦人決定成為一位美食作家，開始在歐洲學習烹飪。後來，他在法國著名烹飪學校（La Varenne Ecole de Cuisine）工作了兩年，為學校創辦人與作家安·威蘭（Anne Willan）的烹飪書測試了數十道食譜。赫瑟爾在學校裡認識了該校園丁，這位園丁成了赫瑟爾第一本書的靈感來源。到《紐約時報》當編輯與作者之前，她在紐約擔任自由工作者。

羅斯・帕爾森。他在一家報社當了十年的體育新聞記者，雖然很喜歡烹飪，但從沒想過要成為美食作家。由於這家報社規模較小，他有機會拓展到一般的專題報導與音樂領域的文章。有一天，他被分配到一篇文章，要介紹一位剛剛被《食指大動》雜誌評選為年度最佳烹飪老師的女子。帕爾森為了做功課，決定去上她的烹飪課，後來發現自己很喜歡這堂課。從此，他成了一個「令人討厭的強硬派美食家、瘋狂閱讀、參加更多烹飪課，然後睡前抱著一疊烹飪書去睡覺。」

帕爾森漸漸對於報社的美食報導感到不滿，美食版編輯喜歡採取「拿到就上」的方式，也就是將新聞通訊社給的新聞內容，不管是否與當地民眾有關，就直接刊登在報紙上。帕爾森跟編輯說他想要寫美食文章，於是得到六週的試用期，為美食版編輯、撰稿。六個月後，他成了該報的餐廳評論員，並且開始主導《洛杉磯時報》的美食版長達數十年。帕爾森現在是專欄作家。

露絲・雷契爾。在柏克萊的「燕子」（The Swallow）餐廳當廚師時，由一位在《舊金山時報雜誌》（*San Francisco magazine*）擔任編輯的顧客引薦，開始為該雜誌擔任餐廳評論員。接下來，雷契爾開始為《紐約時報雜誌》（*The New York Times Magazine*）撰稿，又被加州地方性雜誌《新西部》（New West）指定為專任飲食評論員。後來，雷契爾成了《紐約時報》的首席評論員，再轉職到《美食》雜誌擔任編輯。雷契爾目前自己創業，已出版數本回憶錄與一本小說，目前正在撰寫更多書籍。

艾倫・里奇曼。這位自由作家，一開始在報社當一般新聞、體育新聞、專題報導的撰稿人及專欄作家。後來在《瀟灑》雜誌當專職撰稿人，寫專題文章、人物專訪，還有一個美酒專欄。「雜誌主編問我要不要把專欄改成美食與美酒的專欄，我趕緊抓住機會，因為比起喝酒，我寧願吃美食。」里奇曼成了《瀟灑》、《康泰納仕旅遊者》（*Conde Nast Traveler*）、《食指大動》等雜誌的自由撰稿人，他從未在餐廳工作過，也沒上過烹飪學校，不過他照樣成了一位獲獎無數的美食作家。

傑佛瑞・史坦嘉頓。本業是律師，在哈佛大學法學院就讀期間，為學校的《哈佛妙文》學生報寫了不少諷刺文章，後來，在成為《時尚》雜誌的專任食評之前，也曾在《紐約客》雜誌工作過。史坦嘉頓在一九七九年認識安娜・溫特（Anna Wintour），因為史坦嘉頓當時認識溫特的丈夫。當溫特成為《房屋與花園》（*House and Garden*）雜誌編輯的時候，她曾邀請許多作者，包括史坦嘉頓，為一個美食專欄試寫文章。文章的主題是微波過的魚，字數限制是八百到一千兩百字。

「我跟她說，我不知道怎麼用微波爐，」史坦嘉頓回憶道，「她說『沒關係，我們幫你找一台。』我就說我不能只有一台，因為市面上有很多廠商，每家都有不同特色與瓦數。她就問『你需要幾台？』我說十二台。她頓了一下，說『好，我們幫你找十二台微波爐。』最後我只試了三台，因為一直跳電。」史坦嘉頓最後交出四千兩百字的文章，雜誌決定刊登其中四千字。「從此成了固定的模式。我將那次的試寫變成一篇第一人稱的歷險記，雖然有些美中不足的地方，但我從那時候開始就一直都是這麼寫作的，偶爾開開玩笑。」後來，溫特開始擔任《時尚》雜誌主編，史坦嘉頓不久後也跟隨她轉職。史坦嘉頓後來根據自己的專欄文章，出版了多本著作。

茉莉．史蒂文斯。這位烹飪書作家，是一位人氣烹飪老師，並擁有英國文學碩士及學士學位。她曾經為一家藝術娛樂報紙撰寫過一些美食相關文章，並為一家當地乳酪生產公司撰寫商業文宣。「工作上重大的轉機就是與《精緻烹飪》雜誌開始合作。」她說：「我和雜誌編輯瑪莎．霍倫伯格（Martha Holmberg）在法國拉瓦雷那烹飪學校（La Varenne）認識，並短暫共事過。後來她成了《精緻烹飪》的編輯，打電話問我會不會寫作，就這麼剛好我會。一九九五年，我寫了一篇關於烤羊肉的文章，後來，就像他們說的，都是歷史了……至少是我自己的歷史啦。」

凱文．崔林。崔林在七〇年代早期，開始為《生活》（*Life*）雜誌寫美食文章前，就已是一位名聲響亮、經常為全國性雜誌撰文的自由寫作者。後來，崔林開始在美國境內四處旅遊長達十五年，為《紐約客》雜誌撰寫一個叫《美國日誌》（*U.S. Journal*）的系列報導，每三週寫一篇三千字的特刊。當他開始覺得「受夠寫報導文章」的時候，為了紓壓，他開始寫一些比較輕鬆的小品，主題從辛辛那提居民為辣肉醬爭論不休，到參加布洛布里奇小龍蝦節（Breaux Bridge Crawfish Festival）的人潮如何地洶湧。

「我沒資格，也沒興趣拿放大鏡檢視一道奧洛夫牛肉[2]，只為了對外宣布這道菜水準如

2 奧洛夫牛肉（Veal Orloff），原文是法文，但比較接近俄羅斯料理，相傳是十九世紀俄國奧洛夫伯爵（Grigory Orlov）擔任駐法大使時，請官邸內法國籍大廚依俄式風味所研發的一道白醬烤小牛肉料理。

何，若要按照名犬展上的術語來說，就是這隻狗的品種有沒有達到標準。」崔林在《肚子三部曲》（*The Tummy Trilogy*）前言中寫道：「我寫的內容偏向吃東西，而不是美食，寫作風格則像是一個樂在工作的記者，而不是一位專家的口吻。」

我自己，則是從新聞系畢業後，當上了一家報社編輯，專門為該報長達十四頁的女性版排滿通訊社傳來的食譜、婚禮相關文章及專題報導。之後，一家都會餐廳雜誌的發行人雇用我當編輯。因為這份新工作，我拜訪了許多餐廳，寫了多篇關於名廚與餐廳的文章。後來，我成了雜誌主編，然後在四十幾歲的時候開始自由業生活，並回頭開始寫美食寫作。

即使聽起來像是一個艱鉅的任務，若你能將自己沉浸在品嚐、閱讀以及料理美食的世界裡，沒有比這更好的事了。做這些事情只會燃起你的鬥志。

「你會踏上一段不斷學習的旅程。」萊特說：「你會碰到一些『大發現』的時刻，瑣碎的事終於拼在一起，你突然能把烤羊排或是兩種蘋果的差異講得頭頭是道。此時你會發現，你更上一層樓了。」

因此，閱讀成了獲得知識的不二法門，而不再只是消遣娛樂。這個過程需要一點時間，有點像練習打坐或學繪畫。學無止境，而且要試圖不斷精進。以下是一些閱讀方面的建議：

閱讀經典著作。如果你不喜歡看書，寫作會變得很艱難。以下的讀書清單，是這本書受訪者的推薦書目，以及我自己的建議。大部分的著作，都是非小說的文學類美食寫作，而不是食譜寫作（更多關於烹飪書作家的內容在第七章）。書目中也包含了一些本書受訪者的著作，請你相信這些人的作品都是值得一讀的，要不然我也懶得訪問他們。不過，有些書會有點難找，有些已經絕版了，或許需要向書店特別訂購、聯絡圖書館、或是到二手書網站和書店找找看。花時間去把這些書找來閱讀絕對值得，你不但能從中學到一些料理，它們提供的知識，更是遠遠超越食物與烹飪的主題。你會在這些書裡，找到一幅幅美麗的畫作，描繪著人們的生活與世代。

◆《如何煮狼》（*How to Cook a Wolf*）與《牡蠣之書》（*Consider the Oyster*），作者是M．F．K．費雪。在她的敘述中，食物往往是生活的比喻，用詞嚴謹、生動，幽默又機智。對於習慣只看食譜與烹煮步驟的美國大眾而言，費雪的寫作風格，在當時是非常新穎的。（編按：這兩本書的繁體中文版為韓良憶翻譯，麥田出版。）

◆《鮮花怒放的壁爐小旅館》（*Auberge of the Flowering Hearth*），作者是羅伊．安德瑞斯．德．葛魯特（Roy Andries De Groot），他是一位才華洋溢又挑嘴的美食作家。本書內容是作者親身經歷的一段冒險故事，時空背景是一九三七年，地點是法國一間隱藏在山谷中的神秘小旅館。同一位作者，你也可以參考這本《尋覓世上最完美的飲食：美食寫作精選》（*In Search of the Perfect Meal: A Collection of the Best Food Writing of Roy Andries de Groot*），這本書裡收錄了許多葛魯特的短文。

◆《在巴黎餐桌上：美好年代的美食與故事》，作者是A・J・李伯齡。這本書是李伯齡在《紐約客》雜誌擔任作者時寫成，他於一九三〇年代造訪巴黎，報導一些現已不復存的美食故事。（編按：本書繁體中文版為陳蓁美翻譯，馬可孛羅出版。）

◆《食物與廚藝》（*On Food and Cooking: The Science and Lore of the Kitchen*），作者是哈洛德・馬基（Harold McGee）。這本書不只是一本工具書，它還結合了美食相關的學問，以及科學上的解釋。（編按：本書繁體中文版分為三冊，為邱文寶、林慧珍、蔡承志翻譯，大家出版社出版。）

◆《藍鱒魚與黑松露》（*Blue Trout and Black Truffles: The Peregrinations of an Epicure*），作者約瑟夫・韋克斯伯格（Joseph Wechsberg）。一本關於法國美食去處與葡萄園的專書。

◆《廚房裡的小柑橘》（*Clementine in the Kitchen*），作者是山繆・張伯倫（Samuel Chamberlain）。內容是一位廚師向美國大眾介紹法國料理的迷人之處。

◆《喜悅與偏見》（*Delights and Prejudices*）這本書的作者，就是鼎鼎大名的詹姆斯・比爾德。這是一本博學多聞的回憶錄，並且紀載了一位美國美食家的多篇食譜。

◆《美國飲食歷史》（*Eating in America: A History*），作者是威佛利・魯特（Waverly Root）與理查德・德・羅什蒙（Richard de Rochemont）。兩位作者共同編寫的博學著作，內容記載豐富、鮮明的美國料理與飲食習慣。

◆《餐桌上的幸福：廚房裡的作家》、《餐桌上的幸福2：回到廚房的作家》作者蘿莉・柯爾文。柯爾文於一九九二年去世，留下的這兩本回憶錄，充滿溫暖的對話、實用的建議與食譜。

- 《廚房裡的哲學家》，作者布里亞・薩瓦蘭（Jean Anthelme Brillat-Savarin）。有關食物的省思、觀察與討論，筆調活潑有趣。（編按：本書之繁體中文版為敦一夫、傅麗娜翻譯，霍克出版，但現已絕版。）
- 《南風吹過廚房》（*South Wind Through the Kitchen: The Best of Elizabeth David*）作者伊麗莎白・大衛。本書集結大衛於一九五五至一九七七年間出版九本書中的精華作品與食譜。在書中，你會看到她用許多長句、抒情的內容與細節描述食物與食材。（編按：本書繁體中文版為方彩宇、陳青嫣翻譯，臉譜出版。）
- 《鄉村料理的滋味》，作者愛德娜・路易斯是一位黑奴的曾孫女，她在這本回憶錄中，用歡樂又令人懷念起過往的筆觸，描寫美式鄉村料理。
- 《味蕾無偏見》（*The Unprejudiced Palate: Classic Thoughts on Food and the Good Life*）作者是安吉洛・佩萊格里尼（Angelo Pellegrini）。從一位熱情的美國義大利裔廚師與園丁眼中，一窺充滿美食、美酒、與烹飪的美妙生活。

若你想一次讀到許多作家的作品及不同風格的美食寫作，以下是推薦的作品選集：

- 《美食寫作精選》（*The Best Food Writing*）是每年都會出版的作品選集，經常編入本書中訪問到的許多作家的作品。

- 《無盡的饗宴：「美食」雜誌創刊六十年精選作品》（*Endless Feasts: Sixty Years of Writing from "Gourmet"*），露絲・雷舒爾從龐大的雜誌檔案選出最精華的美食、旅遊短文與人物特輯。（編按：本書繁體中文版為卓妙容翻譯，麥田出版。）
- 《企鵝出版社精選美食與美酒》（*The Penguin Book of Food and Drink*），收錄整整一世紀的優秀美食寫作，包括幽默大師S・J・佩雷爾曼（S.J. Perelman）的《再見了，我美麗的開胃菜》（*Farewll, My Lovely Appetizer*）。許多美食作家都很推崇佩雷爾曼的寫作風格，雖然大部分作品與食物無直接關係。
- 《廚房的窗裡：女性探討美食與烹飪的內在意義》（*Through the Kitchen Window: Women Explore the Intimate Meanings of Food and Cooking*）。由於主題廣泛，甚至包括了用食物券過活的文章，因此是我最喜歡的作品選集之一。
- 《美食的偏鄉：Petits Propos Culinaires 期刊二十年來的美食寫作精選》（*The Wilder Shores of Gastronomy: Twenty Years of the Best Food Writing from the Journal "Petits Propos Culinaires"*）。一本短文選集，編選了許多本章節提到的多位作家。這本期刊從一九七九年開始出版，但已絕版多年。

廣泛閱讀具有指標性的報章雜誌。為了解飲食流行趨勢、持續學習相關知識，我們應該要多閱讀美食主題雜誌，例如：《美食與美酒》（*Food & Wine*）、《廚藝畫刊》（*Cook's*

Illustrated）、《精緻烹飪》、《輕盈飲食》以及《美味》。不要有菁英的偏見，像《家的味道》（*Taste of Home*）這種主婦讀者類型雜誌，也該拿起來看看。報紙副刊的美食版更是非讀不可，尤其是像《紐約時報》、《華盛頓郵報》（*Washington Post*）、《舊金山紀事報》（*San Francisco Chronicle*）、《芝加哥論壇報》（*Chicago Tribune*）這些最具指標性的報紙，它們都有線上版本，內容取得十分容易。

瀏覽美食部落格。訂閱多家美食部落格，可以透過信箱或瀏覽器的ＲＳＳ訂閱收到訊息。盡量閱覽各種大大小小及特定類型的部落格，那些專門討論你有興趣的主題，像是烘焙、無麩質料理或是披薩。更多內容，請見第四章。

在臉書及推特上追蹤美食作家。大部分的美食作家都在用社群媒體，因此讀者能輕鬆的追蹤他們，甚至有直接的接觸機會。

學烹飪。坊間有各種烹飪課程。許多專業烹飪學校也有提供大眾週末課程。烹飪書作家有時會在家舉辦私人的烹飪課。

上烹飪課能學到許多事。我上過許多堂法式料理技巧的課程，對我的餐廳評論工作幫助相當大，尤其是經典的醬料這一塊。我也上過許多各國料理的烹飪課。因此，當我想在家裡煮一道以前吃過的料理時，比較了解該如何挑選這道菜的食材。

你也可以去餐廳工作一陣子。帕爾森在當新聞記者時，寫了篇關於烹飪教師的文章，上過這位老師的課之後，帕爾森發現自己還想學更多東西。因此，他開始報名更多課程、甚至當起這位烹飪老師的助教，還跑去他朋友開的餐廳免費打工。他說：「當我徹底融入之後，我對美食寫作感到比較自在。」在餐廳工作也許不適合每個人，但你能在廚房裡看到廚師的英姿，觀察廚房後台如何運作，還能偷學廚師為了趕快出餐時運用的技巧與秘訣。餐廳或許寧願讓你在一旁觀察，而不是做菜。

學習烹飪與美食，甚至不必出門。現在，透過電視節目就能學到很多。多多閱覽烹飪節目，或是美食相關節目。

多煮菜、多冒險。開始做一些你從來沒做過的料理，需要很大的勇氣，尤其是需要花費更多時間、或運用到新技術與食材的料理。這表示你得去一些專賣店找廚具、設備或食材，這也是學習的一部分。

研究美食寫作，或直接開始寫作。你可以去參加美食寫作班，或是參與部落格研討會。在你住的城市、社區，或是網路上，找找看美食寫作與自由寫作的相關課程，或是關於非小說類的寫作、個人短文寫作班等。持續學習，磨練寫作技巧。

取得美食研究、寫作或新聞相關的學位。紐約大學、波士頓大學與澳洲阿德雷得大學均設有美食研究學位。對於美食研究，大部分大學是採取跨領域的教學方式，透過人類學、心理學以及營養學的科系提供相關課程。全美大專院校皆有新聞相關的科系與課程。你也可以搜尋專門針對非文學類寫作的碩士課程。美國加州大學柏克萊分校提供的新聞碩士學程裡，麥可・波倫（Michael Pollan）教授就是一大賣點之一。

就讀大專院校的一大優勢是相關的實習機會。自由作家瑪莉・瑪格麗特・帕克（Mary Margaret Pack）就讀加州烹飪學院（California Culinary Academy）期間，在《舊金山紀事報》裡實習。畢業時，她手上就有許多篇專題報導，可以當作提供給業主的相關作品集。之後，她成了德州《奧斯丁紀事報》（*The Austin Chronicle*）的特約撰文者。

《預拌蛋糕粉博士》（*The Cake Mix Doctor*）作者安・柏恩（Anne Byrn）在大學就讀新聞系時，每年寒、暑假都會在她家鄉當地的報社實習。因為這個機會，她認識到一些在食品業界工作的人。當時，她在報社的一個創舉，就是報導到貓王去世的消息。在美國南方，這可是一件大事。當時柏恩還只是一個大三生。「那是個星期天晚上，」她回憶道：「剛好輪到我值班。所以沒別的人可以寫那篇報導。」

旅行。親自體驗食物的味道，以及各國的人如何做料理。觀察市場與街上的人如何準備食物。有機會的話，去認識那些為家人煮飯的人，觀察他們在廚房裡的一舉一動。造訪亞洲的夜市與歐洲的農夫市集。訂一間有廚房的住宿，試著煮一些不熟悉的料理。在別的城市參加美食導覽。去大大小小的餐廳，品嚐不同種類的佳餚，試著點一些你從來沒試過的料理。

參加由資深烹飪家或廚師帶領的烹飪旅遊，並且認識這些廚師。購買你曾去過的地方的料理烹飪書。

經營人際關係。如果你是烹飪教師、創業家、或其他美食領域的專業人員，請務必加入國際專業烹飪協會，如此一來，你可以參加協會的年度大會，並取得協會會員名錄。在社區裡參加跟食物有關的活動。如果你是美食部落客，你可以加入女性部落格聯播平台（BlogHer.com），或是參加其他部落格大會，學習以及認識其他美食作家。

柏恩說，她要特別強調人際關係經營對她職業生涯有多大的幫助。大學時期，她除了新聞系之外，也輔修了家政系。畢業時，她加入一個家政系的社交群，裡面部分成員是美食作家，而她從這個社群打聽到一個工作機會，就是在《亞特蘭大日報》（*The Atlanta Journal*）有個美食撰稿人的職缺。她在一九七八年應徵上這個工作，一直做到一九九三年成了美食版的編輯。

相信自己會進步，**保持耐心**。「有時候，你必須硬著頭皮去做一件事，過去的經驗會突然派上用場，接著你會發現，自己比想像中知道的更多，更有學問。」萊特說。堅持下去，你會發現一切都是值得的。

寫作練習

一、計畫做五件能幫助自己增加知識、讓自己更接近美食寫作的事情。例如：訂閱一本雜誌、參加一堂烹飪課、加入一個論壇、或是選擇一個部落格大會。你需要什麼才能成功？給自己設一個期限，去完成這五項任務。

二、在社群媒體上找出你最喜歡的五位美食作家，持續關注他們的寫作。

三、閱讀八五到八八頁列出的一本書。選擇一種你或許會喜歡的寫作風格。檢視那位作家的寫作技巧、寫作主題、結構，以及這結構與陳述方式是否能持續抓住你的注意力。

第四章

美食部落格

ON FOOD AND BLOGGING

我建議想寫部落格的人，你得真要有想說的話、想分享的事，才開始寫。我相當尊敬擁有鑑賞能力與專業知識的人，每個領域都有其專家，我也很喜歡看到他們的努力成果。但我也覺得，對於還在學習以及有心分享的人，應該給予多一點空間，每個部落格都有它獨特的讀者群。

——烹飪書作家、自由寫作者與部落客／朵莉．葛林斯潘美食部落格原本是各種網路日誌類型裡的其中之一，現已漸漸發展出各種模式，從業餘的食譜分享，到成熟的行銷利器等等。最優秀的美食部落格，一定擁有很強烈的個人風格與宗旨，其次是優美的照片。部落格的內容應該是自發性的，根據部落客的真實生活而發展出來的故事，以美食主題而言，不外乎是他們最近煮了些什麼、吃過些什麼等等。這些部落客懂得經營一批忠實的讀者群，並且知道如何抓住他們的注意力。

部落格是如今最新穎的美食寫作方式。美食部落客不斷在跨越界線，用出版界無法實現的方式寫美食。他們寫的是自己的生活、時事與料理、新餐廳與旅行。他們的文字具有臨場感，與其他部落客有著革命情感，沒有編輯的束縛，也讓部落客們暢所欲言、好不痛快。

雖然出版界早期對部落格普遍採取忽視的態度，但如今已有許多出版品接受這些美食部落格。《美食》雜誌直到停刊前，都還在不斷地試驗寫部落格；線上版的《美味》雜誌，也有一個專區，叫做「我們喜愛的網站」。「橙皮巧克力條」部落客懷森伯，是第一位在《好胃口》雜誌上擁有個人專欄的美食部落客。現在，每個人都有部落格，連新聞美食寫作者與烹飪書作家都有。

圖書編輯與作品經紀人也會看部落格，尋找下一個才華洋溢、值得出書的作者，如今已有為數眾多的美食部落客都出版過烹飪書。

讀過這一章之後，你會更加了解為什麼要開始寫部落格、如何開始、該寫什麼內容、如何找到自己的寫作語氣、如何張貼好的照片、如何讓人注意到你、接受免費商品時的職業道德，以及如何將部落格內容變成實體書。我訪問了業界最頂尖、最有趣的美食部落客，並且分享他們的看法。他們會鼓勵並引導你。無論你是初學者還是經驗老道的部落客，都有新鮮的事情等著你。大部分的人開始寫部落格是因為興趣，本章會著重在這個出發點。如果你希望從寫部落格得到收入，請閱讀第十二章。

好，準備好了嗎？這一章的篇幅很長。包括寫作主題、培養寫作語氣與內容、增進攝影能力及保持寫文章的動力，你能在這一章裡找到許多值得思考的事情。把你的筆拿出來吧，希望你能夠一邊閱讀，一邊想到新的部落格題材，並且記錄下來。

為什麼要寫部落格？

簡單來說，這是最容易去了解美食作家究竟在做什麼的方式，因為你能立刻開始書寫。選好你想要的部落格平台（請見第一〇二頁），一個小時內就能張貼第一篇文章。

更重要的是，寫部落格沒有任何門檻。當報章雜誌的美食寫作機會越來越少，想踏進這行的門檻就越高。編輯總是會忽略新創意提案的信件，預算緊縮，空間不足，競爭又激烈。即使你成功出書了，你的文章或許會被編輯修改，甚至是重寫。我在指導想要成為自由作家的寫作新手時，看到他們不斷遇到種種困難，現在，我會建議他們直接開始寫部落格。

我自己也在二〇〇八年開始寫部落格，一方面是為了了解大家一窩蜂在做什麼，另一方面也是為了繼續修改此書、跟上流行趨勢，並且了解讀者關心的事物。如果你還沒有看過我的部落格，你可以去 diannej.com/b 逛一逛。能夠暢所欲言的感覺真好，得到讀者的回應也很有成就感。當我寫完文章，只要按一個按鈕，我的心血就能立刻刊登在網路上了。讀者與線上社群的回應，都讓我相當開心以及驚艷。

烹飪書作家、自由寫作者與部落客朵莉．葛林斯潘（Dorie Greenspan）也對寫部落格充滿熱忱。「我剛開始寫部落格的時候，就希望大家都來寫部落格，」她解釋道，「不過，現在幾乎每個人都有部落格了。所以我會建議想開始寫部落格的人，你得真要有想說的話、想分享的事，才開始寫。我相當尊敬擁有鑑賞能力與專業知識的人，每個領域都有其專家，我也很喜歡看到他們的努力成果。但我也覺得，對於還在學習以及有心分享的人，應該給予多一點空間，每個部落格都有它獨特的讀者群。」（葛林斯潘的部落格網址是：doriegreenspan.com）

以上都是開始寫部落格的好理由。另外還有：

部落格的主題就是你。以自己為主題，不是一味地把自己吃過的東西詔告天下，而是要與讀者對話，討論你覺得有趣的美食、活動與想法。重點是什麼令你產生興趣：你煮過、嚐過、發現、學到和想要分享的事物。描寫自己的生活，比起寫其他東西容易許多，因為你最清楚你自己的經驗。過去許多被界定為小眾市場的題目和內容，如今都已一躍成為主流了，像蜜雪兒．譚（Michelle Tam）的「NomNomPaleo.com」和梅麗莎．喬爾萬（Melissa Joulwan）的「Well Fed」（meljoulwan.com/wellfed/）都是復古飲食法支持者。安吉拉．梨頓

（Angela Liddon）的部落格「OhSheGlows.com」主張全素飲食。他們都有廣大且熱烈支持的讀者群，讀者很重視這些部落客的親身體驗。

寫部落格就是固定在寫作。若你想要練習寫作，沒有比寫部落格更好的方法了。寫部落格的目的就是經常書寫。當你安排好一個寫作計畫，內容產出就會變得容易一些。

立刻就能刊登你的作品。不需熬過一般出版的過程。「我有一次在巴黎造訪一家新開的甜點店，那裡的甜點師傅，用全新的方法製作經典甜品，」葛林斯潘說，「我已經不是自由作者了，但那時我還是可以立刻寫出當下的體驗，並分享出去。一切都變得如此即時。」

你能暢所欲言。海蒂．史旺森（Heidi Swanson）蒐集了許多烹飪書，但這些書中卻有很多她一直還沒去照著做過的料理，當初她開始寫部落格「一〇一食譜」（101Cookbooks.com）的目的，就是把這些還沒做過的料理找出來實作，並且書寫記錄下來。現在，她會寫自己的食譜，並加上一些旅遊故事。「我的網站非常簡單，」她跟我說，「這就是我的生活與食譜相遇的故事。我還能穿插一些旅遊趣事、日常瑣事以及任何我想要的東西。我喜歡煮菜，隨處都能找到靈感。」

部落格能立即成為你的寫作平台。一個平台，就是讀者能夠看到你的地方，這對於職業生涯的發展非常重要。編輯與經紀人能從這裡看出你有一定數量的讀者，而部落格也是其他工作機會的跳板：若你想成為自由作家，部落格就是你毛遂自薦時可以展示的作品集；若你想出書，部落格裡的內容是很好的出發點，也能測試出讀者對你的文章是否感興趣；若你想發展食品相關事業，成功的部落格能夠吸引觀眾，擴大知名度。

部落格具有社群性。我最喜歡部落格的一點，就是會有一群跟我一樣的寫作者，在我的部落格或社群媒體上留言。我常常獨自坐在書桌前，因此其他人若是願意留下他們的意見與想法，這會讓我覺得自己是其中的一份子。部落客之間的革命情感，也是寫部落格的特色之一。我幫助過別人，別人也幫助過我，尤其是在技術方面的問題。

資深美食部落客，「業餘美食家」（AmateurGourmet.com）的亞當・羅伯茲（Adam Roberts），對於寫部落格的好處，有這樣的看法：「除了每天都會有很多人來閱讀你的文章（這點讓人很興奮）之外，你同時也在當自己的編輯、製作人、導演、發行人以及秘書。你還能透過刊登廣告賺錢（雖然數量不足以成為強烈的寫作動力）。你能找到發揮創意的方法（這就是我不斷張貼影片、歌曲、還有像這樣的長篇大論的原因）。最棒的是，你有藉口真正去探索美食世界：無論是在廚房，還是在世界各地。如果我沒有這個部落格，我應該不會煮那麼多東西，或是去那麼多地方吃東西。我做這些事，全都是為了之後可以好好坐下來，想想剛才的經驗，無論這經驗是好是壞。時間久了，你的所有旅程就有了龐大的紀錄。如果你去點開我的歷史文章，看看我開始當美食部落客所寫出的內容，你應該就能看出，我身為一位作家與廚師，在寫作能力、知識面以及自信心方面都有一定程度的改變。到最後，一切的努力都會是值得的。」

對某些人來說，部落格內容，就是他們的生活故事。大衛．勒保維茲的部落格（davidlebovitz.com）副標是：「在巴黎的甜蜜生活」。他不覺得自己是美食作家，而比較像是在描寫自己生活的人。「這是讀者願意留下來的原因，」他建議，「你永遠無法預測別人會如何回應。你說的話要讓人覺得沒有距離感，要能夠吸引讀者與你交談。」

寫部落格時，你不只是作者，同時也是發行人，所以你需要具備各種技能。你要身兼攝影師、設計師、行銷人員、訂閱管理者以及客服部門。因此，上手之前，你必須經歷一段學習的過程，但它並不難駕馭。

先不論以上的理由，你最好先問自己，為什麼想寫部落格？即使你說這只是為了興趣，不介意有沒有人看你的文章，但你遲早還是會想要有讀者與回報。如果你是為了賺錢而寫部落格，除非你的讀者數量非常龐大，否則你一定會感到失望。大部分的美食部落格都是因為興趣而成立，無法賺多少錢（關於這點，請見第十二章）。

以一個寫了多年部落格的人來說，部落格給了我一個平台、一些工作機會、新的人際關係以及每週寫作的動力。這可能是你最大的挑戰。在「來自遠方」（From Away）部落格裡，有一篇「如何開始寫美食部落格」的文章，是這麼建議的：

市場上一再求新求變，讓人覺得困難重重。這需要花很多時間，你需要帶著個人感情才能寫出一篇引人入勝的文章，但又不能帶感情地去看待它。聽起來很難，對吧？你的寫作必須是好的，但不能是你的寶貝。你必須重視它：因此每天都願意花時間寫作；但又不能過於重視它：如果沒有因此得到廣大迴響（甚至得到負面的回應），你就會被徹底擊垮，隔天立刻從網站上撤掉文章。你必須非常在意這個部落格，但又得想辦法完全不在意它。要抓到其中的平衡點，極具挑戰性。

選擇部落格平台

在你開始之前，必須先了解一些架設部落格所需的基礎技術。你得先決定要使用哪個部落格平台和伺服器。每一種平台使用的模板都不同，可依個人需求客製化。以下是部落客最常用的幾個平台：

WordPress.com

你可以註冊一個免費的部落格，網址的結尾會是 wordpress.com，或是自己註冊一個網域名稱，並使用付費的方式選擇一個網路主機。WordPress 相當穩定，能夠靈活地提供成長以及嘗試客製化的空間，同時也是全球使用度最高的內容管理系統。

Blogger.com

一九九九年推出至今，由 Google 管理的 Blogger 是全球歷史最久的部落格平台。這是適合初學者的平台服務，因為操作相當容易。但是它無法像 WordPress 一樣，使用裝置或外掛程式去客製化網站。你的網址會是以 blogspot.com 結尾，因為這是免費的平台。

Tumblr.com

這是免費的平台，你也可以選擇付費升級。這算是一種微型網誌平台：目的是去追蹤其他的部落格、幫別人的文章按讚，以及想辦法讓別人分享你的文章，或幫你的文章按讚。它的外觀優雅又簡約。

Typepad.com

雖然你能在這個平台架設部落格，但由於它的目標客群不是個人而是企業，因此需要付費使用。有些人說，這裡的介面比 WordPress 容易使用，也有美麗的設計模板可以利用。

（編按：Typepad.com 尚無中文化。）

這些平台的共同缺點，就是平台名稱（blogspot、typepad、wordpress 等）會出現在你的網址裡，除非選擇付費，並將部落格移到別的虛擬主機公司，你才能選擇自己的網域名稱，不必冠上服務平台的名字。大部分部落客會建議立刻使用自己的網域名稱，這樣看起來比較專業。我剛開始寫部落格的時候，網址是 diannejacob.wordpress.com。幾個月後，我決定將部落格移到目前使用的虛擬主機公司，網址就成了我網站diannej.com的一部分了。註冊網域不需花大錢，有些註冊商或網路服務公司也提供第一年免費的註冊服務。接著，你需要找一個網路主機來放置你的網站。價格從一年十美元到一百五十美元不等，視你選擇的服務內容而定。許多美食部落格喜歡用 Bluehost 虛擬主機，因為它提供免費網域註冊。我曾用過的虛擬主機有 GoDaddy 與 Siteground。你可以上網搜尋、研究相關資訊。

無論你用什麼服務平台，大部分部落格模板都有標準設計元素。部落格的每一頁都會顯示標頭，也就是部落格名稱，像報紙的刊頭欄。你可以用顏色、字型、繪圖、或照片客製化標頭。設計模板讓這個步驟變得容易許多。標頭下方，每一篇刊登的文章，最上方都會有標題。讀者可以在每一篇下方留言。在側邊，你安裝的裝置會以按鈕方式呈現，可以直接點擊並連結到社群媒體，或是你相關網站的連結清單（blogroll）。大部分的部落格會有自我介紹的地方，通常是一個稱為「關於我」的網頁。

利用小裝置或外掛程式，能讓你的部落格更有效率。例如，我用 Akismet 來擋掉垃圾訊息，我也使用了留言回覆通知的功能，當我回覆讀者留言時，它會直接寄一封電子信件給那位讀者。你可以上網搜尋想要用什麼樣的外掛程式。許多部落客都有提供相關建議。

如果你對科技一竅不通，你可以請有技術背景的朋友協助你架設部落格。你也可以雇用專業的網站開發人員來助你一臂之力。一開始，你至少需要有一篇部落格文章，以及一張好的照片。

當你準備進行網站改版時，你可以選擇雇用一位設計師。記得確定設計師知道如何使用你正在用的軟體，而且你要有必須花錢的心理準備，視計畫的複雜程度，你可能要花五百到幾千美元不等。找設計師時，你可以請別人推薦、多看多比較，或請設計師報價。你也可以看看你喜歡的部落格是由誰設計的，有時候，這些部落格裡會列出設計師的網站連結。

想出部落格的名稱

部落格的名稱，通常比書名還要個人化，能表現部落客的個性或網站的精神。取名時，請避免使用只有少數人懂的笑話，或是只有自己懂的標題。同樣也要避免不易讀寫的字。你總不希望讀者在瀏覽器上一直打錯你的名稱吧。這就是你的品牌名稱，必須要朗朗上口、特別又好記。

有些部落格名稱走懷舊或文學風格，像是：

- 橙皮巧克力條（Orangette）

◆ 巧克力和櫛瓜（Chocolate & Zucchini）

許多則是像是自傳：

◆ 業餘美食家（The Amateur Gourmet）
◆ 跟著艾咪一起煮（Cooking with Amy）
◆ 無麩質女孩（Gluten-Free Girl）
◆ 想家的德州佬（Homesick Texan）
◆ 獵人・漁夫・園丁・廚師（Hunter Angler Gardener Cook）
◆ 乞丐廚師（The Paupered Chef）

有些則是機智風趣：

◆ 意外的享樂主義者（Accidental Hedonist）
◆ 部落格好胃口（Blog Appetit）
◆ 毀掉的蛋糕（Cake Wrecks）
◆ 小小廚房（Smitten Kitchen）

一個部落格名稱是好是壞，最好的測試方法是問朋友。如果你只得到茫然的表情，你還是繼續努力想想吧。

寫一篇「關於我」

「關於我」的頁面或是一段話，功能是自我介紹、解釋寫作動機與目的。如果讀者喜歡你的部落格，他們會到這裡了解更多關於你的事。用簡短、有趣的標語，解釋部落格宗旨，並抓住讀者的注意力。「小小廚房」（SmittenKitchen.com）的標語是：「大膽的料理，來自紐約市的小小廚房」。而「熱氣廚房」（SteamyKitchen.com）則是：「今天的晚餐，快速、新鮮又簡單」。

建議你上傳自己的照片，並寫出你的名字與居住地。每次讀到只寫了「我」這個字的部落格，我都會很想知道這個「我」究竟是誰？你可以寫下聯絡方式，並且考慮公布你的電子信箱。有些人會用〔at〕來取代@，以避免收到垃圾訊息。如果你擔心會發生網路霸凌或騷擾事件，可以自行斟酌該公布多少聯絡方式。業界會有專業人員希望與你聯絡，包括想要找你寫產品試用文章的廠商，或是希望能邀請你參加活動，甚至是雇用你的人。（更多關於隱私的問題，請見一一八頁。）

盡量寫出足夠的資訊，讓讀者認識你。但「關於我」並不是要你寫出生平事蹟，只要寫幾段就好了，重點是要貼近你的部落格主題，並透過文字顯露你的個性。如果你很幽默，自嘲的自我介紹方式效果也不錯。以下是三個「關於我」的例子，你能從中看出每位部落客的寫作語氣與個性：

黛博・佩雷爾曼「小小廚房」（SmittenKitchen.com）

佩雷爾曼的網站上，有一則長篇的介紹文章，分成這些段落：聯絡方式、組織、攝影、食譜與烹飪、關於廚房、部落格、書籍及其他。這些副標題看起來很無聊，但內容卻相當有趣。例如這段「關於廚房」的段落：

> 我必須先說，如果有任何人誤以為我是個有潔癖的人，那就太好笑了。我偶爾打掃起來也算是認真啦（咳咳），但大多時候，只要一煮完菜，我就會衝出廚房，用強大的念力祈禱今天廚房會自動變乾淨。最後，總是會有人投降。

克蘿蒂・杜蘇里埃「巧克力和櫛瓜」（ChocolateandZucchini.com）

「巧克力和櫛瓜」是克蘿蒂・杜蘇里埃的部落格。杜蘇里埃是一位住在巴黎的法國美食作家，她熱愛任何跟食物有關的事，並樂於分享。她喜歡用新鮮、色彩鮮豔、當令的食物，煮出健康營養的佳餚與甜點。在這個部落格中，你能找到對於食譜與烹飪的靈感，以及關於奇特食材、購買的烹飪書、好用的工具還有餐廳食記的一些想法。這個部落格成立於二〇〇三年，不久之後就讓杜蘇里埃成為全職的美食作家。她以英文及法文，為雜誌撰寫美食及旅遊文章；撰寫與編輯烹飪書；同時也是食譜研發員、演講者以及飲食流行顧問。

麥可．普羅克皮歐「給粗心大意者的糧食」（FoodfortheThoughtless.com）

> 我的全名是麥可．柯林頓．普羅克皮歐。我中間的名字與政治毫無關係，而是因為我出生那天，剛好是我爺爺，柯林頓．彼頌．穆爾的六十歲生日。他的名字則是來自他出生時，決定把他放進溫熱的烤箱，讓他甦醒的兩位醫師的名字。整個就很像一〇一忠狗裡的那個畫面，只是少了那些小狗。

在這些「關於我」的頁面中，我唯一比較有意見的，是第三人稱書寫。部落格中的文章都是以第一人稱敘事，感覺會不一致。當然，我也能理解為什麼有人會這麼寫，有時候，寫出「我」做了哪些事，會讓人有點不自在，感覺像是在炫耀，「莎莉煮的咖哩超好吃」和「我煮的咖哩超好吃」相比，稍微謙虛一點。話說回來，既然你都用第一人稱寫部落格了，就還是用第一人稱來寫你的「關於我」吧。

寫好內容後，建議放上一張高畫質的大頭照。不一定要專業攝影的照片，但最好不要放一張模糊、畫質差、背景過於複雜，或對比不夠清楚的自拍照（更多關於攝影的建議，請見一三九到一四八頁）。你的照片是網路形象的一部分，能幫助你與讀者產生連結。

部落格上軌道之後，你可以考慮加入一個「關於產品試用邀約」的頁面（請見一四八到一五二頁），如果你打算送東西，也可以加一頁相關規定的網頁。如果有人不斷寫信問你相同的問題，你可以設立一個常見問題集（ＦＡＱ）頁面。勒保維茲的讀者經常請他推薦巴黎的餐廳或是當地住宿資訊，因此他的常見問題裡也有提供相關訊息，省掉用信件逐一回覆相同問題的時間。最後，千萬記得，在部落格的最下方，一定要加上版權相關資訊，告訴讀者，部落格上所有內容的版權為版主所有，任何翻印都必須取得原作者的同意。

該寫些什麼？

寫部落格的原因，大多是為了分享生活經驗。美食部落格也應該是如此，因為你熱愛美食的生活裡，多的是可以寫的主題。你可以介紹一家餐廳、一種你不能沒有的廚房用具、一趟出國旅遊、一則很有挑戰性的食譜，或是一本新出版的烹飪書。大部分的美食部落格，看起來都是以食譜為主，但如果你對此沒興趣，也不必強迫自己走這個路線。

剛開始寫部落格，或許沒有一個特定的主題，你只是想要分享資訊、開心的事和你的熱情，這沒有關係，不過，希望你能漸漸找到自己特別熱愛的事情，否則，過於廣泛的內容，會讓讀者覺得無所適從。試著從眾多興趣中，找出最精華的部分，刻劃出你的市場定位，不要擔心主題太狹隘。喬許・歐哲斯基（Josh Ozersky）在一篇《時代》雜誌的短文裡寫道：「市場上不需要多一個主題是『食物』的作家。這主題太廣泛，顯得既沉悶又枯燥。更何況，任何人對於『食物』的知識永遠不足，因此不會有什麼值得一讀的內容。試著找出自己的一席之地。無論是異國料理、街頭小吃、烤肉、野外採集還是發酵食物都可以。如果有編輯需要這方面的人，他們就會跟你聯絡。」

「巧克力和櫛瓜」的部落客杜蘇里埃，寫的內容大多圍繞著食物，但她盡量把焦點放在巴黎的生活。她說她會寫「新的事情，我從未寫過的事情，或是我沒煮過的菜，這樣才能讓我和讀者保持興趣。我在真實生活中也是這樣。我不喜歡做重複的事情。我不喜歡重看一部電影。我如果最近克服了某個食譜裡的一部分，我會特別興奮，如果挑戰了新的東西，結果還算成功，我會想要跟大家分享。」

「沒有人寫部落格是寫給自己看的，要不然我們寫日記就好了。」她在一篇《美食與美酒》的訪問中說，「但我覺得，為了寫而寫是必要的，你得記錄、分享、有目的性的書寫，而不是一天到晚擔心流量多寡、是否能獲得贊同。把重心放在表達你熱衷的事物，以及你的觀點上；透過高品質的書寫，帶給讀者真正有價值的內容；提供夠多資訊；能夠激勵人心；娛樂性很高……如果你能做到這些的話，我堅信讀者是會自己找上門的。但是在這過程中，你勢必得保有耐心、毅力，並且願意不斷實驗與嘗試。」

你發現自己最常想到或談到的事情，就可以當作部落格的主題。你可以多注意哪些雜誌文章對你來說最有吸引力、你最常看哪些美食節目、哪些書會吸引你、你最常做什麼料理，或是你忘記時間的時候都是在做什麼事。要是還想不出來的話，可以請朋友告訴你，什麼食物會讓你為之瘋狂。

有些人寫部落格，是為了讓生活有個宣洩的管道。他們寫下自己的處境、信念，以及調查結果，最後也激勵其他人開始採取行動。潔克・蒙露（Jack Monroe）是一位英國的單親媽媽，她在二〇一二年開始寫部落格「一個叫潔克的女孩」（AGirlCalledJack.com），後來發展成一個教人如何利用有限的預算（一週只花十英鎊）購買食物的部落格。其中有一篇文章「飢餓是會痛的」很快在網路上傳開，以下是一段節錄：

> 貧窮就是——當妳的小男孩吃掉他唯一的一塊維多麥[1]之後，對著妳說「還要，媽咪。請給我麵包和果醬」時，當下閃過妳腦海的，是「應該先當掉電視還是吉他？」還有該怎麼告訴小男孩，家裡已經沒有麵包，更別提果醬。

蒙露出版了兩本書、成了樂施會（Oxfam）的親善大使、並且在英國《衛報》每週寫一次食譜專欄。

另一個例子是瓦妮·哈利（Vani Hari），二〇一一年，她成立了自己的部落格「食品寶貝」（FoodBabe.com），一開始只是在分享健康的飲食習慣，是很常見的部落格主題，但後來她開始積極調查加工食品裡的有害成分，促使「福來雞」（Chick-fil-A）速食餐廳去除雞肉裡的添加劑、墨西哥大玉米餅快餐店（Chipotle）停止提供基因改造食品、卡夫食品公司（Kraft）停止在通心粉和乳酪中使用對人體有害的人工色素。她的行動，使她出現在電視節目中、成為演講者、在一篇CNN的報導中以食品專家的觀點發表意見，也讓她出版了《食品寶貝之道》（*The Food Babe Way*）這本書。

可以的話，選個主題吧。最好的理由就是讓你自己有個重心。最早期的美食部落格，同時也是最有名的部落格之一，就是茱莉．鮑爾（Julie Powell）的「茱莉與茱莉亞計畫」。茱莉決定完成茱莉雅．柴爾德《一生必學的法式烹飪技巧與經典食譜》書中的所有料理，並將自己的心得、與丈夫的生活、她的工作，以及與讀者的互動都發表在部落格上。她給了自己一項挑戰，你也可以這麼做。用部落格發現、探索、精通一件新事物。用部落格應付人生中的危機，或是省思。找到自己的平衡點，尋找能與讀者產生連結的主題。

如何讓人在意？

讀到這裡，你可能會想：「我想說的，別人會想看嗎？」這是個好問題，也是合理的懷疑。若你只是想記錄自己吃過些什麼，在意的人大概不多。如果你真心想要有讀者的話，那麼就得了解自己的讀者是什麼樣的人、他們想讀什麼內容、如何讓讀者和自己的部落格產生連結，並且取得他們的信任。每次有部落客跟我說，他們完全不曉得究竟是誰在讀他們的文章時，我都會非常驚訝。如果你一開始無法想像讀者的樣貌，你可以自己去創造你理想中的讀者，寫給他們看。

---

1 維多麥（Weetabix），一種英國的塊狀乾糧，主要原料是全麥小麥，添加大麥、燕麥、牛奶與各種堅果，由於是高纖食品，因此普遍被當作健康早點，搭配鮮乳食用，類似麥片。

最重要的是，你要會說故事。美食寫作不只是你在廚房裡的成就，或是你在餐廳裡吃了哪幾道菜的清單。你必須加強自己說故事的能力，讓讀者願意追蹤你。好好利用幽默感、自嘲、表白、罪惡感以及懸疑等手法。你的文章應該要能吸引讀者，讓他們與你的經驗產生連結。你要設法捉住讀者的情緒、讓他們想起自己生活中類似的事情。

勒保維茲表示，美食寫作的其中一種方式，就是用新的觀點、角度去處理同一個主題。他問道：「香草冰淇淋已經被寫過成千上萬次了，你又有什麼獨到的見解嗎？」問自己，你寫的主題有什麼有趣的特色嗎？或是找一個奇特的角度切入。即使只是張貼自己的經典香草冰淇淋食譜，勒保維茲還會教讀者，常見的香草豆莢有哪幾種，以及如何用嗅覺與味覺判斷它們的好壞。他還補充，如何挑選香草豆莢，以及用過的豆莢還可以拿來做什麼。

大部分的讀者，對衝突或爭議性事件特別感興趣，但想要寫好這類文章，必須兼顧娛樂性。勒保維茲說：「讀者很愛看我跟法國官僚體系或討人厭的銷售員吵架，但沒有人想讀一篇長達六頁的抱怨文。」作家與部落客邁可・魯曼也喜歡這種衝突性文章，他說：「部落格裡最受歡迎的文章，通常是我在大罵某樣東西的抱怨文，每次都會得到好幾百則留言。」

好的抱怨文長什麼樣子呢？你抱怨的事情，必須是讀者也能理解的事情，這樣他們會想知道更多、覺得有趣，也能認同你的意見，或是被你的意見激怒，兩者都可以。抱怨文的重點，是要能夠激發讀者的情緒，而不是自己不斷地發牢騷。

就連分享食譜的部落格，也不只是在描述某人今天在廚房裡做了哪道菜。下面這三個規模最大、最成功的美食部落格：艾莉絲・包爾（Elise Bauer）的「簡單食譜」

（SimplyRecipes.com）、蕊・杜魯蒙的「先鋒女子烹飪」（thepioneerwoman.com/cooking）以及海蒂・史旺森的「一〇一食譜」（101Cookbooks.com）都有龐大的食譜資料庫，這或許是新讀者在網路上搜尋食譜時，先看到她們的部落格的理由。但她們是如何留住讀者的呢？

杜魯蒙的烤栗子南瓜食譜，用到很多紅糖和奶油，來看看她在食譜裡怎麼說：

> 快放假了！放假就是要慶祝，而不是繼續壓抑自己。我每年都跟自己講這句話，至於那些還沒做完的工作呢？隨便啦。船到橋頭自然直，我到時候再面對吧。

杜魯蒙在這段話中說明自己的弱點，像是在寫一封信給她的家人或好朋友，即使你完全不認識她。這段話也是在告訴讀者，試著讓自己放鬆享受一下吧。誰不愛聽這種建議呢？

包爾和她的父母很親近，所以經常在食譜開頭提到他們。以下這段文字，是她「香辣素肉醬」食譜中的開頭部分：

> 常常來逛我部落格的朋友，大概都知道我爸是個不折不扣的肉食主義者。因此，能讓我爸花一整個下午，用他早上剛從農夫市集買回來的青菜，認真做這道完全沒有肉的素肉醬，也就是他的晚餐……你應該能想像這道素肉醬有多厲害吧！當然，我媽還是得說服我爸，晚餐的素肉醬不必配牛排，因為裡面的豆類就有足夠的蛋白質了。

表面上，這段文字是在描寫素肉醬，實際上卻是在聊她的家庭成員，他們之間的互動關係，以及包爾對這樣的互動感到滿足。

史旺森的鳳梨飯食譜，已經吸引將近一百則留言了。讀讀看她寫的前言，你看得出來為什麼這篇文章這麼有人氣嗎？

我去過夏威夷兩次。一次是十六歲，一次是二十歲。一次是去毛伊島、一次是去柯納。我記得所到之處都是翠綠的景色，美不勝收。離渡假村越遠就越美。有機會的話，我還想再去一次，所以當我發現《好吃夏威夷島》（*Edible Hawaiian Islands*）這本雜誌時，立刻就訂閱了，希望能先做點功課，看看下次有機會去時，能否去拜訪其中一些牧場、果園、市集與餐廳。前幾個晚上，最新一期雜誌寄來。在翻閱時，我看到一篇鳳梨飯沙拉的介紹。我很少做夏威夷特色風味菜，但這道料理看起來實在太好吃了，不試可惜。

突然間，她寫的內容與鳳梨飯無關，而是回到年輕時、旅行經驗、想起一個地方的美、訂閱一本雜誌來提醒自己當時的經驗。這些才是吸引讀者閱讀的主題。

上面這些例子裡，這些部落客都會訴說自己生活裡的故事。在勾起回憶、撥動讀者情緒這方面，他們是專家。這些部落客會呈現理想中的情境，諸如你值得在放假時吃一頓好料、跟父母快樂地住在一起，或是一趟旅遊中的美好記憶。

最厲害的部落客，知道如何讓你感同身受。「大家都知道我的賣點：我是個一無是處的討厭鬼，但這個討厭鬼很想學習跟食物有關的任何知識。」「業餘美食家」部落格作者羅伯茲開玩笑道：「所以，我的部落格詳盡記錄了我在冒險中所犯的錯誤，以及學習的過程。」

潔登．黑爾（Jaden Hair）在部落格「熱氣廚房」裡的寫作語氣之所以像是在聊天，是因為她使用有耳麥的聽寫軟體寫部落格。「廚藝生活」部落客史蒂芬妮．史蒂亞維提試用了這套軟體之後，說這改變了她的寫作方式，文章裡的語氣，變得更像一般日常的對話。

這裡提到的每一位部落客，在寫作時都有強烈的個人語氣；透過電腦螢幕仍能感受到他們獨特的個性。無論是搞笑、喜歡懷舊、睿智、學問淵博，他們都知道該如何傳達給讀者。

寫部落格與寫日記不同，別人不會去看你的日記。一開始，部落格的讀者可能只是親朋好友，但最後都會有陌生人光顧。試著去思考，為什麼他們會在意你的文章、是什麼誘發他們留言的呢？用心地回覆他們吧。寫部落格，就是用一個你想分享的故事來跟外界接觸。每個人都能理解的主題內容，像是愛情、失敗的經驗、好奇心與失落感，這些都是很好的寫作主題。不用說，你的讀者一定也搞砸過一道料理，試過使用一種新的食材並從中學到很多，或是煩惱自己日漸衰老……因此，你必須決定，你要與讀者多親近？許多部落客都會為這點傷腦筋。

你要與讀者多親近？

優秀的部落格都有一個共通點，那就是能夠引起讀者的共鳴。要做到這一點，你必須能夠貼近讀者。

如同前面提到杜魯蒙那篇食譜的例子，顯露出自己的弱點，是引起讀者共鳴的一個好方法，可以讓讀者認同你的情況。部落客需要拿出真心，有時更是需要拿出勇氣。羅伯茲解釋道：「信不信由你，讀者都很想認識真正的你。他們想知道你的私事，比方說你的婚姻是否美滿、喜不喜歡你的工作、是否有閱讀障礙、是不是暴食症患者、你的政黨傾向……甚至他們都超想知道你是不是同性戀。你可以選擇告訴讀者，你正在跟誰約會、誰又傷了你的心，但請千萬記得要以美食為主體。記住，這是個美食部落格，不是個人告白時間。」

有些人或許會很介意透露這麼多個人資訊，但若你不介意的話，講真心話對讀者而言，效果真的有差，你可以思考看看。美食攝影師，恰瑞提・琳・柏格瑞夫（Charity Lynne Burggraaf）在一篇訪談中說：「寫部落格最重要的就是放感情，這是我的心得。其實，我以前有一段很長時間，是盡量將感情與寫作分開，我並不想太情緒化，畢竟這是工作。後來，我決定敞開心胸，談談我母親過去這一年對抗乳癌的心路歷程，結果，讀者給予我的支持，讓我非常驚訝。我發現部落格上最有人氣的幾篇文章，大多都跟食物無關！我發現讀者感興趣的是我的生活，而不只是我的工作內容。當你敞開心胸說真心話的時候，就是創造了一種歸屬感。」

魯曼認為，加入個人故事能為部落格加分，對於透露個人資訊，他也不會過於神經質。他說：「我不擔心有人因為讀了我的部落格就綁架我的小孩。若這種事真的發生了，也不會是因為我的寫作。」他也學到，批評他人是萬萬不可的事：「你沒必要冒險疏遠別人。與其疏離讀者，還不如與人為善、把他們拉進來。畢竟我沒有本錢失去任何一位讀者。」

也有反面的例子，杜蘇里耶就覺得分享私事讓她很不自在，她說：「我有看到一些部落客會去談他們與母親的關係，或是婚姻狀態、跟誰分手了、情緒上的掙扎等等。我在部落格裡不會去寫這些事。不是說這樣不好，我只是覺得，我的生活堪稱快樂自在，沒什麼焦慮的事情可以討論。如果主題跟食物無關，就不會出現在我的部落格裡。我也很注重親友的個人隱私，不會透露他們不想在網路上公開的事，我會輕描淡寫地帶過身旁有誰。除非當事人本人說可以，不然我不會分享別人的事。」

杜蘇里耶認為，與其透露個人隱私，不如用親切的語氣來寫作：「就像是在聊天一般，我會試著吸引讀者的注意力，讓他們覺得自己是我邀請來家裡作客的朋友。如果我親身遇到這個人，我表現出來的態度，大概就會跟我寫作的語氣一樣。」

另一位以貼近讀者聞名的部落客是勒保維茲，他承認：「我跟大部分作者相比，界線寬了許多。」多年前我問過他，是否有覺得哪篇文章私密過頭了？他就指著一張照片給我看，那是一個卡在馬桶裡的蛋白糖霜酥餅，他正試圖要沖掉那塊餅。三天後，他又張貼了第二篇文章，配上另一張照片，那塊蛋白糖霜酥餅，還是一動也不動的卡在馬桶裡。這則貼文到現在還是很好笑。他不會太嚴肅地看待自己，我很欣賞這一點。

無論你和讀者分享多少私事，寫作的一大重點，就是要有自信。相信自己寫出來的內容是值得去讀的，是有價值的。有時候，你腦子裡會冒出一些負面情緒的喪氣話，像是「你一點也不在行！」或是「哪有人要讀這種爛文章？」有些作者稱這種聲音為「內建編輯」或「內心的負評」。

每個人心裡都有這種聲音。你一定無法相信，我訪問到的幾位人氣部落客，都跟我說他們認為自己不擅長寫作，但他們並不會因此放棄，你也不應該氣餒。你沒有辦法擺脫這種聲音，因為那是你的一部分。我從一九七五年成為職業作家開始，就不斷跟這個魔音纏鬥。

「無麩質女孩」阿赫恩也說：「就是這個像編輯的聲音阻撓你寫作，我會想像這聲音來自一位今天心情很差、綁著包包頭的編輯。她會對我嘶吼，叫我不要把腳翹在桌子上。若你有辦法輕聲細語地請她去喝杯咖啡再回來，你就越有能力相信自己的直覺。你想要在寫作上瘋瘋癲癲、搞笑、抒情、做自己。而這位編輯可以稍後回來，會幫你把文章變得更好。」

這時候，這位內建編輯就有用處了。你可以請她回來幫你修改文章，讓寫作的語氣更自然。當她出現時，告訴她，她的意見是有用的，你也很重視這些意見，但請她只在你需要的時候出現就好。

培養你的文字語氣

能夠引起讀者共鳴、輕鬆看待發生在自己身上的事情，跟這兩個主題有關的，是你寫作時所使用的語氣。本書中也有在其他地方討論到寫作語氣（第三九到四四頁），而在寫部落格的時候，文字的語氣尤其重要。

「部落格的生死，決定在寫作者的行文風格。」魯曼說。因為大家造訪這個部落格，目的是要了解你，你的想法、你的一天是怎麼過的。你需要一個聊天的語氣，少一點寫書的正式、多一點雜誌或報紙文章裡的輕鬆、直白。關鍵就在於，要讓這個文字語氣專屬於你，讓人光是讀幾行字，就知道這是你寫的。

「一篇值得拜讀的好文章所具備的特質，比任何概念都來得重要，那種特質，就是你的寫作語氣。」羅伯茲在他的網站上分享，「將你自己融入部落格裡，其他的部分都會自然跟上。我剛開始寫部落格時，每週四晚上都會寫一首荒謬的『美食之歌』，還會很無厘頭地把它唱出來……這些歌都跟美食有關嗎？當然沒有。但這能讓讀者感受到我是什麼樣的人。」

我最早的幾篇部落格貼文裡，其中有一篇是在描述好的美食部落格該具備什麼特質。其中有一項，就是要擁有強烈的性格。我讀到的幾個部落格，都很有趣、聰明、有個人意見、也很有創意。他們讓我去思考、去學習。有時候也只是讓我看得開心，能製造驚喜。無論這些部落格寫的內容是什麼，我都希望他們保持熱情、保持消息靈通。

然而，想培養出堅定的寫作語氣，不是一夕之間就能達成的。「找到自己的寫作語氣、找到一種氛圍、了解自己，都需要一點時間，」杜蘇里耶說。「繼續寫作，一開始不要期望太高，試著培養出你的寫作語氣。」

用食物寫人生的十四種方法

夏娜・詹姆斯・阿赫恩，一位前高中英文老師，她的部落格「無麩質女孩」，寫作語氣堅定、快樂、有活力。「無麩質女孩」描寫的是她與廚師老公的日常生活，傳達的是她對料理的熱情，不一定要對食物過敏才會去讀她的文章。以下是她在一堂關於寫作語氣的課裡，分享如何寫美食與生活的幾項建議：

- 勤奮閱讀。至少追蹤十個部落格、一本以上的雜誌。求知慾要強、貪心地消化得到的資訊。
- 吃得好。你現在大概也比開始閱讀美食寫作之前，吃得還要好了。
- 關注所有事情。我們每天汲汲營營，卻錯過大部分的事情。寫筆記。問自己食物讓你想起什麼。我們每天忽略的事情，真是出奇的多。
- 寫作。寫很多、每天寫。
- 允許自己寫出很爛的草稿。我們對寫作都太焦慮了。（但是要記得，不要把草稿直接刊登出來，在部落格上也是。）

◆寫作的目的是為了與人連結，不是為了討好誰。如果每一次寫作，你都覺得必須完美無缺，好的寫作會被扼殺。煮飯的時候你不會這麼想吧。

◆玩。

◆想想看，你對食物著迷的地方。

◆盡量避免使用形容詞。著重在動態的動詞，讓主題更活潑。

◆想像你的文章是一部電影。展現你的世界和你對這世界的觀點給讀者看。像是用攝影機，學電影裡的鏡頭拉遠、拉近、學著用倒敘手法。

◆忘掉味覺，用聽覺代替，並且描述這些聲音。

◆向外擴散。讓自己走走看不同的路線，用路上找到的東西擴展出去，再看看最後走到哪裡。

◆思考你的句子的構造。

◆認真對待每一個字。認真選擇文字，創造屬於自己的獨特句子。我的句子沒有別人能寫，因為他們不在我的腦子裡，他們沒有我的經驗、記憶及期望。我們顯露得越多，與人的連結就越深。

寫部落格文章

在具備了寫部落格的基本認知、思考過想寫的內容及表達方式之後，就開始吧！這裡最大的挑戰是毅力。一個成功的部落格，至少每週都要有一則貼文，這能讓你持續投入，並且保持與讀者的連結。有些作者的貼文數量遠超過每週一篇，杜蘇里耶就是這樣，從她成立「巧克力和櫛瓜」的第一年開始，每天都固定張貼兩篇文章，當時她還有一份正職工作呢。

排定一週的貼文日程，決定哪幾天要張貼文章，或是試著多寫幾篇草稿。勒保維茲雖說自己沒有按表貼文，想什麼時候貼文就貼，但他也坦承，他手上同時在寫四十幾份草稿，當然有許多還不到可以刊登出來的水準，還需要持續修改。

另一個能幫助你穩定貼文的方法，就是列出十多個可能的貼文主題。即使這些題目你目前只想出了一兩個句子，也可以先列出來。如此你便能設定好部落格的主題，也能確保之後的貼文不會偏題。如果你是做事有條理的人，你可以先寫一些沒有時效性的文章，存在草稿資料夾裡。

想出部落格的貼文主題，與思考如何框住或發展這些主題，完全是兩回事。以下是一些建議：

開始一段對話。提起一個話題，說一個相關的故事，然後問別人對這件事的看法。試著用當天的新聞當作話題，諸如垃圾食物最新的調查報告、電視烹飪節目冠軍出爐的消息等，用自己的方式描述一則新聞報導，然後盡快上傳你的貼文，讓別人在搜尋這則新聞時能先看到你的文章。

提出一個論點。比方說你認為甜甜圈被汙名化了，或是你覺得香菜是世界上變化最多的香料。說明你的熱情，提出你的觀點。有時，當大家一窩蜂地同意某個觀點時，做個持反對意見的人，也很有話題性。

說一個故事。你曾經在農夫市集裡跟一個很厲害的人聊過天嗎？想要烤一個派，卻烤出一塊焦炭？試著找出類似的經驗，藉機談起你的生活，多數讀者會因為這樣的文章而聯想到自己過去類似的經驗，他們會想「是我也會這麼做。」或「我也有過這種經驗。」甚至是「我才不會去做這種事呢！」

討論一本書、一部電影或是一項產品。不一定要是新的東西。或許你只是翻著自己蒐集的食譜，突然想試試其中一道菜，或是分享一個你人生中不可或缺的小工具。

送贈品。送贈品是提升瀏覽量的好方法。大部分的部落客會宣布要送東西，而且沒有附帶條件，接著隨機從留言裡選一位讀者，然後寄出贈品。但若你送的是廠商贊助產品，目的是請你幫忙宣傳的話，需要遵守其他規則。關於這部分，我會在後面章節詳細說明（一四八到一五三頁）。

趕搭節慶的順風車。加一點個人風格、讓文章引人注目，例如：「十道零失敗的感恩節全素料理」。

為讀者製造驚喜。寫一篇讀者意想不到的事情，或是在一個聽膩了的故事中，加入一個奇特的情節。

該寫多少字？

你需要考量文章內容的長度、架構以及組成。以文章長度而言，大多建議保持精簡，但這一點也是見仁見智。我剛開始寫部落格時，在許多網站上讀到，文章建議不超過兩百五十個英文字（編按：一般英翻中後，中文字數會是原文的一點五到二倍，以此推斷，這裡的建議，大約是四百到五百個中文字）。這看起來有點難，我平常至少都寫兩倍以上的字數。大部分的讀者都是大略掃過文章、不會細讀，所以你可能要盡量精簡扼要。說重點就好了。部落格讀者普遍只想花一、兩分鐘讀一篇文章。

事實上，許多人氣部落客都會寫超過千字的長篇。公關通訊社（PR Newswire）的一篇文章裡寫到：「幾年前，大家都不贊成寫長篇內容，如今許多數據顯示，讀者越來越能接受（甚至希望看到）閱讀長篇的貼文。」

勒保維茲指出，部落格文章如果太長，跟其他形式的寫作相比，更是顯得無趣，因此讀者就會跳出該畫面。「如今大部分的讀者都是用小螢幕在閱讀，」他指出。「我建議大家回去精修一下，留下實用、引人入勝、或重要資訊。讀者不會在意這些以外的內容，將內容精簡化，也能讓讀者專注在重要及有趣的地方。」

確定好內容以後，該學習如何架構一篇部落格貼文。作家，尤其是記者，會使用一套寫作架構，讓讀者願意繼續讀下去。讀者在閱讀的過程中，會不斷決定是否繼續往下讀。讀者跟你一樣很忙，也想知道他們花時間閱讀這篇文章，最後是不是值得的。以下是幾種留住讀者的方法：

用好的標題作為開頭。這是讀者的第一個切入點，決定他是否願意進來閱讀這篇文章，所以要認真想一個好的標題。你可以研究各式各樣的標題，看是哪些成功抓住你的注意力。在思考如何下標題的時候，可以考慮看看這些點子：

- 使用引導性問句，例如：「你在打果汁的時候，犯了這三種錯誤嗎？」
- 讓人覺得耐人尋味：「為什麼我會願意花兩百美元吃這頓晚餐？」
- 讓人感到好奇：「今年秋天一定要做的十道料理！」

- 提供專業指導：「咖啡大師談咖啡濾紙。」
- 列一張清單：「四個巧克力大哉問。」
- 讓讀者覺得放心：「冷凍果醬：罐頭食品初階班。」
- 選邊站：「為麥可・波倫辯護，一場君子之間的美食辯論。」
- 表現幽默感，尤其是當主題可能很無趣的時候：「哥兒們的料理！」
- 寫一個令人無法抗拒的敘述：「燒烤奶油玉米。」
- 誇張一點：「噴槍烤肋排！」

根據 Copyblogger.com 網站，標題有許多不同的種類，例如：

- 非常直白的標題，像是直接以菜名為標題的食譜。
- 拐彎抹角，讓讀者感到好奇的標題。
- 新聞標題，在部落格上宣布消息時使用。
- 如何型標題，在美食寫作中很常使用，例如「如何自製酸菜？」
- 提問型標題，例如「你怕奶油嗎？」
- 命令型標題，告訴讀者該怎麼做，例如「自己做省錢英式鬆餅粉」。
- 理由型標題，告訴讀者你的幾種做法，像是「八種杯子蛋糕裝飾法」。
- 引用型標題，直接引用別人的話，像是「史都華承認『我受不了餅乾！』」

接著寫一段引言。有趣的前言會採用適量的細節，吸引讀者並讓他們保持興趣、繼續往下讀。你可以說一段故事、說明一份統計結果，或是用寫標題一樣的技巧寫前言。一段好的引言，會重述並詳細說明標題的內容。

建立你的故事。學會重述的技巧。告訴讀者你要跟他們說什麼（標題及引言），然後告訴他們（本文），最後再次告訴他們你剛才說了什麼（結論）。讓讀者知道這個故事在說什麼，並且值得繼續閱讀的話，他們會覺得比較自在。

每篇貼文只講一個大重點。用文章本文段落詳細說明標題及引言的內容。掌握讀者的情緒，與他們產生連結。

了解你的讀者。充分了解你的讀者，才能讓你更容易吸引他們的注意力。先決定你在和誰說話、他們想知道什麼，接著告訴他們這件事。什麼事會讓他們在夜裡失眠、讓他們開心大笑？令他們著迷的東西是什麼？做菜時，他們最怕的是什麼？

記得，讀者只會在一個畫面停留幾秒鐘。如果他們不喜歡讀到的內容，他們會按下回到前一頁。羅伯茲知道讀者在他網站上想要讀到的東西：「花時間讀一個部落格，就像是花時間認識一個人，」他解釋道，「想像自己參加一場派對，周圍都是對食物有興趣的人。你會想跟那個看起來很陰沉、拿著數位相機、站在乳酪和餅乾盤旁、不斷獨自碎念生乳酪有幾種不同口味的人講話嗎？還是寧願靠近那位幽默風趣又健談的人，聽他生動地描述某次跟焦糖的瀕死經驗？我知道我會想聽誰說話。」

但另一方面，不要只是一味地迎合你的讀者，只寫一些你覺得會受歡迎的文章。「為了衝人氣，確實有些小訣竅，」大衛．勒保維茲承認。「大家都想找食譜。如果我一個禮拜在網站上放三次跟巧克力有關的食譜，流量絕對會提升。」但他說他會無聊到不行，然後很快地，寫部落格就會變得無趣。所以，試著找出平衡點，寫你喜歡、讀者也想讀的內容。

深入了解你的寫作主題。寫出自己的意見，同時提供有價值的資訊。你可以訪問專家，取得背景資料，或是熟讀相關內容，確定你知道自己在說什麼。你也可以根據食物的歷史或料理技巧，提供新鮮有趣的細節，或是在旅行時，在上下文裡提供更多相關資訊。增添實用的細節，讓你的內容更充實。

也許你是個法式巧克力迷，或是對祕魯美食如數家珍，但別以為每個人懂得都和你一樣多。要記得用適當的角度與讀者對話，試著退一步、解釋清楚。如果你覺得有必要的話，可以一步一步地牽著他們走。試著加入讀者可能不了解的細節。

「記得，你的讀者或許從來沒有烤過英式鬆餅，或是從未去過墨西哥辣椒的籽，甚至不知道好的切達乳酪應該是什麼樣子，」阿赫恩說，「我要鼓勵其他人進廚房，邀請他們當座上賓。」

話說回來，也不要想在每個領域都當個權威專家。杜魯蒙在受訪時說：「若你寫的是很專業的烘焙部落格，而你本身又是個受過嚴格訓練的甜點師傅，這就沒問題。你就繼續當專家吧！但若你只是針對育兒、政治、宗教或時事提出自己的意見，請記得，有百分之五十的機率，讀者所持的意見可能與你徹底相反，而且還合情合理。這並不表示他們是錯的，也不是在說你必須妥協，重點在於不是每個人都會同意你說的話，最好能留一點空間，讓大家進行適當、有智慧的討論。」

加上其他網站的連結。尤其是當你提供了別的網站上的資訊時，連結到其他部落格和網站，能讓你的網站內容更豐富、有深度。我很喜歡使用連結功能，既能讓我的文章變短，又能提供更多相關的資訊給希望深入了解的讀者。

此外，你連結的其他部落客，可能會發現你幫他們做了連結，所以他們也可能會加入你的連結，讓你的部落格瀏覽率跟著提高。（關於這點，請見一五三到一六〇頁。）

為了讓讀者不斷停留在你的網站上，有機會的話，記得連結到以前寫的文章。

勒保維茲希望提醒大家，注意不要主動連結到風評不好的網站，或是過一段時間可能會關閉的網站連結。曾有一位讀者跟他聯絡，很驚訝地問他部落格上為什麼會放一個叫「骯髒法國」的網站連結。這個網站原本是在講法國的街道有多麼髒亂，但過一陣子之後，就突然變成一個露骨的色情網站。

寫一個結尾或結論。告訴讀者，以上說了什麼，繞回去再次重申引言裡的主題。

檢查內容的密集度。張貼文章前，檢查是否用了不同的簡短句型或段落。大部分的人都是匆忙地閱讀。利用不同顏色呈現的小標題與連結，將內文打散，可增進易讀性。

檢查內文是否有錯誤。按下「發表新貼文」之前，記得檢查錯別字、邏輯通順、語法錯誤，以及其他會害你的部落格看起來不專業的失誤。與印刷不同，你寫的東西不會有編輯或校對員檢查，你只能靠自己偵測錯誤。多次來回閱讀你的內文與標題，包括使用「預覽」模式時也要檢查。可以的話，讓你的文章沉澱個二十四小時，用全新的眼光去看你的文章，抓到錯誤的機會就會變高。

黛博·佩雷爾曼在一個網路訪談裡說過：「每次看到一個網站充斥著錯誤，我會對這個網站完全失去興趣。如果這個人如此不在乎讀者，懶得呈現最好的樣貌給讀者，那我又何必浪費時間在這上面？我喜歡看到作家對自己正在做的事非常重視的模樣。」

關於食譜文章的小提醒——文字與照片

大部分的美食部落格似乎都在分享食譜。如果你分享的是自己的原創食譜，請見第八章關於食譜研發、測試與寫作的內容。除此之外，以下是在部落格分享食譜時，需要多留意的地方：照片的使用、放上連結、寫下出處來源，以及使用別人的食譜時該注意的事項。

部落格是用視覺呈現的媒介，除了最終成品的照片外，多放上一些照片會更有幫助。有些部落客將食譜的重點放在步驟上，因此一篇文章裡可能就會放上近五十張照片。你不一定要放這麼多張照片，但若能給讀者看醬汁在濃縮前、濃縮後的對比照，或是洋蔥究竟要切得多碎，又或是一個派，除了表面長什麼樣子之外，放上切開後的剖面內部模樣，對讀者可能更有幫助。

關鍵是放上會加分的照片。一張看著你把橄欖油倒入空無一物的鍋中的照片，或是一張橘子擺在廚房流理台上的照片，對讀者而言都沒有任何意義。一張「食材照」（處理完畢、準備開始煮的所有食材）倒是非常受歡迎，也很有效。

當然，照片本身的拍攝也要有足夠的水準，能夠吸引讀者閱讀你的文章。關於這部分，請見一三九到一四八頁。

另一個提供附加價值的方法，就是在必要時於食譜中放上相關連結。多莉・葛林斯潘發佈的一份食譜裡，需要用到自製的焦糖。「我放了一個大衛・勒保維茲網站上的連結，教人如何做出最完美的焦糖，」葛林斯潘說，「以前，我會幫讀者整理資訊，現在我會直接請讀者按連結，這樣我就能提供不只雙倍的資訊。」

如果讀者對你的做法或食材有疑問，你可以立刻修正食譜，這也是在網路上寫作的一大好處。如果是出版印刷品，你必須等到下一次印刷或再版時才能修正問題。

如果你用了別的作家的食譜，你必須放上出處來源。無論如何，千萬不可以原封不動地把別人的食譜稱作是自己的作品。如果你的海倫姑媽將一份天使磅蛋糕的食譜手抄在一張卡片上，卻不記得她是從哪裡看到這份食譜的話，你可以先上網搜尋原作者。除此之外，你也可以跟讀者說明，這是從海倫姑媽那兒得到的食譜，這樣就不會有人說你偷了別人的心血。而且，這樣你就有個獨特的故事，可以當作有趣的引言。

如果你在評論一本烹飪書，或是想用一份已經出版的食譜，你有兩個選擇：你可以改編食譜，並在引言裡說明你更動的地方，或是取得出版商的許可，將食譜完整翻印出來。大部分出版商的網站上，都有提供翻印相關的連絡資訊。

如果你想寫書評

如果你熱衷於讀書，你或許會想在部落格裡評論一些烹飪書，或其他美食相關的書籍。試著從圖書館裡的書開始寫，有一天你會累積到足夠的信譽，讓出版商主動找你寫書評。如果成功的話，你會收到出版商贈送的書籍。

我知道許多會寫書評的部落客，如果他們不愛某本書，就不會寫那本書的評論，我個人並不贊同這樣的想法。只寫你喜歡的書，很容易會讓你的文章流於主觀，報喜不報憂，顯得平淡無奇。過一陣子，讀者就會發現他們沒必要看你寫的書評，因為你只會稱讚這些書。好的書評要能夠提供平衡的意見，大部分的意見都是正面的，但也必須能指出書中的結構、思維、語氣、精確度等等相關的弱點。話說回來，徹底的負面評價一本書，也沒什麼意義。

因此，在寫作時，不要走到這兩個極端。一昧地稱讚會讓人覺得無趣，但也沒必要打擊別人的著作。相對的，你可以提供正面且有建設性的意見。寫出你不喜歡的部分，以及哪些地方可以處理得更好。書評就是個人意見，因此不一定都是正面的說詞。如此一來，你寫的書評會顯得更有趣，也是一種提供給讀者的服務。當你寫完書評時，試著想像自己是那本書的作者，從他的角度閱讀你剛才寫的書評。我之所以提到這一點，是因為網路上的評價有時很不客氣，原作者很有可能看到你寫的內容。這不是在強迫你遵守「沒什麼好話可說，就不要說」的原則，但是批評也有恰當的方法。

「Food52」網站作家諾拉・艾佛朗（Nora Ephron），提供了一則很有建設性的批評：

《運河之家烹飪書》（*Canal House Cooking*）裡有很多跟蕃茄有關的食譜，畢竟這是一本夏日的烹飪書。其中一篇是蕃茄三明治。我很愛蕃茄三明治，去年夏天，直到蕃茄藤枯萎之前，我每天都會吃一份蕃茄三明治。烹飪書裡加入一個蕃茄三明治食譜本身沒什麼問題，但我個人對它沒什麼感覺，因為我已經對它瞭若指掌。書裡還有一篇「鑲肉烤蕃茄佐義大利麵」食譜，看起來很不錯，但奇怪的是，食譜裡寫到這些蕃茄要烤足足九十分鐘？我不懂，我烤鑲肉蕃茄好多年了，從來就不需要烤到九十分鐘。（對了，這又讓我想到，書裡還提到一個用牛奶去熬煮豬排的食譜。我們都記得這篇食譜是從哪兒來的，瑪賽拉・哈贊的第一本烹飪書裡就有了。《運河之家烹飪書》裡的這份食譜，跟瑪賽拉的幾乎相同，除了一點：熬煮牛奶的時間增加了六十到九十分鐘，這點也很奇怪。）

你可以看到，艾佛朗批評之處非常明確，也限制自己只批評三個地方。許多書評作家會採用像是三明治的方式，在前言與結尾稱讚內容，但在中間部分插入一些批判。

要認真寫一篇書評的話，以下幾點必須注意：

- 要讀完整本書，即使部分內容是大略掃過。
- 查詢競爭的書籍，作為比較的依據。
- 查詢作者資訊，熟悉作者之前的著作，做好寫書評的前置作業。
- 想像此書的目標讀者。如果你不是此書的目標讀者，試著想想這本書是否適合或對目標讀者有用。
- 寫烹飪書書評，至少要做出書裡的三樣食譜，才知道這些食譜可不可行。接下來，你才有立場表示你的喜好。如同先前所提到的，如果你要在部落格裡放上你評論的這本書中的食譜，必須要先獲得出版商的同意，這樣才不會有侵權的疑慮，除非你改編了食譜，並且在引言裡解釋做法。
- 如果你很喜歡這本烹飪書，解釋喜歡的理由，並記得「描述而不是告訴」，用實例來描述給讀者知道為什麼你喜歡，而不是直接說「我很喜歡」。

許多書評部落格文章會在最後加上抽獎活動，為部落格增加瀏覽率。有時候，他們會選擇送讀者多出來的出版社贈書。如果你要辦抽獎贈書的活動，記得寫清楚寄送的範圍。因為全球各地的人都能收看你的部落格，你可能不會想填寫海關申報單，或是花高價的運費只為了送一本書。

如何編輯部落格文章

寫作就是不斷地重寫，即便這是事實，在閱讀自己的草稿時，你知道要注意哪些地方？該如何改進內容嗎？以下是我在編輯自己文章及修改別人寫作時，會去注意的幾個地方：

不要離題。在文章開頭，你會先抱怨自己感冒了，然後開始說早餐打的新果昔有哪些好處，最後再補上一個巧克力蛋糕食譜嗎？你的文章太凌亂了！盡量不要離題。確保你的文章標題、開頭的句子以及內文是在強化一個明確的主題。

重新檢視文章結構。你是不是花了長達三段的篇幅才講到重點？讀者可能沒耐心讀到那裡。記得讓你的文章邏輯清晰、井然有序。為此，你可能要調換其中一些段落。

精修、精煉文字。檢查文章有無遺漏之處，或是哪些部分需要更詳細的說明，才不會讓讀者搞混你的意思，尤其是使用形容詞來描述食物的時候。你要更具體地描述，避免使用過於空泛的詞彙。刪掉重複性的想法、不一致的地方、言過其實的部分（特別是寫了太多驚嘆號的時候），以及過分強調的內容。

檢視句子的節奏。每個句子都是同樣的長度嗎？或者都是非常短的句子？久了就讀起來像是你喝了太多杯咖啡、興奮過頭了？試著混搭不同長度的句子與行文的節奏。

朗讀文章。看看讀起來是否自然。如果讀到上氣不接下氣，試著重新幫句子斷句。

注意小細節。盡量查清楚資料，尤其是人名與日期。你不會想收到別人幫你指出錯誤的信件。逗號要加在對的地方，檢查是否有地方打錯字。盡量少用驚嘆號、全大寫、斜體字和刪節號，最好是將重點擺在寫作本身，不要用到這些花招。

跟上潮流。你可以寫進一些時事、潮流、或你知道讀者最近在關心的內容。我喜歡加入時事的連結，為文章增加可看性和內容。

檢查你的食譜。若你在文章裡加了食譜，請檢查是否有列出所有需要的食材，而且要注意是否是按照步驟的順序列出。先別管其他可能出錯的地方，這是最重要的部分。更多關於正確的食譜結構的內容，請見第八章。

好照片之必要

但是好的照片對美食部落格而言極為重要。「美食與政治或音樂等主題不同，那些部落格鮮少需要視覺要素。食物是實體的，是你可以觸摸到的東西，你在品嚐之前，會想先看到它的樣貌。」羅伯茲說，「在吃美食之前，要先看到它的外觀，美食的樣貌，往往會影響食慾，因此，攝影就成了美食部落格不可或缺的一部分。任何美食部落客，都能寫一長篇關於一塊派或是去鬥牛犬餐廳（elBulli）吃到魚眼球的經驗，但跟其他形式的部落格相比（或許這麼說有點言過其實），美食部落格裡的一張照片，能勝過千言萬語。」

「麥特大口吃」部落格（MattBites.com）的麥特·阿爾門達利茲（Matt Armendariz）也同意這種說法。「當攝影師或食品造型師（甚至是部落客）對食物特別有感覺時，拍出來的美食照片也會特別好看。」他在一場訪問中說道，「對於食物的欣賞與喜愛，從最後的成品是看得出來的，這是無法造假的。我從來沒有遇過不是美食家的成功美食攝影師，這是有原因的。當我去購買照片或做攝影藝術指導時，我會看兩個面向：我在情感上的反應，以及技術問題。這張美食照片能讓我驚艷嗎？我會想去咬一口嗎？這張照片的品質好不好、夠不夠獨特、技術上處理得好嗎？如果其中一方面超乎預期，我會願意放棄對其他面向的執著。」

你或許不知道如何得到這樣的照片。這裡有幾個選項：你可以在部落客常用的圖庫網站上，例如 iStockPhoto 或 Veer，以幾塊錢美金購買食物相關的照片，這兩個網站是蓋蒂圖片社（Getty Images）與科比斯（Corbis）圖片社的姊妹公司，而蓋蒂與科比斯的目標客戶都是商業用戶。有些網站，像是 StockVault.com 和 FreeDigitalPhotos.net，則是提供免費圖片。不過，要找到適合文章的圖片，需要花點時間，尤其是品質與畫質夠好、能當作封面的相片。唐娜・特納・路爾曼（Donna Turner Ruhlman），一位專業攝影師，在她的網站：RuhlmanPhotography.com 上，有為美食部落格提供一些免費的中解析度圖片。

你不能直接從網路上抓圖片，然後放到你的部落格上。「許多部落客和讀者都有驚人的記憶力，他們如果發現有人違反著作權，就會想辦法提醒原作者。如果你想要使用來自別的部落格或網站上的一張圖的話，請先取得同意，再放到你自己的網路空間，並且適當地註明出處來源，放上能連回來源的連結。」「美味日子」（DeliciousDays.com）部落客妮可・史蒂齊（Nicole Stich）說。

然而，最好的辦法，就是讓你自己成為一名優秀的攝影師。當然，你需要費一番功夫才能達成，但盡量不要逃避做這件事。你現在拍的照片可能品質尚可，但也稱不上是好，這樣不只會拉低你的部落格水準，也會降低你的瀏覽量。更何況，許多美食部落格的導入網站，是 Pinterest、FoodGawker 以及 TasteSpotting，都是著重在照片的分享，因此加強自己這方面的技能是有好處的。

你可能會對於要成為一名優秀的攝影師感到抗拒，因為你視自己為一名作家。但是美食部落格非常強調視覺性，單純的文字敘述還不夠。何況，如果你的部落格是以烹飪為主軸，你會想要分享自己做的料理與烘焙成品。如果你分享的是到餐廳用餐、去農夫市集或各式活動的經驗，你也需要自己拍照，讓讀者看到你去過哪些地方。所以這件事是無法逃避的！

關於這部分，我和許多攝影師討論了一番，也徹底研究過線上最好的美食攝影網站，希望在你磨練自己的攝影技術上提供一些引導。以下是他們分享的小技巧：

隨身攜帶相機。你永遠無法預期靈感何時找上門。有可能是在逛市集、在餐廳、超市、農場，甚至只是開著車閒逛，或是突然瞥見鄰居的柿子樹上的柿子全都熟透了。

買個專業相機。你的手機比較適合用來隨手拍照，在旅途中用小型的傻瓜相機也沒什麼不好。但若你能負擔得起，你或許可以考慮使用專業美食部落格攝影用的機型。這些攝影師大多使用數位單眼相機的光圈模式（AV）或手動模式，這樣在燈光較不足又沒有閃光的時候也能拍照。特保維茲說，換成數位單眼相機，是他為加強自己的部落格而「做過最重要的事情」，而且用單眼相機拍照，更能輕易拍出好的照片。

無論你選擇用什麼相機，記得選擇有微距模式的，這樣才能近距離拍攝物品，以及高ISO感光度的相機。ISO感光度對於晚上在室內拍照很重要。

拍很多照片。如果你只拍了幾張照，最後卻發現都是模糊或對比不夠的照片，那就不妙了。勒保維茲每次上傳的照片，都是拍了二十五到五十張照片後挑選出來的。

「全素真好吃」網站（VeganYumYum.com）的蘿倫·厄爾姆（Lauren Ulm）說她每篇食譜平均會拍攝將近一百張照片，之後再慢慢刪減到可以上傳貼文的幾張照片。她在網站上建議：「記得幫相機買張容量大的記憶卡，這樣才有足夠的空間存照片。」

厄爾姆進一步說：「我會嘗試從上方拍、正面拍、近拍、跟著背景拍，還有很多其他的角度。一開始的照片看起來都很無聊，但越拍越有趣。我很難解釋我擺盤或構圖的方式，但很多時候，都是拍了很多照片之後，對著每一張說『嗯，看起來太素了』，或是『我得想辦法強調這道菜的某個特色』之類的。就像我之前說的，你拍越多照片，就越有機會拍到堪稱完美的一張。」

研究你的構圖以及道具。佩雷爾曼在「小小廚房」網站上建議：「盡量找到眼前這道菜裡你最喜歡的特質，試著用不同的方法讓照片呈現這樣的特點。攝影是一門藝術而非科學，就是這個原因，你在讓影像說一個故事。看著你的照片問自己：這是你想要的嗎？你認為最迷人的地方要如何再強調出來？」

研究美食雜誌和烹飪書，看看食品造型師做的視覺呈現。將你喜歡的照片剪下來，研究為什麼你會被吸引。多利用一點色彩，能讓畫面更有趣，像是使用配菜、有顏色的盤子，或是在白盤子下鋪上一張美麗的桌布。佩雷爾曼說：「學會一些食物造型技巧有很大的幫助。我個人不熱衷於使用道具，或是看起來太繁複的擺盤。這不是裝飾大賽，而是晚餐。我覺得盤子上的一抹醬汁，還有稍微有點銹色的鍋鏟都還算質樸，也滿有吸引力，但這都要看每個人的喜好。即便如此，沒有過多花樣的白色盤子（而不是那些我們當時自以為很棒的灰綠色盤子），加上一些點綴用的菜，或是角度擺得剛好的叉子，也都能為照片增色不少。」

厄爾姆提供這些關於道具的建議：「白色是永遠不會出錯的顏色。方形的盤子會讓畫面變得很有格調。盤子越小越好，小一點的盤子比較容易裝滿食物，能避免讓你的擺盤看起來太稀疏。」

不要讓背景看起來太複雜。用單一顏色作為背景比較好。有些美食落客會買一些便宜的發泡板，漆成不同顏色，當作拍照時的背景。「簡單食譜」部落格作者艾莉絲·包爾建議大家使用木頭的砧板。「木頭的顏色比較溫潤，能襯托食物本身。」她在網站上寫道。

阿爾門達利茲說：「我認為背景和主題一樣重要，這讓我發現一些有趣的事，通常拍美食時，背景的實際樣貌會變得很模糊，所以背景表面上的顏色比它真正的質地來得重要。普通的波紋紙箱，變模糊後就成了美麗的褐色；便宜的美術紙非常實用；餐巾紙與布料也能做出各種效果。只要確定拍攝主體夠大，除此之外，想用什麼拍都可以。你會發現一般生活中的物品都能有新風貌。」

動作要快。食物應該要看起來新鮮可口。沙拉容易爛掉、醬汁會凝固、冰淇淋會融化。還有，如果你拍的是晚餐，相信我，你會越拍越餓，想要趕快吃掉它。

用自然光拍照。厄爾姆說：「當你使用自然光拍攝時，不要將食物直接放在陽光照到的地方。你要的是在周圍瀰漫著光線的氛圍。直接放在陽光下拍的物品，看起來會太銳利。但是，按照不同的拍攝目的，有時這樣也行得通。最『安全』的光線擺設，是從旁邊的窗戶引進自然光。」你可以買仿羊皮紙或薄的包裝紙，貼在窗戶上，讓光線變得更柔和。

勒保維茲大部分的照片都是在窗邊搭景，為了讓焦點清晰，他選擇用腳架拍攝。他也會用「奶粉罐撐起來的保麗龍，把暗處填滿」。天氣比較暖和時，他會在戶外拍攝。

如果光線太暗，需要閃光燈的話，將閃光燈朝上製造閃燈補光（fill-in flash），而不是直接照在物品上（dead-on flash），這樣會製造太多陰影，又會將色彩稀釋掉。

記得拍下烹飪或烘培的準備過程。海蒂．史旺森在《美食與美酒》雜誌裡表示：「不必太在意一定要拍到最完美的『成品照』，料理的過程中，也可以透過鏡頭捕捉到許多很棒的細節。」

構圖。可以利用攝影學裡的三分構圖，將畫面分成九宮格（兩條等距的橫線與直線）。將最重要的構圖主體放在這些線上或交叉點。你可以利用真實或虛擬線條（leading lines）引導讀者的目光。可以的話，將鍋子或完成的料理擺在偏離中心的地方，這會讓照片看起來比較有趣。利用對稱與紋理讓構圖更吸睛，或是打破這種對稱來製造張力。使相片拍攝的角度變化多一些，這樣部落格文章裡的照片才不會太相似。

靠近一點。使用微距鏡頭或微距模式能讓你近距離拍攝主題，像是剛洗好的覆盆莓上的一滴水珠，或是烤乳酪通心粉上層脆脆的邊。你要讓讀者感覺好像能透過照片品嚐到食物。

穩住。如果你沒有腳架，就用倒置的水杯充當一下。厄爾姆建議也可以用蕃茄罐頭或一疊書。尤其是在拍攝微距照片時，當然還是用腳架最好，史蒂芬妮・史蒂亞維提建議，因為按下快門時，手的動作會讓照片變得模糊。

編輯照片。利用裁切、編輯等技巧調整相片。勒保維茲表示，他會先將照片載入蘋果的 iPhoto 再用 Photoshop 編輯。然後將編輯好的照片上傳到 Flickr 網頁，再張貼到他的網站上。

用攝影說故事。說故事有兩種方法：透過寫作，或透過照片。有些部落格特別會用相片說故事，攝影的情境與食物本身，都是故事的一部分。「七根湯匙」網站（SevenSpoons.net）的作家泰拉・布雷蒂（Tara Brady），在 GreatFoodPhotos.com 網站上受訪時解釋道：「我想捕捉的是食物當下的樣子，我煮這道菜或我們吃這道菜時當下的狀態。我不介意讀者看出當天是陰是晴還是雨，或是察覺夏日與冬天的光線有所不同。如果當下看起來就是這樣，就要這樣呈現。我能欣賞那樣的情境。」

我也喜歡布雷蒂談拍攝主題的這段話：「我並不是只拍攝食譜的示意圖。例如，如果這個派的餅皮讓這道甜點更加分，我會想要拍下某個派皮破掉的角落。當然，我也會拍這個派的整體樣貌，但我會希望讀者記住的是這個酥脆派皮的部分。」

美食攝影參考書目、課程及網站

這一段訪問到的大多數部落客，都有在部落格上介紹美食攝影。蘿倫．厄爾姆是其中寫得最好的一位部落客，網址是：VeganYumYum.com/2008/09/food-photography-for-bloggers。你也可以參考這裡的攝影技巧：TaylorTakesaTaste.com/food-photography-tips-tricks-and-tutorials，以及以下的書籍與相關資源：

書籍

- 《部落客的美食攝影專書》（*Focus on Food Photography for Bloggers*），作者麥特．阿爾門達利茲。他以溫暖、輕鬆的風格，寫了這本專門針對美食部落客的書，書中涵蓋了基本資訊，以及實用的圖示與照片樣本。
- 《美食攝影：從隨手拍攝到專業美照》（*Food Photography: From Snapshots to Great Shots*），作者妮可．S．楊（Nicole S. Young）。
- 《攝影師的美食造型指南：如何打造可口的藝術》（*Food Styling for Photographers: A Guide to Creating Your Own Appetizing Art*），作者琳達．貝林漢姆與吉恩．安．拜比（Linda Bellingham and Jean Ann Bybee）。
- 《從料理到畫素：數位美食攝影與造型》（*Plate to Pixel: Digital Food Photography*

& Styling），作者海倫・杜賈爾丁（Hélène Dujardin）。

◆《美食造型師手冊》（*The Food Stylist's Handbook*），作者狄尼絲・維瓦多（Denise Vivaldo）。

攝影工作坊

許多美食部落客都愛上了攝影，工作上也延伸到幫雜誌、烹飪書、超市、食品製造商、餐廳等業者拍攝照片，收入都很不錯。我在這部分訪問到的部落客，在他們的網站上都有提供美食攝影相關的建議。想要了解更多的話，請連結到這個網站：nikas-culinaria.com/food-photo-101。

有些部落客有開私人攝影課程，也會在一些美食部落格大會上開班授課。想要了解更多的話，可以參考本章節提到的一些部落客所架設的網站：

◆ CulinaryEntrepreneurship.com 在世界各地都有開班授課，內容包括美食造型、攝影技巧等等。

◆ 對後製有興趣的人，可以在 Lynda.com 網站上，學會使用 Photoshop和Photoshop Lightroom。「Photoshop 是個專業的工具，很難立刻上手，」包爾曾在她的部落格上這麼說，「幾年前我開始訂閱 Lynda.com，就是為了學習這套軟體。網站上的教學影片可以自己調整學習速度，製作得很好。一個月花二十五元美金的話，你就能利用資料庫裡上千部教學影片，但網站上很多影片都是免費的，因為他們要讓你知道這些影片多麼實用。Lynda.com 也有 Photoshop Elements 的軟體教學影片，這是個比較初階的照片美編軟體。」

接受與評價免費商品

當你的美食部落格擁有足夠的讀者群之後，你就有機會幫到需要宣傳自家產品的出版公司、廚具公司、食材公司⋯⋯等，你的讀者群就是他們的目標市場。許多企業會選擇與部落客合作。對企業而言，這是較為便宜的行銷手法，他們會提供免費的產品給你或你的讀者，期望收到產品的人能幫他們美言幾句，或是在部落格文章裡提到產品作為交換；對作者而言，這會是一筆大生意。成立部落格不到幾個月，我就收到許多邀約，像是幫企業寫幾篇跟奶油有關的食譜，就能得到禮券、免費的抽獎商品，還有一個出國度假的抽獎機會。

許多部落客不介意收到免費商品。我也有拿過，如果商品價值不高的話。但我從未承諾幫產品寫文章。在一場女性部落格聯播平台（BlogHer）的會議上，利保互助保險集團（Liberty Mutual）針對一百七十五名部落客做了有關「部落格責任」的調查，其中百分之九十八認為接受免費產品是可行的，百分之八十七認為寫業配文沒有關係。多數部落客都提到，接受免費產品以及寫業配文時，透明、公開、誠實是重要的原則。

你該幫忙宣傳產品、書籍、餐廳、旅館與旅遊行程嗎？你要考慮許多面向。首先要考慮你得到的免費產品是否跟你的部落格有關。選擇針對一項產品或服務撰文時，永遠先考量你的讀者，而不是付錢或送產品的企業。讀者能立刻嗅出這篇文章是否別有意圖。當你收到免費商品時，記得這只是變相的支付方式。你不會想要失去花了這麼多力氣建立起來的讀者信賴，所以最好直接公開說明這是廠商的邀約。在美國，這是已經立法規定要寫出來的了。

有些部落客收到免費商品時，卻做得過頭了。他們可能收了廠商一盒餅乾，或免費的一餐，就以為欠了廠商人情，要幫企業做很多宣傳。其實沒有這樣的規定，雖然一直拿免費產品卻不幫忙寫文章很不道德，但你也不該為了一包口香糖就寫一整篇文章。我不覺得這樣是在為讀者著想。你的文章是有價值的，如果你突然寫一篇文章，大力讚賞某個你從未提到過的生活用品，會讓讀者相當疑惑。

你或許喜歡幫產品背書這個想法，但讀者並不喜歡。內容行銷網站（Contently）進行的調查顯示，有三分之二的受訪者表示，當他們發現某篇文章是某個品牌贊助的（或是收錢寫的），他們會覺得自己受騙了。超過一半的受訪者說，他們不信任品牌贊助的內容，無論是在討論什麼。很多受訪者甚至不了解「品牌贊助內容」是什麼意思。一半的受訪者以為，是廠商付錢並影響了文章內容；百分之十八的受訪者以為，是廠商付錢讓品牌名稱出現在文章旁邊；百分之十三的受訪者以為，文章是廠商自己寫的。這或許是因為大部分的贊助文章寫得都不是很好，但無論如何，讀者都會感到不信任。

為了這個問題，美國聯邦貿易委員會（Federal Trade Commission）要求美國的部落客在為產品、地方、或服務背書的時候，必須公開表明收受了廠商的實物支付，包括免費餐點、飯店住宿及旅遊行程。這也包括當你使用免費收到的產品寫一篇食譜，或由旅行社贊助參加一個旅遊行程等等，但不包括像是在參加一場會議時，得到一包免費產品的情況。

如果你想寫一篇關於免費產品的文章，你可以先列出自己從廠商收受免費產品和服務時的相關政策與條件。在讀者眼中，這樣的做法看起來會比較有職業道德、誠實且透明。你可以用友善、直白的方式，在你的「關於我」頁面上，寫出你對於產品相關的貼文採取什麼樣的做法，像是這樣的內容：

- 我會寫一些我認為適合部落格主題的產品與服務方面的文章。
- 我一定會表明自己是否收到某個產品的試用品或服務。
- 我不會因為得到免費產品就寫好評。我寫的評價都是自己的意見。
- 我不會收錢只寫一個產品的好評，如果我說自己喜歡某樣東西，我是真心喜歡。若我不喜歡某樣產品，也不會不敢寫出來。
- 我堅持保持部落格的自主權，絕不會因為收了錢而犧牲自己的信念與標準。

若你想要對企業行銷人員直接喊話，你也可以加上這樣的說明：「如果你希望寄產品給我，而我接受的話，我也有可能不會在網站上提到這項產品。感謝你能理解這是我的個人部落格，我不會讓別人影響我在這裡發表的內容。我不會為了得到免費產品，而只寫好評或做置入性行銷。」

以下是處理與替免費贊助產品背書時的一些建議：

不要貪心。只接受跟你部落格有關或適合的產品。若你不是寫廚房用具的部落格，就不要拿這些產品。沒錯，有些行銷公司永遠懷抱希望，因此會不斷寄產品來，但是一直接受這種產品顯得太貪心了。美食部落客是很小的社群，大家也會聊一些八卦。小心免費商品帶來的後果。有些報社規定自家記者不得收受價值超過二十五美元的東西。若你一整年都能拿到免費咖啡，但你無意幫廠商寫文章，你會覺得心安理得嗎？至少我是不會的。這家咖啡公司會期待什麼樣的回饋？你不會想要因為一份昂貴的贈禮，從此欠了一個人情。

不要為了跟朋友炫耀、送禮或轉售，而接受免費產品。除非行銷窗口說你可以留著，否則都應該將昂貴的商品歸還給廠商。寫美食部落格的人，不一定是因為想要寫一篇文章，很多時候是因為你想要用這個產品做料理，或以消費者的身分吃到或享受這個商品，而接受廠商的邀約。要小心這種衝動。記住，廠商之所以給你產品，就因為你是部落客，他們希望你能為產品背書或宣傳。

不要承諾替產品、服務或體驗背書。大部分行銷人員都知道，給你產品時，不能要求你為產品背書，但他們還是會試著這麼做。還沒試用之前，不要答應寫對該產品的評價，甚至是完全不要答應。免費的產品也是一樣的道理。你可以保留要不要寫的權力，這不是義務。

關於承諾寫文章這件事，一位人氣部落客是這麼跟我說的：「我會跟他們說，我不保證我會在部落格上提到這項產品，也不希望收到產品之後，一再被問及是否要寫這件事。在這方面，我只跟能理解這個原則的公司打交道，這種公司才不會有不斷騷擾我的公關人員。大多數有水準的公司，都有好的公關團隊，或是我會直接與公司負責人連絡。」

審視接受旅遊招待的原因。如果跟你的部落格主題沒有任何關聯，就不要去。如果你只是因為覺得接到邀請是很榮幸的一件事，你可以問自己這個理由夠不夠好。

不要什麼都愛。許多部落客覺得，他們應該只分享自己喜歡的產品，或是喜歡的地方。這道理我懂：人生很短，你只想跟讀者分享最美好的部分。但是，能夠讀一篇平衡的報導，其實更有趣。而且，一直說你很喜歡某個產品或是某個地方，讀起來會很像業配文，也會讓讀者懷疑你的寫作動機。當你在告訴讀者，為什麼他們對無麩質麵粉或真空低溫烹調機可能有興趣時，可以試著用不同的闡述方式表達。

關於撰寫評價文章，請參考第六章的餐廳評價，以及一三四頁的書評。你也可以讀一下 FoodEthics.wordpress.com 網站上的「美食部落格道德準則篇」關於餐廳評論相關的道德問題。記得，如果你喜歡被餐廳免費招待，要繼續待在這些受邀名單上的話，你大多時候都必須幫這些餐廳寫好的評價。

開誠佈公。我曾經看過一篇關於一項產品及該公司的部落格文章，寫這篇文章的部落客在文章裡稱這家公司為自己的「客戶與贊助商」。因為這點，我非常尊敬這位部落客。幫產品背書的作家，代表的是他們部落格的讀者，而不是他們自己，更不是這些被報導的企業廠商。部落客寫的這種文章，是一種讀者的指南，告訴大家是否值得花錢、花時間購買這項產品。公開、透明地去說明你寫的這項產品和服務，才能保護以及尊重你的讀者。最好是在文章一開頭就明確地告知讀者。因為沒有讀者的話，就沒有任何行銷人員會對你有興趣。

如果你寧願收錢在部落格上寫產品或服務的分享文，而不是拿到免費的東西，請見第十二章。

如何讓人注意到你的部落格，以及增加點閱率

當你開始寫部落格時，你想會是誰在讀你的部落格呢？答案是：沒有人！所以你只能從至親好友、同事等人開始，他們可能會幫你宣傳一下。但是，光靠至親好友的人際傳播是不夠的，你需要有策略地擴大讀者群。擴大讀者群，能夠創造出社群以及話題性，對於一個有人氣的部落格而言，這兩者都是必要的。一般來說，要增加點閱率，我會建議以好的內容著手。以下是一些其他方法：

加強攝影技術。網路是講求視覺呈現的世界，加強攝影技術是增加點閱率的不二法門。這當然不是一件容易達成的事，但精采的照片肯定能讓美食部落格脫穎而出。

把照片放在以相片為主軸的網站，加上你自己的部落格連結。利用人氣越來越高的 Instagram 或 Pinterest 上的轉發，能快速增加部落格的瀏覽量。你只需要一位人氣用戶轉發你的圖片，或是讓圖片在網路上迅速流傳開來，讀者就會大量湧入你的部落格。大多時候，你根本想不到你那張蘑菇鑲肉料理的照片，到底為什麼會一夕爆紅，所以就別猜了，享受它帶來的成果吧！顯然，分享與節日或季節有關的圖片，尤其是能激發情感的圖片，效果總是特別好。記得在部落格圖片上放一個「分享」的按鈕，方便讀者轉發。

你也可以上傳你的照片到聚集性網站，像是 FoodGawker.com 和 TasteSpotting.com。事先了解每個網站適合什麼樣的作品，因為在這些網站上傳照片，通常需要符合每個網站的美學標準。多做篩選。

提供訂閱服務。安裝RSS（簡易資訊聚合）閱讀器，讓讀者方便閱讀每篇文章。當讀者訂閱你的部落格時，你發表的文章會自動以連結的方式，出現在讀者所設定的部落格閱讀聚合器。我最喜歡的訂閱方式是透過電子郵件。Google 的 Feedburner 網站免費提供這項服務，讓讀者能選擇透過他們的電子郵件，訂閱你最新的部落格文章。無論用什麼方式，如果能將部落格文章直接送上門，讀者閱讀文章的機率就一定會比較高，他們也不需要額外花力氣記得偶爾造訪你的部落格，追蹤你的文章。

在別人的美食部落格留言。你可以透過在別人的部落格留言，將讀者導向你自己的部落格，但留言也需要花點心思。很多部落客都看得出來哪些留言者只是為了吸引別人注意。不要只寫「看起來好好吃！」這種讓人無法聊下去的留言，試著提出一些好問題，與其他部落客進行較深入的對談，提供讀者有價值的內容，這樣才能引導讀者去看你的部落格。直接問對方可不可以放部落格連結，在網路世界裡是不太禮貌的行為，所以還是不要這樣問，最好讓這件事自然發展。

有新文章時，提醒你的網路社群。你有臉書粉絲、推特追蹤者、Google+、Instagram、Pinterest 以及每個月收到你的部落格通訊的讀者。你也可以自訂一份親友、同事的電子郵件提醒名單，鼓勵他們與其他人分享你的部落格文章。在社群媒體上，只宣布新部落格文章的發表消息，會讓人覺得太像廣告宣傳，所以最好是在一般的留言與文章發表之間，偶爾穿插一些部落格的新消息。

詔告天下、放出消息。大部分的人喜歡得知別人在文章裡提到他們，或是寫了篇讓他們感興趣的文章。他們或許也會想透過他們的網站連結你的貼文。如果你覺得某位部落客會欣賞你的貼文，你可以寄一封包含文章連結的電子郵件給他們，解釋為什麼他們會想要讀它。

他們可能會在自己的貼文裡放入連結，讓讀者流量導向你的部落格。

回覆留言。當讀者花時間打出他們的意見或回饋時，記得一定要回覆。我很喜歡回覆讀者，讓他們知道我看到、也很感謝他們留言。但別只為留言而留言，花點心思認真回覆吧。

加入美食部落格活動。你可以加入網路上的群組，像是「最後十四堂星期二的烘焙課」（Tuesdays with Dorie），加入的組員都用朵莉．葛林斯潘的烘焙食譜書烤東西並上傳成品。習慣這樣的互動模式之後，你可以試著主持一個網路活動。這是認識其他部落客的好方法，他們可能也會想連結到你的部落格。

在別的網站上客座撰稿，並在自己的網站上邀請作家客串寫作。透過這個辦法，你可以跟別人交換連結、稍微休息一下、透過別人的觀點來看你的部落格，或許也能觸及新的、或是更廣大的讀者群。記得找跟你風格、內容及文章長度類似的部落客。先給他看看你在發文之前會做怎樣的編輯。「簡單食譜」網站作家艾莉絲．包爾為我們解釋「美食部落格聯盟」網站（FoodBlogAlliance.com）的運作：「我大部分都是邀請我私下認識、信任及覺得讀者會喜歡的作家幫網站寫文章。唯一比較有挑戰性的是攝影的部分。這些客串作家需要有辦法放上絕美的照片，要不然我就得去幫他們拍了。其中兩位客座作家住我家附近，所以去拍他們做出來的料理還算輕鬆。」

跟上流行的主題。善用臉書、推特和 Google+ 等社群媒體網站，了解現在正在流行哪些美食主題。你可以到 google.com/trends 這個網站輸入關鍵字，像是「羽衣甘藍」或「炸雞」。在網站上找一個叫「Rising」的按鈕，按了之後，會出現過去三十天內流行的關鍵字清單或相關詞彙。

加強你的SEO技術、注意關鍵字。德國搜索引擎優化工具軟體公司「Searchmetrics」有一項研究顯示，有比較多照片的網頁，會出現在搜尋結果裡較前面的位置。另外，以上列出的許多技巧，也會影響你的名字或部落格名稱在Google這種搜尋引擎中的先後排名。這就是所謂的「搜尋引擎最佳化」（Search Engine Optimization，簡稱SEO）技術，熟悉這些技術，能幫你在搜尋引擎中被列在較前面的位置。讀者會從各種管道連結到你的部落格，有些人會在搜尋引擎裡輸入你的部落格名稱，所以你不會希望自己的名字或部落格被排在太後面。很多讀者可能是在搜尋特定食材或食譜關鍵字時，才發現你的網站的，你要讓他們能夠搜尋得到你寫的相關文章。

在文章標題與內文裡多使用關鍵字。關鍵字就是大家在查資訊時搜尋的詞彙。你寫完一篇文章後，用一個免費的關鍵字工具網站，像是 freekeywords.wordtracker.com，抓出有哪些關鍵字能讓你的讀者在搜尋時找到你的文章。記得讓這些關鍵字出現在：

◆ 文章標題。

- ◆第一個句子裡。
- ◆內文裡其中一個大標題。

如果你的關鍵字少於兩個，你應該在文章裡提到這些關鍵字五到八次；如果關鍵字多於三個，不要使用太多次，否則搜尋引擎會認為你的文章只是在「塞」關鍵字。即使是這樣，你還是需要想辦法讓文章讀起來自然。把文章塞滿關鍵字是行不通的，也可能會損害到你在搜尋引擎演算法中的可信度。

觀察讀者生態。很快的，你會想知道有多少人造訪你的網站、有多少人回流、他們是從哪來的、都看了些什麼文章，以及他們在網站上停留了多久。你可以安裝相關軟體取得這類報告。最受歡迎的軟體之一是 Google 分析（Google Analytics）。只要建立一個 Google 帳號，這個軟體在前五百萬頁面瀏覽數以內都是免費的。其中一個很有價值的服務，是網站流量（traffic）的統計，這能告訴你讀者是從哪來的。你可以在這裡看到讀者中，透過搜尋引擎或其他網站連結到部落格的比例是多少。有趣的是，你能看到哪些網站導入最多的流量，以及一些你之前不知道的新連結。

羅伯茲表示，內容的累積才是最重要的，他說：「你越常更新部落格，你創造的內容就越多；創造越多內容，越容易讓人 Google 到你，這是我在觀察網站統計資料後學到的知識：大部分的部落格點擊量，是讀者在 Google 搜尋一些跟美食毫無關係的事情時，純粹因文章標題裡有個莫名的詞彙而連結到的。克蘿蒂（杜蘇里埃，「巧克力和櫛瓜」部落客）跟我解釋過，這是因為Google用一種演算法來認定有多容易能搜尋到你。印象中，這要看有多少人連結到你，以及你更新部落格的頻繁度。所以經常更新部落格也是有好處的。另一個比較容易理解的是，你部落格更新得越頻繁，讀者就越常回流。我最常看的部落格，是我確定每天都會有新內容出現的部落格。更新速度越規律，我造訪頻率就越規律。身為部落格讀者的你，一定能理解這道理。」

要留意的是，Google會定期修改他們使用的演算法，也鮮少會解釋其中的理論。不要太在意裡面的數字，每天都檢查這些數字沒什麼好處。時間久了，你就越能理解這些數字的意義，以及何時該採取行動。同樣，別太在意留言的數量。我得承認，我一開始寫部落格的時候，因為文章完全沒得到任何迴響，而感到相當沮喪。我就拜託我的朋友幫我留言。後來有人發現我的部落格，並且開始有人討論之後，我就比較放鬆了。

我在這裡提供的意見，大多是實用以及市場導向的建議，但寫部落格也有另一個面向：人性的一面。身為團體的一份子，時間久了，你能交到越多朋友，也能得到更多尊重。許多很早發跡的人氣部落客在接受我訪問時，都一致跟我說「簡單食譜」部落格作家艾莉絲・包爾曾幫助他們了解自己的部落格、協助他們進步。後來包爾設立「美食部落格聯盟」網站，藉此分享自己的知識給剛開始寫部落格的廣大網友。從她寫給我的這封電子郵件，可以看出她是多麼親切：「如果要給一位有志成為美食部落客的人一點建議，我會建議這位網友帶著慷慨大方的精神，踏入美食部落格的世界。大方給予肯定、大方分享你的專業、大方關注以及連結到其他的美食部落客。關心其他人，總有一天他們也會用關心回報你。我認為這才是嚐到成功之前最該加入的超級秘密配方。」

從寫部落格到出書

部落格寫了一陣子，累積了大量的作品之後，你可能會開始想：這個部落格能不能成為出書的跳板？答案是有可能。但寫一本書並非只是在做剪貼，把部落格的舊文章拿來重複使用。網路上就能免費看到的內容，讀者沒必要掏腰包買個紙本版。

從部落格出版的書籍，要有新的脈絡及新的內容。你必須視其為獨立的產物，跟部落格做出區別。書籍通常不像部落格文章那樣，把一堆簡短的段落集結在一起就可以了。讀者想看到的是一個整體性的敘述，裡面包含了起承轉合，而這是需要花時間和力氣才能辦到的。

有些出版商如果覺得有成功的可能性，就會直接與部落客聯繫。潔登·黑爾開始寫她的部落格「熱氣廚房」才六個月，塔特爾出版社（Tuttle Publishing）就跟她連絡，問她要不要寫一本烹飪書。但這種事並不常見。塔特爾出版社看得出來黑爾擅長行銷，也知道如何與讀者互動。一般來說，你必須擁有一定程度的人氣，才有辦法吸引出版社的目光。（若想了解更多關於如何打造一個受出版商青睞的平台，請見三八〇頁。）

一般從部落格發展到出書，大致分為兩個類型：烹飪書與美食回憶錄。「一〇一食譜」

的海蒂・史旺森從開始寫部落格至今，已出版多本烹飪書。拾速出版社（Ten Speed Press）資深副社長艾倫・維納說，他是二〇〇五年在一場國際專業烹飪協會的年會上認識史旺森的。「我們發現彼此是鄰居，從此便成了好友。史旺森是美食部落格界的黃金標準，她讓自己的部落格不斷成長的同時，還能維持成立之初的宗旨，實屬不易。」史旺森指出，當你仍在寫部落格時，出版一本書是完全不同的創作過程，有一個開頭、內文以及結尾。在她的書中，連烹飪的觀點都不同了。

史旺森在部落格裡說，一本書的創作靈感是無法倉促而就的：「交出《超自然料理》（*Super Natural Cooking*）的初稿後不久，我就開始整理、保留我喜歡的照片，並且繼續在筆記本裡記下我喜歡的食譜、想法及靈感。我那時候不確定要拿這些東西做什麼，或是之後會變成什麼，但我有預感某天一定能派上用場。無論如何，我不喜歡倉促決定某些事情的感覺。我漸漸開始相信靈感是急不來的，它就是會按照自己的步調，適時地出現，在我的生活裡交錯，我能做的只有盡量睜大眼睛。」

莉莎・麗可（Lisa Leake）在二〇一〇年成立部落格「真食物一百天」（100DaysofRealFood.com），希望分享新發現的有機與非加工食品的好處。她的烹飪書在四年後才問世，但出版後不久就上了《紐約時報》的熱銷排行榜。「麗可坦言，她的部落格一開始還沒那麼受歡迎，」《出版者週刊》（*Publishers Weekly*）的一篇文章報導表示，「但是，當一些當地媒體開始注意、部落格在社群網站以及入口網站首頁上被介紹，而麗可也在個人臉書上傳自己的飲食計畫後，『真食物一百天』的讀者才開始穩定壯大。現在，這個部落格每個月都有四百萬次的瀏覽量。」

麗可本來以為，她的第一本書會和部落格是相同的主題——她與家人的一百天健康飲食承諾。但是最後，她的書被分成兩個部分：前半部專注在規劃，比方說如何買菜、說服家人加入、維持預算，以及飲食計畫；後半部則是放了一百道食譜，而且其中百分之七十都是部落格上沒有刊載過的新食譜。

另一種從部落格延伸而成的書籍種類是回憶錄。（關於這個文類，可以參考第九章的開頭。）你的部落格可能是在分享你和你的經驗，但這些不一定能寫成一本書。勒保維茲說，他的書《巴黎．莫名其妙》（*The Sweet Life in Paris*）（編按：繁體中文版由劉妮可、游淑峰翻譯，時報出版）裡，只用到兩篇他在部落格寫的故事，「因為覺得剛好適合這本書，而且我很喜歡這兩個故事。」他說，剩下的部分，都是在敘述自己搬到巴黎的過程，還有讀者喜歡問的背景故事。

部落格文章都很短，不可能把那些文章拿來拼拼湊湊，就組合出一本書來。「橙皮巧克力條」部落客，同時也是暢銷書《家味人生：自家廚房的故事與私房食譜》（*A Homemade Life*）（編按：繁體中文版由曾志傑翻譯，九印文化出版）作者懷森伯說：「就連感覺很長的部落格文章，都其實都很短。寫書會有一段沉浸的過程，那時我還對於不知道一個故事會怎麼發展而感到很不自在。我得讓自己慢下來。最難的地方就是要找到一個敘事的能力，我當時並不知道要怎麼寫一篇長篇的敘述文。」

一開始，懷森伯先列出她想放進書裡的食譜，接著開始思考食譜背後的故事，以及這些故事適不適合放進書裡。她沒按照時間順序寫這些故事，她覺得這樣比較容易。完成之後，她再將故事排序，並且讓中間連貫起來。

「我從部落格裡剪出一些故事，貼在 Word 上，再重寫一遍，」懷森伯說，「有些部分跟部落格的文章類似，但我還是做了大幅度的改寫，或是添加一些細節，讓這些故事跟整本書的風格一致。」

懷森伯把部落格比擬作一系列的電視節目，而回憶錄則是像電影，她說：「幾集烹飪節目無法串連成一部電影，所以部落格文章也沒辦法變成一本書，電影有劇情，會讓我們投入一個角色和一個故事情節，也能把我們帶進一個不同的世界。書裡就有空間可以寫一些對部落格而言感覺過於龐大的內容。舉例來說，我寫部落格的五年半之內，只提到我父親兩次。在部落格上講這個故事，空間顯得不足。坐下來寫書，比寫部落格文章要花更多的時間，也能有更多篇幅仔細交代以前寫過的事情，幫助我講出一個我試著敘述的、更長的故事。」

在攝影這方面，如果你要讓出版商接受放你自己拍的照片的話，你必須能夠拍出專業級的相片。身為一個美食部落客，如果你的出版商願意採用你自己拍的照片，這可是相當大的肯定。烹飪書出版商通常會僱用專業攝影師與美食造型師。黑爾解釋她在準備出版自己的第一本烹飪書時，「出版商一開始拒絕這個想法，所以我花了六個月的時間不斷地練習。我當時會寄照片給他們，他們再印出來、評論以及批評一番。後來他們變得很支持我，最後也讓他們覺得，我的照片好到可以出版了。」

和烹飪書相比，照片在回憶錄型的書裡比較沒那麼重要。勒保維茲在他的書裡放了幾張自己拍的黑白照片，但大多數的回憶錄裡是沒有的。一開始就要釐清在書裡放照片的成本，更多相關資訊，請參考第十一章。

持續貼文

無論你是為了自我表述，還是想要得到出書機會，或為了精進自己的攝影技術，寫部落格的秘訣就是，無論有沒有得到理想的回應，都要有足夠的動力，周而復始、持續地向前。若你有足夠的耐力、堅持與能力提供讀者娛樂與資訊，你很有可能成功。勒保維茲在他的部落格上很直接地描述，寫部落格實際上要花多少心力，以及自己有多麼喜歡這個過程。

「寫完文章、編輯、校稿、翻譯名詞、寫出食譜、將文字按照網路代碼格式化、拍照、決定哪張照片看起來最好、因為我實在忍不住所以吃掉剩菜、修照片、上傳照片、把照片貼到部落格文章……這部分比較難，因為整篇部落格文章看起來像是一團電腦代碼，而不是讀者看到的照片與文字。接著要重讀文章、二次校稿，最後才能張貼。整個過程，從無到有，得花個幾天才能完成。除此之外，我熱愛寫部落格，而且有很多事情想跟讀者分享，所以我基本上都會有五篇文章在持續醞釀、排隊上傳到網站上。我每次都等不及開始寫下一篇。」

我採納了勒保維茲的建議，現在也會同時準備幾篇文章草稿。但我有時候會完全想不出來下次該寫什麼內容，有時候又會文思泉湧，一點也不懂我之前在擔心什麼。有時候我張貼了文章，卻一點回應都沒有，其他時候，留言會如雪片般飛來。

蘇地普・德蘇莎（Sudeep DeSousa）在「專業部落客網」（Problogger.net）說：「寫部落格不是想像中那麼容易的，你可能花了很多力氣寫一篇文章，卻沒人來留言，或是隨便寫了一兩句話，卻一夕爆紅。有時你整天只能用頭去撞牆壁，但還是想不出該寫什麼，又有時腦子裡會塞滿各種想法，根本不知該從何開始寫。準備好享受這一切吧！這些會花掉你很多時間，你得做好犧牲一些事情的心理準備。有正職的人，你的私生活或職場生活會受到衝擊。或許你其他嗜好或休閒活動的時間會受到擠壓，所以你得小心翼翼地決定，為了成為一名成功的部落客，有哪些事情是你願意放棄追求的。」

頂尖部落客對將部落格當作生活的一部分這件事，多半抱持樂觀態度。我在訪問史旺森時問她，是否能想像自己十年後仍在寫部落格，她微笑著說：「但願如此。」

另一位超級成功的部落客杜蘇里耶也同意：「我的部落格就像我身體的一部分，隨時都需要養分。它是將我向前推進的引擎。我用部落客的眼光看待這個世界。去到一個地方，我會想這裡適不適合放到部落格上。我能更深刻地感受事物，因為我不斷問自己問題，而不只是活在當下，這樣我才能跟讀者對話。當我進入寫作的最佳狀態時，就不會一直在意網站流量和留言數。寫部落格讓我在人際互動、回應、點子和靈感上都收穫滿滿。為它付出的每一分心力都很值得。」

寫部落格耗時又費力，但大多時候，無論你如何定義一件事值不值得去做，寫部落格仍是非常有趣、非常值得的事情。不要把它看得太重，也不要拿自己跟寫了好多年的美食部落客相比。放輕鬆、玩得開心，看看你的努力會開出什麼樣的結果。

如何持續寫部落格

放棄寫作習慣太容易了。你會分心、突然有個大案子要做，或是去度假就沒繼續寫了。也可能是因為你想不出要寫什麼了……以下是幾個能讓你繼續堅持下去的訣竅：

- 設定一份寫作行事曆。寫下你打算寫的主題，以及預計發文的日期。
- 以主題作為部落格文章。把文章分成上、下，或上、中、下等形式來發文。例如：週末小計畫，或是開始吃某種特殊的飲食計畫。
- 有好的寫作點子就立刻開始寫一篇。先寫第一個句子，或加上讓你有靈感的網路連結。其他的之後再寫。
- 挑選新聞中出現的某個活動或題材，然後加上自己的意見或觀點。
- 參加活動，多拍一些照片，回來寫一篇相關的部落格文章。
- 介紹一本讓你收穫很多的書，或是寫一篇烹飪書的評論文章。

部落格寫作相關資訊

雖然本章節是在專門介紹美食部落格，無論你是哪種類型的部落客，有些資訊能讓你成為更好的部落客，並用淺顯易懂的文字談論很多不同面向。這些是一些大家普遍認為值得信賴的資訊來源：

- **Problogger.net**：專門教部落客一些寫部落格技巧的網站，網站上很多人會分享自己的經驗，並且致力於提升部落格寫作。
- **Copyblogger.com**：免費的網站，教你如何讓自己的網路寫作進步。

寫作練習

一、或許你不曾試圖像勒保維茲那樣，試著把一塊蛋白糖霜餅沖下馬桶，但想必你也有些讀者會喜歡的美食故事吧。我突然想到我妹妹高中時有一次在家開派對，然後在蛋糕糖霜裡加入威士忌和藍色食用色素。即使她那些未成年的朋友們在派對上把吸收酒精奉為最終目標，也死都不想去碰那個蛋糕。你有類似這樣的故事，可以延伸成一篇部落格文章嗎？

二、寫一篇部落格短文，主題是你小時候討厭、長大卻愛上的一道料理。你覺得適合的話，也可以提供這道菜的食譜。

三、寫一篇部落格文章，內容是關於你剛開始下廚時，最常用的一本烹飪書。在網路上找找關於這本烹飪書或烹飪書作家的相關資訊連結，並且放進部落格文章裡。

第五章

自由作家行遍天下：了解業界合作的內幕

GOING SOLO AS A FREELANCE WRITER

若你想寫出有趣的文章，你就必須把自己擺放到有趣的地方和情境中。你不能太保守，比方說只去採訪大家都已經熟知的餐廳，因為在那裡你幾乎不會再找到什麼新奇有趣的事情可寫。你要時時刻刻都用自己的角度準備出擊，讓自己處在獨特的位置上蓄勢待發。

——「認真烹飪網」美食總監／J．肯吉．羅培茲阿爾特為報章雜誌、網站和客戶寫作，能一次滿足許多方面的需求。這是提供娛樂和散播資訊的方法之一，同時又能在紙上揮灑你的創意與熱情。自由寫作能讓你在特定領域中累積自己的信譽與聲望，若你打算在這個領域出書的話，尤其有幫助。

最棒的是能看到自己的作品被刊載或出版，這真的很激勵人心，我第一篇登報的文章距今已三十多年，即便如此，如今看到自己的新作刊登出來，還是令我非常雀躍。

如果你不知道如何寫出一篇夠資格被刊登的文章，那寫作對你來說，就會是個漫長又令人焦躁不安的過程。你給編輯的提案也很可能石沉大海。編輯們都很忙，他們每個月都要處理數十個甚至上百個投稿提案。你的工作就是想出一個能讓編輯為之心動的提案，得到他們的認可，寫出文章，得到報酬，然後全部再從頭來一遍。我會告訴你要怎麼做到這些。身為一位報紙與雜誌的前任編輯，我職業生涯大部分的時間，都是在審核作家的投稿提案。從一九九六年起，我自己也開始投入自由作家的行列。

在這一章裡，我會介紹不同類型之自由工作者的內幕，大部分是跟出版業有關的工作，也有和企業客戶合作的項目。你能了解到編輯是如何評估一個投稿提案的好壞。許多編輯與得獎美食作家也會在這裡建議你如何發想、形塑、定位、提案、追蹤以及寫出你的文章，無論你打算投稿到哪一種出版品或網站上，或是偏好哪一種寫作類型。你可以選擇留在一個讓你感到自在的小眾市場裡，或是投稿到主流的大眾雜誌。一切都沒有標準答案，但我會提供足夠的資訊，幫助你達成目標。

如何想出寫作的好點子

在你的行事曆上挪出一些時間，想想寫作的點子吧。工作不會從天而降，你必須主動踏出去，自己找機會，或是加入能帶給你靈感的人際網絡。先來談談你該寫些什麼。你的大腦應該無時無刻都在根據生活經驗、興趣及讀過的內容，不斷發想新點子。「你必須像個滾毛球的刷子一樣，」《美食》雜誌前特約作家及《飲食健康》雜誌創刊主編拜瑞・艾斯塔布魯克（Barry Estabrook）說：「發想其實不難。執行才是真正需要費盡心思與力氣的地方。多數人會對自己想到的某個概念過於執著，這樣是不夠的。你腦海裡的想法應該要多到讓你無法只眷戀其中一個。」

用力寫好一篇文章，然後盡力去幫它找個發表平台，很多寫作新手都會這麼做，但大部分這樣做的人都很難成功，儘管線上多數主流出版商和網站都希望作者能獨家提供作品，但前提起碼也得是你的文章合他們的胃口。想要讓編輯採用你的作品，就得說服他們，你的文章必須符合他們的風格、口吻及讀者喜好。編輯們會退掉將近百分之九十五的投稿提案，因為就是有這麼多投稿者不黯此道。

你應該先往後退一步，讓你的腦子先想到好點子。以下幾種方法，提供給你參考：

◆ 閱讀報紙的美食版。準備好紙筆，寫下任何你想到的點子。把那些類似你想寫的內容或格式相似的文章剪貼下來。

◆ 美食雜誌、一般雜誌和出版刊物的文章也比照辦理。注意作家在刊頭上的署名，檢視自由作家為不同刊物寫了什麼不同的文章。

◆ 在你有興趣的社群媒體或網站上追蹤流行時事。

◆ 造訪實體書店，去找有接受自由撰文的新雜誌，並且在網路上查詢有哪些新的線上雜誌正在找能配合的自由撰稿人。

◆ 注意餐廳與餐飲店裡的流行趨勢。

◆ 收看美食節目。

◆ 拜訪農夫市集、特色食品市集與生產者，看有有哪些新產品，並且試想能否激起一些新的話題。

◆ 花一個小時翻一翻你收集的烹飪書，看有沒有能夠激發靈感的主題。

◆ 從自己的生活中找靈感。如果你剛從甜點學校畢業，或是正在計畫去一趟摩洛哥，你或許可以把這些經驗寫成故事。

◆ 根據你的個性，試想你最拿手的寫作型態是什麼。例如我是個很實際的人，很喜歡解釋某個東西的運作原理，或是幫助別人增進自己的能力，所以我特別喜歡服務相關或「如何⋯」類型的文章。

「認真烹飪」（SeriousEats.com）網站美食總監，J．肯吉．羅培茲阿爾特（J. Kenji Lopez-Alt）寫道：「若你想寫出有趣的文章，你就必須把自己擺放到有趣的地方和情境中。

你不能太保守，比方說只去採訪大家都已經熟知的餐廳，因為在那裡你幾乎不會再找到什麼新奇有趣的事情可寫。你要時時刻刻都用自己的角度準備出擊，讓自己處在獨特的位置上蓄勢待發。」

如果你是一名部落客，就更有理由寫一些自由撰稿的文章。如果你想要出書，最好先具有報章雜誌或網站的寫作經驗，而不只是在你的個人部落格上。出版商會希望你的書能觸及到部落格網友以外的讀者，這些讀者可能是透過你寫的新聞報導或雜誌文章認識你的。

我把這過程稱為「事先認證」。書籍出版商會覺得，如果雜誌、報紙或其他網站的編輯已事先認可你的寫作能力，他們就會對你比較感興趣。最好的情況下，這些管道的讀者會是你出書後的潛在讀者群，所以你最好要有策略性地與出版商合作。

為任何刊物或網站撰文時，你都必須站在讀者與編輯的角度思考。超市裡那些黃澄澄的即食玉米粥可以拿來做什麼料理呢？它們真的能吃嗎？我曾經這樣想。後來這些問題幫助我在一本國際超市雜誌中，一個名叫「忙碌的廚師」專欄裡寫出一篇文章和多篇食譜。接著，我想到其他問題：一罐鮪魚罐頭，除了拿來做三明治以外，還有別的可能性嗎？還有，消費者可以拿一盒冷凍菠菜做出什麼料理呢？為了回答這些問題，又衍伸出很多「如何」型的文章，像是：如何煮出一整桌菜、如何在餐廳點酒，以及如何為一場晚宴計畫一道乳酪料理。

自由寫作通常分為兩種類型：一般性與專門性寫作。一般性寫作涵蓋跟食物有關的所有事情。如果你覺得跟食物有關的所有事，從烹飪、農作、旅遊到歷史，都令人感到興奮，你大概適合當一般性文章的作家。反之，專門性的作家，無論寫作管道是什麼，大多只專注在一種主題上。例如，克爾絲汀・傑克森（Kirstin Jackson），一個狂熱的乳酪迷，開始寫一個部落格叫作「不是你，是布里」（ItsNotYouItsBrie.com）。後來她為《洛杉磯時報》和全美公共廣播電台的「廚房之窗」（Kitchen Window）節目寫了一些關於乳酪的文章，並出版一本乳酪專書。同時，她也開設一些跟乳酪有關的課程，並且成立一個乳酪俱樂部，會員們每個月會見面一次，讓她漸漸被視為一名乳酪專家。撰寫專門性的文章，可以是打造事業根基的好策略。

該寫什麼樣的文章？

第一步是先想出文章的概念，第二步就是把要寫的內容塑造成特定的文章型態；以下是一些常見的自由撰文類型：

食譜。對許多以一般消費者飲食為主軸的刊物來說，與食譜有關的文章會是一大重點。這類型的文章大多包含一段簡短的開頭，以及三到五份食譜。專題文章則有可能加上一些關於烹飪技巧的小訣竅，針對不常見的食材提供選購指南，以及某一道料理的歷史、在哪裡可以買到，或要怎麼吃等資訊。

如果你想寫這類以食譜為主的文章，可以找一些會僱用自由撰稿人的雜誌，看看不同的刊物會刊登什麼樣的內容。想一個可以幫助讀者計畫的主題，像是懶人料理、低脂料理，或是能夠激發讀者想像力的方案，例如，為了派對必學的希臘料理，或是一些小火慢燉的燉菜食譜，可以在寒冷的冬天夜晚享用。

投稿食譜文章之前，要先熟悉你投稿刊物的編輯風格，若某期刊的食譜裡都沒有什麼奇特難找的食材，你投稿的食譜就不要採用罕見食材。

以發行量龐大的主流美食雜誌而言，食譜多半需要具有個人特色與自信，得有別於在網路上就能查到的免費食譜，如此才會受到編輯的青睞。較有規模的報社或雜誌社會測試你的食譜，如果他們不喜歡做出來的成品，可能會請你做一些調整。大多時候，編輯光是讀你的投稿提案，就能看出你的食譜是好是壞。如果你能讀完第八章關於食譜寫作的內容，在這方面你一定會沒問題。

若是季節性料理的話，要注意主流雜誌通常會有很長的前置期。有些刊物的前置期甚至長達一年，編輯室也會在每個月的例會決定一些內容提案。大部分的主流雜誌都需要提前至少六個月提案，所以一篇關於冬天在室內烤肉的文章，至少會在夏末的時候被提出來。相對的，報社的前置期大約只有幾個星期，除非是特別重要的節日，像是感恩節。如果是這樣的話，提前七週做提案都不嫌早。

大部分的自由作家，都要累積一定的經驗，才能打進大規模的主流雜誌。一開始最好的下手方式，是先幫規模較小的報社或地區性雜誌、網站寫一些食譜文章，或許就有機會寫專欄文章。

流行趨勢。通常和流行趨勢有關的文章，都是以報導的型態呈現，作者會去訪問並引用某些專家和資訊來源，根據專業意見做出結論。有些文章也會加入研究機構的統計數據。來自其他媒體的流行趨勢，有時會在飲食相關刊物裡掀起一陣需求。例如，若你訂閱關於營養與健康的通訊刊物，或許你可以把裡面的趨勢重新整理，寫成和養生有關的文章，提案給美食刊物。舉個例子：如果你讀到某個研究說薑對治感冒和對抗感冒病毒有效，你可以先想出一些食譜，然後在秋天來之前，提案給一些注重養生的刊物。

如果你是願意嘗鮮的人，或許就很適合當自由作家，這其中的挑戰，是要能夠盡早察覺新潮流的風向，像是前一陣子大家都很瘋羽衣甘藍，但若你現在才開始寫羽衣甘藍的文章，你面對的是更多競爭者，許多刊物可能最近才剛刊出過類似的文章，而編輯們也可能會擔心這股羽衣甘藍的風潮正在衰退。

指南。這種寫作形式，可以指引讀者如何找到他們想要的東西，例如「有機食材購買指南」或是「城市裡最棒的二十家中式餐廳指南」。旅遊指南能幫助讀者，在一個地區找餐廳和當地的特色美食。

新聞。在新聞報導裡，作者會訪問許多人，然後將這些言論拼湊成一篇文章，寫成一則最新消息。大部分新聞報導會出現在報紙或網路上，而不是雜誌裡，因為報導需要專業新聞素養，再加上雜誌的前置期過長，等到刊登出來時，可能早就不是新聞了。新聞報導的例子像是：關於漁獲汞含量超標的最新消息，或是某個州要針對汽水課稅。

人物特寫。在美食寫作的領域裡，訪問人物包括廚師、餐飲業者、食品製造商、經銷商或美食界的名人，而訪問的重點會放在這個人的成就、特殊貢獻或不尋常的工作內容。這類文章可能也要加上這位人士寫的食譜，你也需要親自測試一遍。

專訪。與人物特寫類似，這類型的訪問稿件，通常是先寫一段前言，再寫一段受訪者簡介，接著以問答方式撰寫內容，有時也會直接以一問一答的Q＆A呈現方式。

摘要。將議題的重點整理出來，以條列式撰寫，也可以做成列表或是比對表，幫助讀者做選擇，比方說，你可以介紹五種印度香料，或是十家有名的義大利餐廳裡，讓讀者自行挑選出他們最喜歡的。若你對這類文章有興趣，可搜尋看看以數量種類為標題開頭的文章，例如「十種一定要知道的……」、「七種最不易發胖的……」等。

指導型文章。教讀者如何解決一個問題，或是如何把某件事情做得更好。這類文章講的可以是技術方面，像是「如何做出美味的馬鈴薯泥」、「如何在旅行時找到素食餐廳」，或是「如何選擇適合的廚房用具」。這種指導型的文章，會以有邏輯、指導性的方式呈現，作者要能預想讀者在某個步驟時會遇到的問題或聯想到的事情。

人情故事。這類文章描述的是溫馨故事，或熱心的人做了哪些善事，像是某家餐廳每天開放三百份愛心待用餐，或是某人透過販售烘焙點心來做公益。

歷史背景文章。你可以把這裡列出的文章類型，如旅遊指南或指導型文章，結合飲食歷史，以激發編輯的興趣。單純的歷史故事提案，除非能與時事結合，否則很難提案成功。

烹飪書書評。如果你想投稿的雜誌或網站有刊登書評，可以先去了解一下出版社的發案流程。雜誌社可能每個月都會有書評寫作的需求，他們會選好適合的書，然後把案子發給外稿人員。如果你找到一家規模不大但剛好有書評需求的刊物，你可以試著用最近買的烹飪書寫一篇書評投稿給他們。參考這些雜誌刊載過的書評，學習如何塑造你的文章。批評時要特別小心，完全只有好評或負評的文章很少，出版商大多會選擇刊登較多正面評價的文章，而不是怒氣沖沖的負評。

旅遊相關。以美食為主軸的旅遊文章，內容可能是在描述某個美食節、手工匠藝製作的傳統地區美食，或是以餐廳聞名的城市。有時你甚至不用出遠門旅遊，也可以寫出優異的美食旅遊文章。《洛杉磯時報》專欄作家帕爾森說：「你可以寫你家後院發生了什麼事，不要為自己的侷促感到丟臉。」他引用一位作曲家友人的話：「有些人可以環遊世界，仍一無所獲；有些人在社區裡轉個彎，就發現了全世界。」

要投稿給報社的話，你可以先試投旅遊版，而不是美食版。許多自由作家發現，投稿給旅遊版比較容易成功被刊登。

好的旅遊寫作應該具備什麼條件？《紐約時報》旗下的時尚雜誌《T》（*New York Times' T magazine*）主編說：「旅遊報導經常落入兩種型式：一種是愛說教、愛教人怎麼做的『去這裡、住那裡、去看這個』型文章；另一種則是長篇散文，寫的是作者到當地體驗一切，並自認讀者應該對他帶回的第一手資訊感到心滿意足。《T》偏好的是這兩種類型的綜合體，寫出好文章與個人觀點的描述，不只是為了讓讀者跟著作者去一趟沒能參與的旅程，更讓讀者透過作者的文字，去了解一個既發人省思又令人滿足的目的地，無論你有沒有計畫要造訪當地。」

如何在一個地方找到值得寫的故事？

蘿賓・艾克哈黛特（Robyn Ekhardt）是《東南亞休閒與旅遊》雜誌（*Travel + Leisure Southeast Asia*）的特約作家，同時也是《紐約時報》、《美味》和《美食與美酒》的自由撰稿人。她和丈夫大衛・海格曼（David Hagerman），一位專業攝影師及文章協作者，已經在亞洲居住超過十五年了。她在寫一篇關於美食的旅遊故事時，是這樣查資料的：

如果我旅行的目的是寫作，我會依直覺去找到一個當地的美食故事。我出發前不會做太多資料蒐集，我比較傾向記下當地料理中常見的食材或佳餚，尤其是我不熟悉的東西。我會先查一下如何用當地語言說出一些比較有名的菜或食材（烹飪書是很好的資料來源）。但我不會去閱讀已經出版過的美食旅遊文章，或大量閱讀相關的部落格文章。因為我不想被這些內容影響。

抵達當地時，我會放縱自己做喜歡的事。我喜歡世界各地的市集，所以造訪的第一個地方通常就是當地的市場。我會給自己很多時間，慢慢在市場裡來回走動、觀察每個角落，再慢慢地重新走一遍，記下自己特別注意到的事情，像是每個人手上好像都拎著同樣的魚、每個攤位上都有的小佛壇、或是一整間房間都是賣烤乳豬的攤販。離開市場之前，我就蒐集到幾個我覺得有趣的當地美食現象。

受到當地食材、街頭小吃、家庭料理，以及受歡迎的菜色和它背後的故事啟發，我開始發想出一些可能的寫作角度。那些小佛壇背後會不會有個故事？對這些賣食物的攤販有什麼特殊意義？那到底是什麼魚？當地人在家裡或在街頭小吃店裡會怎麼處理？那烤乳豬又有什麼歷史淵源呢？

再來，我會找人說話，任何人都行，其中包括飯店和餐廳員工、計程車司機、街頭小吃店家、服務人員、在午餐吧檯坐在我旁邊的男子，以及藥妝店裡幫我結帳的收銀員。我或許也會回到市場，跟攤販和來買東西的路人聊聊。

我也會主動去約別人。如果你有具體的問題要問，例如「我很好奇這是什麼魚、大家都怎麼料理這種魚？可以一起喝杯咖啡聊一聊嗎？」而不是問一些很籠統的問題，比方說「我剛到這裡，想寫篇美食文章。可以跟你請教一下該如何進行嗎？」當地的部落客、作家和記者，會比較願意提供協助。另外，歷史、文化方面的博物館員工知識非常豐富，或許也能幫你聯絡相關的專家。如果我不會說當地語言，我會聘用一位助理或導遊，確保這趟冒險能專注在研究上。

找到能真正讓你投入的觀點，然後下定決心調查清楚，如此一來，每一趟旅程都能帶回一段扣人心弦的獨特故事。

第一人稱散文。個人故事是許多作家的首選題材，但並不是多數期刊與網站會選用的文章。大部分定期出刊的雜誌，每期不會刊登超過一篇以上的個人經驗型文章。這並不表示這類文章投稿成功是不可能的任務，只是代表你會有很多競爭者。提升過稿機會的方法，是寫一篇跟讀者有關且讓他們能產生共鳴的經驗。什麼樣的主題能讓讀者產生共鳴呢？如果都是在講在你自己發生的事，編輯的反應可能會是：「那又如何？」最好的第一人稱散文，能夠用獨特的方式或觀點，呈現一個人們普遍感興趣的話題。如果只有你才有辦法說出這樣的故事，你投稿成功的機率會大幅提升。

第一人稱散文裡有許多寫作的主題。或許你可以寫：

- 你達成了一個目標，像是從烹飪學校畢業，或辦了一桌特別的菜。
- 你剛從一趟美好的美食之旅回來（你也可以順便提供讀者一些行程建議）。
- 你經歷了一場慘不忍睹的烹飪、用餐或旅遊歷程，或許你會想要教其他人怎麼避免重蹈覆轍。
- 你經歷了一場改變你的人生或讓你受到啟發的經驗，希望能藉此幫助讀者面對他們人生中的挑戰。
- 你第一次做某件事情，比方說第一次去餐廳打工。
- 你參加了一場活動，例如名酒拍賣會、充滿美食的家族聚會或美食節。
- 你愛死了某種食物，或是有個你最喜歡的、跟食物有關的故事。
- 你煮了特別的節慶料理。
- 你去當了與飲食有關的公益活動志工。
- 你喜歡園藝、打獵或露營，或是有其他跟食物有關的嗜好。

無論文章的風格或主題是什麼，你必須要有清晰且富有想像力的觀點，根據自己的體驗而得到的全新角度，也要能符合出版刊物的視角。時事與潮流通常是好的主題。有時候，光是在一個非原創的想法上，加上全新的觀點就夠了。珍・麥克曼尼斯（Jeanne McManus），《華盛頓郵報》前美食版編輯說：「我喜歡那種可以開拓視野的文章。你會驚訝地發現，作者選了某樣東西來寫，可能是某種食材、某種烹飪技巧，一件我們自以為再熟悉不過的事物，然後從此改變我對這件事物的觀點和看法。」

如果你投稿給主流的飲食期刊都沒能成功，你可以試試投稿給文學雜誌。許多文學雜誌都會收錄美食文章，個人散文也很常見。到網路上查詢有哪些文學雜誌，並且觀察他們刊載過的內容，了解什麼樣的文章會被採用。有些雜誌會公開他們的編輯時程表，讓你可以趕上他們的進度。有些雜誌只會在特定的一段時間收稿子，所以可能要花一點時間等他們回覆。

如何目標化以及定位你的文稿

這個步驟非常關鍵，但也是許多自由作家失策的地方。以最有可能採用你作品的期刊或網站作為投稿目標，簡稱「目標化」。目標化是有系統性地尋找最實際、最合適的平台。例如，我想寫篇在地生活文章，關於我們鎮上最近越來越流行的越南飲食風潮。你可以看到，我的文章不是一個完整的主題，而是一個潮流。「雜誌很注重當下，不像書籍或百科全書那麼講求綱要或權威性，」《精緻烹飪》前主編與發行人瑪莎・赫恩伯格在一場國際專業烹飪協會年會上說，「我們不需要整件事，只要其中一小塊就好了。要的不是主題，而是你拿這個主題變出什麼。」

我要寫的文章主題是「越南美食」。如果我只跟編輯這樣說，他會問：「越南美食怎麼了嗎？」光是確定寫作主題，本身還不夠明確或有趣。若我改成描寫城市裡某一區最近開了很多越南超市和餐廳，我變成是在寫潮流，有新聞價值也有被刊載的可能。

接下來，我會問自己「誰會在意這個題目呢？」當地報紙可能會關心，非主流的週刊、日報和地方性網站也可能會在意。重點是，會關注這個主題的，應該都是一些跟當地有關的區域性媒體。大規模的主流雜誌可能不會收錄這篇文章，因為它只著重在一個小區域，除非你將其定義為「旅遊文章」。通常，若是為大型主流雜誌寫文章的話，你得介紹許多不同城市裡的越南美食市場，而不只是某個單一城市。

最在意這篇文章的人會是你自己。你應該對這個街區、越南美食，及其他相關的內容瞭若指掌。你得做足研究才能說服編輯：你非常了解這件事、這是貼近時事的，還要能解釋為何現在就需要讓人讀到這篇文章。等到你真正動筆開始寫的時候，你已經成為這個主題的專家了。

「認真進食」（SeriousEats.com）網站國內（美國）線編輯麥克斯・法爾寇維茲（Max Falkowitz）說：「好的寫作，會將一個有趣的主題，變成一篇必讀的文章，一篇讓讀者覺得觀點獨特且立論實在的文章。如果刊登管道是像『認真進食』這種能接觸到全美讀者的大型媒體，那麼投稿作品必須得超越地方性的角度，讓幾千里外的人也在乎。你要把這件事放在大背景下，你得問自己：『這篇文章真的有這麼重要嗎？』你需要一個強而有力的理由，並且在提案時向你投稿的對象交代清楚。」

目標化的另一個重點，是了解你的讀者是誰。這聽起來很基本，但真的太多人不懂了，我當編輯時打槍過太多投稿提案，那些作者完全不了解我們雜誌的讀者群。如果你要寫兒童飲食的文章，就該把以家長為主要讀者的雜誌當作投稿目標。如果你喜歡頂級奢華的旅遊，你就該投稿給針對高收入、愛旅遊讀者的雜誌。認真翻閱雜誌內容，尤其是廣告類型，不難看出會買這些雜誌的都是什麼樣的讀者。哪些期刊讓你感興趣、和你的價值觀相近？那麼你就是那些雜誌的目標讀者，也就不難想出適合他們的題目。

當你找到適合的期刊之後，試著找出他們最近一年發行的每一期，挑出和你想法最類似的文章來研讀。這比想像中難，因為有些期刊在圖書館裡未必找得到，他們也不見得會把內容刊登在網路上。試著和朋友打聽看看誰有蒐藏你需要瀏覽的刊物。夠幸運的話，在網路上還是有機會能找到你要的內容。盡量把能找到的、所有你感興趣的類別與主題文章都讀完。

以越南美食的文章為例，你要去找社區型的報紙或雜誌，看看他們是否刊登過與飲食業者有關的故事，有的話又是什麼類型的文章？找不到的話，可以試試另類新聞週刊雜誌，將焦點放在餐廳上，因為讀者很有可能是外食族而不是會自己下廚的人。投稿給日報的話，要回顧他們過去發行的內容，了解他們如何報導當地飲食潮流，藉此適當調整你的文章。或許你會看到一篇採用第一人稱寫成的散文，內容是關於尋找出當地最棒的烤雞外賣，你可以模仿這樣的模式，寫一篇關於當地最棒的越南菜外賣文章，但不見得要寫成第一人稱的散文。

總之，研究任何刊物時，都可以按照同樣的邏輯去分析。

你可能會想，該一次只投稿給一家雜誌或網站？還是應該一稿多投呢？以編輯的角度而言，我不建議你同時寄給不同對象同樣的題材，即使你的提案都有經過客製化調整。除非你投的每份刊物目標讀者非常不同，比方說航空雜誌和美食雜誌的讀者，算是有所區別。話說回來，同時寄一篇地區性的文章，給三家同樣在報導單一城市的刊物，就非常危險，萬一不只一家想刊登你的文章怎麼辦？用不同的敘事角度，投稿給航空雜誌和美食雜誌還算安全，但不能投稿給目標讀者群相似的幾家雜誌。最好是先挑其中一個來投稿，若被拒絕，才再往下一家投。

選擇要投給哪一份刊物時，要想得實際一點。如果你的文章從未被刊登過，就從規模最小的社區型刊物或新成立的網站開始吧，這些單位或許稿酬少得可憐，甚至沒錢可領，但此時只能先求有，不能求好，因為你需要先有著作，才能開始建立信譽，作為投稿到大型出版刊物的墊腳石。

徹底檢視每一份刊物。檢查刊頭或版權頁，看有哪些文章是自由撰稿者寫的。有時候，編輯會把篇幅較小的文章發給新手自由作家，看看他們有什麼能耐。你可以從這些作品開始研究。算出每篇文章的字數來估計專題的長度，檢視哪些是以文字內容為主、哪些是以食譜為主。檢視文章的結構，諸如作者用了幾個邊欄（花絮報導或清單表格）。如果該刊物有投稿的準則，務必詳細閱讀，這樣才能了解編輯要的是什麼。

在研讀你找來的這些範例文章時，有很多事情需要注意。注意這些文章的敘事風格，敘事觀點是主觀還是客觀？寫作語氣是怎麼樣的？如果範例文章的調性是諷刺挖苦，而你是走甜美溫馨的路線，那恐怕就不適合。範例文章是否按照特定格式寫成？你能複製出同樣的模式嗎？他們是否偏好使用長篇、詳細的論述，或是使用很多煽動性的標語？若是教學性質的文章，示範步驟是否鉅細靡遺，能手把手地教會讀者嗎？還是期望讀者已有一定程度了？作者的行文看起來是一派輕鬆，還是非常有權威性？若寫的是潮流時事，有能佐證的數據嗎？算一下文章的字數，評估自己在同樣的長度內，可以談到幾個項目。如果你寫的文章會吸引讀者提問，就得做足相關研究來回答他們。如果範例文章包含一些側邊花絮，你也可以想想看花絮的點子。

在投稿之前，別急著直接寫文章，先針對你的投稿對象，擬出一份完善的提案吧。

如何燒熱開水：一堂風格定位的課

《精緻烹飪》雜誌前主編與發行人瑪莎．赫恩伯格，深知每家雜誌都有其獨特的風格、語調和觀點。以下是她舉例說明，主題同樣是在講「如何燒開水」，提案給不同雜誌時該如何呈現：

《精緻烹飪》：我煮開水很多年，發展出一套獨門方法，能煮得更快、更均勻。我會加入選鍋子的資訊、最適合的爐子、使用鍋蓋的好處、一些提前準備的訣竅，還會加上鹽水、酸性水和香料袋浸泡水的相關食譜。我還可以寫一段側邊花絮，示範如何製作香料袋。

《廚藝畫刊》：人常說，燒出好水才能燒出好菜，所以我們做了一些實驗，希望找出最好的燒水方式。我試過鋁製和不鏽鋼鍋、八升和十二升的量、加蓋或不加蓋、瓦斯爐與電磁爐，以及用熱水還是用冷水開始煮。結果會讓你很驚訝：用冷水不加蓋燒出來的水最好。

《Kinfolk》：水，連結的是人。陶藝家綺拉認為自己應該注入這股洪流。在她客製化的「頌揚水」系列作品中，她帶來的設計，是用來裝高山泉水的陶甕，甕裡的水經過燒煮達到淨化作用。她將這系列作品提供給她在全球各地的藝術家友人，一般讀者未必能取得任何一件。她的公司正在計畫公開上市。

《好胃口》：翠莎和喬許最愛和朋友一起來一頓早午餐。菜單上最常見的是水波蛋與培根。蛋是來自他們後院養的母雞，培根則是他們去年以人道方式屠宰（並且拍成記錄片）的小豬溫奇。他們將自家那間六〇年代的修車廠重新改造，在裡面加裝了一台自行設計、專門用來煮水波蛋的鍋子，他們用這個鍋子煮客人訂購的水波蛋，一邊喝著橡木桶裝的陳年曼哈頓早餐雞尾酒。

《美食與美酒》：歡迎來到特磊的世界。他是人氣餐廳的主廚兼老闆。他的住處是皮革工廠改造而成的，下了班，他最愛和設計師女友吉賽兒一起，與三五好友一同享受放鬆的夜晚，就從一杯燒開的冰河水製成綠茶馬丁尼調酒，搭配使用由吉賽兒設計的高腳杯開始。

顯然，赫恩伯格用了比較誇張的方式，好讓我們了解這幾本雜誌的風格，他們的編輯對於自家雜誌的敘事風格都有明確的想像。多數遭到退稿的原因，就是作者的行文風格無法與雜誌整體形象契合。另一個主因，是這些作者提案時，都只提到「主題是什麼」，而未能明確陳述「如何呈現主題」。透過赫恩伯格這些鬼靈精怪的例子，就很容易看出箇中差異。

尋找適合的市場

另一個找到自己文章該給誰看的方法，就是去了解應該投給什麼樣的刊物，怎麼做比較實際，以及該如何與他們接洽。

主流美食雜誌。自由作家都希望作品能被刊登在主流雜誌裡。不過，除非你出版過烹飪書、開了人氣餐廳、有自己的美食節目、是一位有名的烹飪老師、報章雜誌撰文無數，或曾當過名廚的學徒，否則很難讓主流雜誌採用你的專題文章。有些雜誌則是完全不接受自由作家的文章，像是《廚藝畫刊》和《家的味道》。

雜誌的各編輯部門，集結了不同作家的短篇作品，雜誌專欄通常是由固定的作者撰寫，透過專欄的題目，也可看出編輯覺得哪些主題比較重要，值得讓它定期出現在雜誌裡。《美食與美酒》一定會有旅遊、餐廳、酒和娛樂專欄。《好胃口》則是固定會寫烹飪技巧、健康飲食和餐廳食譜。《飲食健康》雜誌光是和營養相關的部門就有兩個。通常這些專欄是編輯給他們信任且長期配合之自由撰稿人的獎勵，或是由業界專業人士或名人撰寫。

一開始擠不進主流雜誌是必然的，不過沒關係，我們可以積極一點。試著先透過短篇寫作讓編輯認識、信任你。針對各雜誌不同主題編輯部門的內容需求，試寫出一篇兩百五十到五百字的短篇新聞文章。例如《美味》雜誌，他們會需要介紹食材生產者、美食節活動，或是知名麵包店與甜點店等等。

餐飲業界的產業出版刊物。美國的《國家餐廳新聞》（*Nation's Restaurant News*）與《自然食品商物情報誌》（*Natural Foods Merchandiser*）是少數幾個餐飲業界的產業出版刊物，目標讀者為餐廳經營者、零售商、批發商等等。許多著名的自由作家都在幫這些刊物撰稿，因為收入比起一般消費者取向的雜誌還要好。如果你是廚師或外燴人員，或曾在餐飲業、食品加工業工作過，業界的出版刊物可能很適合你，因為你有很多相關的故事可以寫。

想了解更多的話，可以試著取得一些飲食相關刊物的一年免費訂閱的資格，並且認真研究相關的工作機會。

旅遊雜誌。這類雜誌的旅遊專題文章，包括旅遊地點的餐廳與飲食資訊。例如《國家地理雜誌：旅遊者》（*National Geographic Traveler*）會刊登「一名乳酪偷渡者的自白書」這類文章。你也可能在《島嶼》（*Islands*）雜誌看到「安圭拉——美酒與美食愛好者的天堂」這樣的文章。

女性雜誌。有些女性雜誌有食譜專區，或是會刊登一些和健康、營養、飲食、節食相關的建議型文章。通常你必須是一位出版過相關書籍的作家，才能在這種雜誌上投稿成功，競爭很激烈。

報紙的美食版。在美國，採用自由撰稿的報社越來越少。大多數的日報都是集團經營，集團之間會互相交換報社職員寫的文章，所以美食版的編輯有很多文章可以拿來排版，不需要額外花錢買自由撰稿寫的內容。

美食版預算向來吃緊，大部分經費都被用來採購食物、測試食譜、機構內攝影用的美食造型、美食示範課程，以及報社員工的職業訓練，《奧蘭多前哨報》（*Orlando Sentinel*）美食編輯海瑟・麥克菲爾森（Heather McPherson）表示，她會自己寫文章，以及從集團報社訂閱其他內容，每週負責排滿報紙的四個頁面，她說：「我們很少採用投稿，全美國的報紙預算都在縮水，錢得花在刀口上。我不會花錢請人做我自己就做得來的事。」

把目標放在描寫地方觀點的報紙。這是《華盛頓郵報》前美食版編輯吉安・麥克曼尼斯（Jeanne McManus）的建議：「我喜歡在美食版上刊登能描繪城市脈動的文章，這些文章能呈現人們在飲食界裡真正在做的事。」

週刊。一般新聞類的週刊裡，很多都有餐廳食評，但不是每一份刊物都有預算可以刊登其他類型的美食寫作。週刊的作業期間只有幾天到一週。

維吉尼亞・伍德（Virginia Wood）是《奧斯汀紀事報》的美食版編輯，她每週都必須用餐廳評鑑、人物專訪、企業介紹與烹飪書評等文章來排兩頁半的版。她將案子發給六位固定合作的自由撰稿人。六人當中，有兩位本來是廚師，他們是對美食寫作感興趣而轉換跑道入行的；另外兩位作家受過專業廚藝訓練，他們是透過優異的主動投稿提案得到撰稿機會的；酒類作家是一位餐廳經營者向她推薦的；最後一位自由作家是《紀事報》一位同事的配偶。

她總結：「我沒有刻意去找有餐飲背景的人，但這六人之中，就有五個人曾長期待在廚房工作，我認為這對我們的寫作增添不少分量。」

其他類型的週刊，比方說社區型週報，對寫作新手而言也是不錯的選擇。《美味》雜誌前特約編輯佩姬．尼可伯克（Peggy Knickerbocker）一開始是為舊金山的《諾布山公報》（*Nob Hill Gazette*）撰稿。「我當時寫了一篇跟感恩節有關的搞笑文章。」她回憶道。此外，尼可伯克也為《北海岸報》（*North Beach Now*）寫了篇關於義大利社區裡歷史最悠久咖啡機的故事。後來，她帶著她的簡報向《舊金山稽查報》（*San Francisco Examiner*）投稿，寫了篇關於最適合愛滋病患飲食與料理的文章。

網路出版。投稿給網站或紙本刊物，有什麼不同呢？自由作家與部落客雪蘿．史坦曼．路爾（Cheryl Sternman Rule）表示，網路寫作通常較個人化、較少以事實為基礎。稿酬也明顯較少。

「網站不像雜誌會受到廣告頁數的影響，網路編輯對於字數限制、主題、甚至截稿日期都比較有彈性，」路爾說，「有時候，從投稿到在網路上看到你的文章，只需要幾天，甚至只要幾小時就刊登出來了，不像雜誌通常前置期會長達六個月。」

但令人高興的是，路爾的編輯都鼓勵她表達自己的聲音，她說：「雜誌與新聞都會要求採用一致的風格，所以他們不喜歡作者表現得太活潑。身為雜誌作者，代表雜誌也是工作的一部分，而不是做自己。但我發現網路界正好是相反的情況。當然，讓你盡情發揮創意的背後，就是酬勞極其的微薄。網站編輯通常會要求你自行附上素材，像是照片和食譜，但不一定會付給你更多錢。再加上競爭特別激烈，相較於印刷出版，在網路寫作的作家就更沒有談稿酬或報價的空間。」

喬許．歐哲斯基（Josh Ozersky），《君子》（*Esquire*）雜誌的自由撰稿作家，他的想法倒是比較樂觀：「把網路投稿當成跳板吧！這真的是關鍵，你可能是新聞系畢業、寫了十幾年，卻還是進不了《紐約》或《時代》雜誌，甚至其他有頭有臉的報章雜誌你也進不去。但他們的網站求才若渴、對內容的需求就像無底洞，透過網路投稿，能讓你有機會以近趨於零的稿酬，登上大品牌塑造的殿堂。這對你的作家身分可是立即加分，如果剛好有人不幸被毒死，你就有機會卡到位子。」（關於付費徵求自由撰稿的網站，請見附錄列表。）

其他自由寫作的機會。你可以透過飲食、出版業界網站或人力銀行的外包網，留意一些外稿接案的機會。烹飪學校老師與作家崔艾．全（Thy Tran）剛開始寫作時，負責撰寫《什麼都能修》（*How to Fix (Just About) Everything*）裡的烹飪章節，在《舊金山灣區裡的亞洲：文化旅遊指南》（*A Cultural Travel Guide*）裡，她則是負責介紹聖荷西市的越南社區。

寫自薦函

當你選好目標市場和出版刊物，也重新修改了你的投稿提案以後，你現在的工作就是要調整你的寫作主題，讓它符合出版物或網站的要求。寫一份簡短的自薦函，解釋你的想法，以及為什麼你是寫這篇文章的不二人選。

如果刊物或網站上沒有列出美食編輯是誰，你可以打電話到他們的編輯部門。無論是誰接起電話都能幫你。別害羞。你要問清楚幾件事：你應該對誰提案，以及這位編輯的郵件信箱。記得問清楚這位編輯的姓名，寫信時也要正式一點。如果你從來沒見過這位編輯，記得開頭要用：「烏吉拉奇小姐您好」，而不是「親愛的蒂娜」。

你也可以在社群媒體如 LinkedIn、推特、臉書上找到這些編輯，或是經由參加國際專業烹飪協會這類協會主辦的會議，以及大型美食展、廚師發表會等活動認識他們。先讀一些他們的推特文也是個好策略，看看有沒有讓你感興趣的主題，也可以多加認識每位編輯的個性。

編輯整天都被自薦函淹沒，而且大部分都會被拒絕。失敗的原因有：

- 故事太籠統，未考慮刊物的風格。
- 寫太多。
- 想法不明確。

- ◆寫得很糟，開頭的引言太無聊。
- ◆只寫了一篇簡介，沒有說明文章的發展概念。
- ◆錯字太多，讓人覺得此人不細心，尤其是寫錯編輯的名字。

「如果有人寄信給我說：『我想與你合作，若你有興趣，請跟我聯絡。』我絕對不會跟他聯絡。」赫恩伯格這麼說。跟多數編輯一樣，她沒時間理會這種信。她或許會把你的信連同作品集放進一個資料夾，想說之後有空再看看，但被遺忘的可能性極高。

所以，你最好精簡扼要，重點是要引起編輯的興趣，讓他們願意回信給你。盡可能不要說用「完美」、「絕對適合」這種詞。《紐約時報》編輯丹・瓊斯（Dan Jones）曾在網路上說：「投稿信不應該成為炫耀文。這封信要能提供資訊，明確地介紹你的工作經歷，而不是發表你的意見。我想簡單地知道你是誰（住在哪、做什麼工作）。你若出版過許多本書，請列出一本。如果你曾為多本雜誌撰稿，請列出三本。若你要描述你的想寫的文章（這不是必要條件），最好能用一句話引起別人的興趣，而不是用四行字總結，更不要破哏，尤其是文章的結尾！投稿信的基本原則，就跟醫生執業道理一樣：首先，不要造成傷害。」

通常，自薦函主要分成四個段落，以下是信的組成要件：

勾住人心的開頭。就像寫文章的時候一樣，要用文情並茂的引言，抓住編輯的注意力。你的前幾句必須能讓人看出你很會寫，也了解這個刊物的宗旨與讀者。以下是由美食作家賈奈特・佛列契爾（Janet Fletcher）寫的例句：

大家都知道花椰菜是抗癌聖品。但太多人忽視花椰菜的親戚了⋯⋯它們顯然都有益健康，但在廚房裡卻未被充分利用到。各種羽衣甘藍、大頭菜及球花甘藍，都值得讓更多人認識。

如果你能提到雜誌的某篇故事或部門，這表示你讀過他們家的雜誌或網站，也已經想到適合他們的文章了。編輯就願意專心聽你說話。

簡要的提案。直接在電子郵件裡寫出你的提案，用幾個句子詳細解釋你的概念。如果無法只用幾句話說明，這表示你思考得不夠徹底。想像你的故事，解釋劇情的發展。如果是有食譜的文章，列出食譜的標題或建議如何寫標題。告訴編輯文章長度、能否放進雜誌特定的頁面，並且提供一個能用的標題與摘要。說明你的作戰計畫，以及打算要訪問的對象是誰。如果你對其他部分有想法，像是花絮、小提醒等，記得在信裡提到。編輯都會刊登簡短、小巧的段落，若你有辦法把一段內容切割成幾個小格子，也會幫你加分。

你的資歷。說明你為什麼有資格寫這篇文章。最好的理由是，你以前寫過類似的文章。如果你曾經被刊登過的文章，跟你正在提案的主題、領域都不同的話，就不必提出來，因為編輯會覺得這是不相干的資訊。若你從未投稿成功過，可以提相關的工作或個人經驗，或介紹你的部落格。如果你已經做了一些訪問或調查，或是已經被允許訪問名人或知名企業，這些籌碼能補足你欠缺的寫作經驗。

萬一你沒有可以拿出來給人看的作品怎麼辦？「沒關係，有什麼就給什麼：一篇你引以為傲的網路評論，或是一篇沒有出版過的短文。」「認真烹飪」網站編輯法爾柯維茲寫道：「給我看一些相關作品，讓我相信你有足夠的智慧與寫作能力。編輯很願意在有前途的作者身上賭一把，但這些作者也需要表現出誠意。」

如果你的作品曾經刊載、出版過，找最相關的一篇出來介紹，盡可能提供連結。

結尾。感謝編輯抽空收信，告知他們你過幾個禮拜會再和他們連絡。如果你有別的預定行程，像是一個月內會出國一趟，記得寫清楚。不要跟編輯說你會「靜候佳音」，因為十之八九他們不會回信。

其他的一些建議。多寫幾份投稿提案，或許能增加你過稿的機會；你可以提兩、三個想法，但每個點子只要寫一個段落即可。我曾經一次投了三篇文章給一家雜誌社。其中一篇，他們剛好已經採用了另一位作家的點子。第二篇他們不喜歡，但他們決定採用第三篇。另一本雜誌，我提了兩篇文章，都被編輯採用。在這裡，你的挑戰是把內容寫得精簡扼要。

在信件標題裡，放進一些關鍵字或可能的文章標題，以及「提案」這兩個字。別把文章用附檔方式去寄。編輯對於龐大、下載速度慢或無法打開的信件格式敬謝不敏。若你在網路上有文章，就將網站連結直接貼在郵件裡，方便讓編輯點擊。

郵件內容要檢查數次，確保沒有錯別字。先把信件列印出來校稿。如果你寄了一封寫得糟糕、錯字一堆，或是連編輯的名字也寫錯的信，這會讓編輯覺得掃興，也會減少你被重視的機會。

自薦函樣本

《滋味》（*Relish*）雜誌是一本對全美讀者具有極大影響力的美食雜誌。自由作家崔希．庫爾維斯（Tracey Ceurvels）曾寫過一封自薦函給他們。在她寫信之前，她研究了過去幾期《滋味》，剛好看到一篇自由撰稿，題目是「如何使用不同的乳酪，做出法式、英式與義式千層麵」。因此，她相信編輯應該會喜歡一篇「如何讓一般燉肉呈現出不同變化」的文章。庫爾維斯查了雜誌上的一道燉肉食譜，然後模仿了文章格式。以下是就是這封自薦函的內容：

吉兒．梅爾頓您好：

根據新英格蘭的飲食史記載，燉肉料理一直被認為是省錢的晚餐菜色，畢竟裡面用到的肉都是廉價的部位，像是肩胛肉、側腹肉和大腿肚，蓋上鍋蓋、小火慢燉。也或許因為它物超所值，適合吃個粗飽，在小酒吧裡一直是人氣餐點。但是現在，這道老派的北佬料理得到全新升級，融合了亞洲、印度、義大利與地中海風味，變得更有吸引力。

在波士頓法尼爾廳附近，觀光客都在昆西市場內，高朋滿座的德根公園餐館裡，用味覺回味舊時光，而燉肉雖然一直是菜單上的固定樁腳，但也一度乏人問津，被更高級的肉類料理取代了。幸好麻州貝德佛郡裡，這樸實的菜色，在鄉村風味濃厚的達利亞餐館中，轉世成了一道優雅的料理，而這都要託主廚伍迪爾．雷斯崔波的福。窮人家的紅燒肉，有了一個地中海版本，淋上幾滴芳香四溢的松露油，搭配蒜香馬鈴薯泥，這道佳餚跟它歷史悠久的雙胞胎兄弟相比，有著更高雅的風味。

這段不到四百字的短文，標題會是「不是你奶奶的紅燒肉」，我會加入地中海風味的燉肉食譜，亞洲（中式五香粉）版本、印度（加入小荳蔻、小茴香等辛香料）版本以及義大利（巴西里、鼠尾草與紅酒）版本的食譜。

我的文章曾經刊登於《波士頓環球報》、《紐約時報》、《紐約日報》、《康泰納仕旅遊者雜誌》及《巧克力大亨》等刊物。（她也附上了文章的網路連結。）

若能為《滋味》雜誌撰文，我會感到很榮幸，希望您能考慮我的提案。

崔希．庫爾維斯 敬上

最後，編輯決定採用她的提案，請她提供亞洲、義式及地中海風味的版本，但婉拒了原提案裡的印度版本。

得到回應

發出自薦函後，只能等待回覆。一般回覆期從兩到八週不等，這是真的，甚至通常你根本得不到任何回應。過些時日，你可以再發一封只有一句話的追蹤信，附上原先的自薦函。態度要專業、有禮貌。你可以詢問編輯是否有收到，並且是否已過目了。

有時，編輯會給出「我還需要一點時間」之類的講法。若依然沒有下文，我會再寄一次信，內容更簡短。《美食與美酒》責任編輯烏吉拉奇在國際專業烹飪協會的一場會議上這麼說：「要不屈不撓！編輯要處理的事情太多，很有可能只是還來不及收信。」

要是你仍然沒有收到回音，千萬別打電話！即使編輯接了電話，他們可能也不知道你是誰，大概也沒時間去看你的自薦函，最後也不會回電給你。

等待編輯回信會讓人坐立難安。作者琳達・福利亞（Linda Furiya）說：「花了三個禮拜寄自薦函和簡報，卻一點進展都沒有時，我會憂鬱到在地板上睡午覺，如果躺回床上睡，那就表示我真的憂鬱到破表。」但她堅持下去，最後有一家航空雜誌聘用她，請她寫一篇都會餐廳的巡迴專題。從那篇文章之後，她開始接到更多後續的案子。

有些編輯忙到根本懶得回覆任何提案。要做好心理準備面對這樣的可能性。連知名的自由作家都會抱怨，有時候都沒人回信，所以如果你也遇到這狀況，別太灰心。秘訣就是不要只寄一個提案，而是寄出多種不同的點子，這樣你就不會對結果寄予厚望。如果沒有得到任何回應，那就再做新的提案，或轉移目標到別的刊物。不要輕易放棄。

編輯說要採用你的文章時，該怎麼辦？他們會跟你討論文章長度、截稿日期，並且向你報價。如果你毫無經驗，又超想要這份工作的話，直接答應接案吧，別跟編輯討價還價。在你還沒證明自己的能耐之前，講價會被視為是不禮貌的行為。如果編輯沒提到稿酬，意思很有可能是：這個案子不會付錢，或是你不問的話就不會有錢。所以，直接問吧！如果價格你不滿意，我聽過知名的自由作家建議此時稍作停頓，光是這個舉動，就可能幫你漲價。或者你也可以說：「這稿酬似乎有點太低了。」看看編輯願不願意提供更多。其實，你直接用這句一直回應也可以，反正這麼做你也沒什麼損失。

有時候，編輯可能會喜歡你的寫作方式，但並不想採用你的投稿提案。他們可能會問你有沒有興趣寫另一篇故事，一個他們已經事先想好的點子。

你能以自由寫作過日子嗎？

很多人跟我說，他們被要求當免錢作家。我部落格上有一篇人氣文章，講的是一位女部落客的經驗，她跟兩家報社提案，要寫一些以食譜為主的文章，但兩家報社的回覆都一樣：他們不願付錢。於是我問我的讀者該建議這名女子怎麼做？結果大家的結論也都差不多：因為她是寫作新手，需要增加作品集，為了她往後的事業發展，做免費的工作是合理的。

但是，她一旦累積了夠多的作品，就應該停止免費工作。或是以物易物。曾經有一家季刊雜誌答應，如果我幫他們一年寫兩篇文章，他們願意讓我免費訂閱雜誌。也算不無小補，有總比沒有好。

我學到，我幾乎可以成為免費的工人，因為得到的稿酬實在微乎其微。我曾經寫過一篇烹飪書書評，只得到二十五美元；寫旅遊指南裡的餐廳評比，得到三十美元；我還寫了一篇長達三千字的文章，結果只得到一百五十美元。這種狀況並不少見，就連知名作家也遇過。《瀟灑》雜誌特約作家里奇曼，回憶起事業剛起步的日子時說道：「我一直都有把美食寫作當作兼差，但從來沒有計畫要成為美食作家。我沒想過能靠美食寫作謀生，畢竟那時寫的幾篇美食文章，每篇所得到的五十、七十五美元酬勞，更是證明了這一點。」

為什麼美食寫作是如此低薪的職業呢？一位全職自由作家問我，我在別的領域當雜誌編輯時，有一百個人願意免費工作、等著填補我的職缺嗎？我說沒有。這就是她遇到的情況，她說如果她要求漲稿費，一定會有人願意以更低的酬勞甚至是免費來取代她的位置。連業界著名的作家都不覺得自己得到了合理的待遇。被問到自由寫作最困難的地方時，艾斯塔布魯克說：「錢啊，即便你在雜誌社已經是最高行情的作家，也在寫書了，但談錢就是傷感情。因為競爭激烈，出版社沒必要為文章付出更多酬勞。」他補充說，即使自己已經是《美食》雜誌的特約作家，每個月固定寫一篇文章，年收入卻只有五到六萬美金，而且沒有健保。「那樣的發文速度非常折磨人，很難持之以恆。」

大部分作家都不是全職寫作，編輯伍德這麼描述平常和他合作的撰文者：「沒有一位是以自由寫作維持生計的，因為這幾乎是不可能的任務。」再次重申，你最好還是繼續做正職工作，或是做一些兼職，除非你有配偶或同居人可以支持你，或是擁有雄厚的存款，不然就是看你能不能想辦法中個樂透。你也可以閱讀第十二章，了解有什麼別的賺錢方法。

當你寫文章的時候

在一堂寫作課的休息時間，有一位學生跑來跟我說，她覺得自己的文章很糟，我問她有沒有先寫草稿，修過幾次稿，她回答：「沒寫草稿，只修過一次。」每當我跟其他作家講起這件事的時候，他們都會大笑，即便是你先寫了草稿，那也只是初稿，本來就不能看啊。

安・拉默特（Anne Lamott）在她的寫作教學書《關於寫作：一隻鳥接著一隻鳥》（*Bird by Bird: Some Instructions on Writing and Life*）裡，把初稿稱為「爛得要死的第一份草稿」。

第一份草稿，往往是你做完研究、訪問之後的產物。它可以很糟、殘缺不堪、語無倫次，你高興怎麼寫都好。有了草稿後，接著必須重讀很多遍，反覆修整、潤飾。好文章都不是一蹴可及的，需要不斷地修改。

先寫一個引人入勝的開頭段落，稱為引言。引起讀者的興趣，把他們拉進你的文章當之中，多花一點時間調整這個部分。其中最好的學習方式，是研究刊物或網站上已刊登的文章引言。顯然雜誌編輯對這些引言很滿意，所以你可以試著模仿。另外再提供一些策略：

- 用大家都能理解的經驗作為基礎。以下是《好胃口》裡一段文章的引言：

  我的廚房從七〇年代使用到現在，又舊又髒，堆滿了雜物，站在裡面，感覺幽閉恐懼症都要發作了似的，更別提那完全被油漬糊起來的烤箱了，簡直就是一場惡夢！然而，即使我極度渴望想要換掉整間廚房，但實在還是既恐懼又無力，難道就沒有辦法在不花太多錢、不把自己逼瘋、不離婚的前提下，完成這艱鉅的任務嗎？以下是我的結論。

- 立刻將讀者放在故事的中心，這個技巧特別適用於寫旅遊文章。以下是《好胃口》裡一篇介紹曼谷的文章開頭：

在熙來攘往的曼谷，你不會錯過泰國特有的風味。無論你是在戶外市場裡呼嚕嚕地大口吸啜著麵條，還是在摩天大樓的酒吧裡暢飲著雞尾酒。

◆ 用某人的一則生動傳聞，描寫你的文章重點。《健康飲食》裡有一篇關於糖癮的文章，是這樣開頭：

很久很久以前，佩姬．杜瓦爾掉進了一個圈套裡。一九五〇年代，青少女時期的佩姬，除了認真讀書之外，生活的重心全是高中朋友們。然而，每到夜裡，她總是很難放鬆心情……

◆ 寫指導型的文章時，要抓住讀者的注意力，就要向他們保證花時間讀你的文章是值得的。這是《精緻廚藝》裡的一段引言：

愛上甜菜根，並沒有你想像得那麼難，只要你用對了烹飪方法。比方說烤甜菜根，既甜美又軟嫩，跟你印象中甜菜根的口感與滋味截然不同。

◆ 對讀者做出承諾。在第一個例子裡，「以下是我的結論」這句話，就能讓讀者知道你有一些重要的、有趣的事情可以跟他們說。

用文字描繪視覺畫面。佩姬・尼可伯克說：「視覺性的描述，可以抓住讀者的注意力。我會把讀者的目光移到我自己深受感動的那一刻，接著再回頭寫文章。我學會生動的寫作方式，像是寫在揉麵糰時，小小的白色雲朵不斷升到空氣中。這是《美味》雜誌教我的。」

善用扼要的句子連接前言和後語。抓住讀者的注意力之後，你需要採用一段簡明扼要的文字，來將引言和後續文章發展連結起來，解釋重點，告訴讀者他們接下來會學到什麼。這個扼要的句子，通常會是第一段的最後一句，像前面「整修廚房」例子裡的最後那句「以下是我的結論」。

接近開頭部分，在引言之後加上一個扼要的句子，告訴讀者他們為什麼要在意，繼續讀下去可以得到什麼好處。這在新聞報紙寫作尤其需要，你要趕快切入重點。讀者總是想快點知道，這篇文章值不值得他們花時間閱讀。

引導讀者。只有你知道故事的發展，讀者並不知道。你得在劇情裡留下一些麵包屑，讓讀者知道你有在講你答應要說的事情，同時預告接下來會發生什麼事。讀者不喜歡出乎意外的事情。因此如果有意外的發展，或是涵蓋好幾個要點，記得幫讀者做些心裡準備。

如果你寫的是一篇食譜文章，通常寫完引言、扼要句之後，會直接開始寫食譜。這篇《廚藝畫刊》裡的例文，扼要的句子成了整個故事的框架：

多年前，我就讀大學時，在租屋公寓的廚房裡，我的台灣室友教我怎麼做一道簡單的麵食，需要的烹飪步驟就只有用滾水煮麵而已。那是便宜、快速、沒有肉類的一餐，對於吃膩了漢堡排的窮學生而言，絕對能靠這碗麵度日。我能否能讓這碗令人大感滿足的小吃再次重現，但多加一點料，變成適合平日下班後的晚餐？

確定文章的主體有邏輯。所有的文章都有開頭、主體與結尾。在處理主體之前，畫出一個架構圖，設計一下你想談到的論點。每個段落的第一句話，決定了文章其他部分的內容。思考的論點必須按照邏輯順序，從一個主題切入下一個。打造好結構後，你想從中間開始寫的話，你就寫吧。

有力的結尾。你的文章有結尾嗎？還是默默淡出了？在結尾裡，告訴讀者你已經提過的事情，當作結束的信號。若你在引言中用到一則趣聞，或是打造了一個主題，結尾時記得再繞回去。

如何採訪人物

先自我介紹。第一次聯絡受訪者時，請有禮貌地解釋你的文章重點，並告知文章會刊在哪。如果你還沒有向出版社提案，先告知對方，你來電的目的是為了一篇文章，希望對方願意接受訪問。如果你成功引起對方的興趣，也取得同意，寫給出版社的自薦函會更有力。詢問受訪對象何時方便拜訪或打電話，告知訪問需要的時間長度。若對方拒絕接受訪問，看看能否請對方至少回答幾個簡短的問題，協助提案更順利。

盡量不要用電子郵件進行訪問。大部分受訪者都很忙，如果請他們回答在電子郵件裡，他們會用最省時省力的方式來解答，這樣很難取得豐富的資訊。另一方面，透過實際對話訪談，肯定比信件往返來得更有趣，有時候，一些新想法與新題材，會在訪談過程中不經意地發展出來。我會用電話做訪問，頭戴耳機，一邊在電腦上打字。有些人也會把訪問過程錄下來，再將筆記與內容謄寫出來。

列出問題，事先做好功課。會讓受訪者感到不耐煩的問題，事前得調查清楚，採訪時一定要避開。例如：「你那個得獎的乳酪叫什麼來著？」透過上網搜尋，或找認識受訪者的人先談談，盡量查清楚所有事情。

若有不懂的地方，請受訪者再解釋一下，或提供更多細節。釐清問題，和問蠢問題或惱人的問題不同。如果受訪者用了一個你不懂的詞彙，可以直接請他釋義。甚若在對的時機，你可以進一步提問：「您是怎麼知道這個詞的？」或是「結果如何呢？」如果受訪者描述的事情聽起來比較抽象或理論性，你可以請對方舉一些實例。你不是專家，你是蒐集資訊的人，而且需要確保自己聽懂了內容，之後才能寫成一篇文章。你代表的是讀者，因此你要確定讀者能聽懂受訪者的話。

問開放性的問題。讀者無法從是非題型的問答裡得到任何資訊。你的訪問也會很快就結束，結束之後也會寫不出任何文章。你可以問一些例如「是什麼讓你決定……？」以及「關於……你的想法是？」這類型的問題。

問一個出奇不意的問題。有時候，突然拋出一個沒頭沒腦的問題，也有機會得到很棒的回應，但這取決於你的採訪技術是否純熟，以及你的臨場反應。

著重在必要的部分。如果你採訪的是某位餐飲大亨，主題是「如何同時將旗下每一間餐廳都經營地有聲有色」，那你最好別問「你的義大利麵用了什麼獨門秘技」這種問題，因為你的主題重點在於「經營」，而不是「烹飪方式」或「經典名菜」。

記得，你不是受訪者。事實上，採訪並不是一場「對話」，儘管聽起來可以很像是一場對談。你可以表現得對訪談內容很感興趣，也可以表示懷疑，但不要表達你個人的意見、同情或是問引導性的問題。即使你身上也發生過類似的事情，也不必與受訪者分享。做訪問不是為了娛樂受訪者或是交朋友。

準時結束訪問。向受訪者道謝，感謝他撥冗接受訪問。如果你還需要更多時間，另外再約一次別的時間進行訪問。寫完稿子之後，寫一封信感謝他的幫助。

修改自己的作品

當你覺得自己完成了草稿，下一步就是加強、重塑你的文章。狠心一點，可能有一半的內容會被刪掉、或是段落搬來搬去，另一半甚至得重寫。這不代表你寫的不好。相反地，這表示你正在做作家真正在做的事情：改稿。以下是改稿時的建議：

- 避免在開頭留下任何與主題無關的語句，讓第一段文字充分扮演好引言的角色，為後面的內容鋪路，或直接切入重點。
- 避免重複性的句子，清楚說出想法。不要一直採用類似的句型去書寫同樣的概念。
- 多用主動語氣，少用被動語氣。主動語氣是指某人採取某個動作，比如「約翰切了脆皮麵包」，被動語氣就變成「脆皮麵包被約翰切了」，會讓這個動作顯得疏離。被動語氣會讓你的寫作顯得扁平。

- 文章裡多使用動詞，製造更多戲劇效果。強而有力的動詞會讓你的寫作更有活力，也能幫助讀者了解文章的脈絡。
- 形容詞是美食作家的剋星。設法找出精確的譬喻方式，去掉無謂的形容詞。
- 束緊每個句子，去除不必要的字，尤其是像「極為」、「非常」這類副詞。
- 去除離題的地方，或是把它們搬進側欄裡。
- 記得要「描述而非告訴」。與其直接告訴讀者你不喜歡跟某人一起吃晚餐，不如讓讀者親自坐上餐桌體驗。
- 用耳朵改稿。大聲讀出文章，感受文字的節奏與流暢度。要排除冗長的句子、看出需要加以說明的地方時，這個方法很有用。當你為一個句子的結構猶豫不決時，試著讓它讀起來更順暢。
- 時間上有餘裕的話，把文章先擱置幾天。會頭再看時，更能客觀地修改，修正的地方也會更清楚。
- 注意錯別字與標點符號的用法，多檢查幾遍，看看有沒有打錯字。這一點我必須特別強調，對編輯而言，沒有比粗心的錯誤更惱人的事了，這會讓編輯擔心你的能力可能不足，如果他們得花費更多心思校閱你的稿件，那一定會影響他們往後繼續跟你合作的意願。

自由作家里奇曼說：「我的寫作過程，在前、中、後各個階段，都需要考慮很多，這不是在潤飾文字，而是在潤飾你的想法，讓故事更聚焦。」

寫文章最難的地方是什麼？引用尼可伯克的話：「要當好的文字工作者，就要認真看待這份職業，查清事實，用新穎、清新的方式呈現。將準確性、創意與熱情結合。」

這幾本書能幫你成為更好的作者

- 《論優良寫作》（*On Writing Well*），作者威廉．金澤（William Zinsser）
- 《全球英文寫作經典：風格的要素》（*The Elements of Style*），作者威廉．史傳克（William Strunk Jr.）增訂：E．B．懷特（E.B. White）（編按：本書繁體中文版為許智雅翻譯，知英文化出版。）
- 《心靈寫作：創造你的異想世界》（*Writing Down the Bones: Freeing the Writer Within*）作者娜塔莉．高柏（Natalie Goldberg）（編按：本書繁體中文版為韓良憶翻譯，心靈工坊出版。）
- 《關於寫作：一隻鳥接著一隻鳥》（*Bird by Bird: Some Instructions on Writing and Life*），作者安．拉莫特（Anne Lamott）

與編輯合作

當編輯接受了你的投稿提案之後，就會與你聯絡，要求修改內容。大部分的文章都需要調整，或許你遺漏了重要的細節、引言不夠明顯、某些部分需要加上更多資訊，或是語氣不對。被編輯改稿是寫作的過程，你必須謙和有禮地接受編輯的要求。

如果你很不喜歡別人修改你的作品，我會勸你還是盡量放下這個控制慾吧。無論你的寫作資歷多深厚，編輯幾乎都會要求作者修改內容，甚至會做一些作者不喜歡的修改。你若堅決反對，請你選擇性地反應，有禮貌地表達自己的論點。大部分編輯，尤其是新聞編輯，在出版之前根本不會給作者看他們改了什麼。曾經有某家報紙刊登了我寫的餐廳評比之後，我才發現有一位編輯在文章裡插入自己的意見，而且那意見還跟我的相反。我很有禮貌地打電話給她，跟她表明我的意見不容許他人介入。之後，她就沒再這樣改過我的稿子了。

如何繼續前進

如我先前所說，要以自由寫作維生很困難。但確實有些方法，能增加穩定的工作機會以及賺更多錢。以下是一些建議：

社交。到目前為止，我都是假設你還不認識和你合作的編輯。若你在業界活動上有機會認識編輯，你應該在社群媒體上追蹤他，甚至你根本應該加他好友，可以的話，跟他們碰個面吧。在那樣的場合，你的目的是創造認識的機會，讓編輯對你有印象，再寄投稿提案給他們。如果你們是當面認識的，盡可能得到編輯的名片再寄信給他。為了增加提案成功機會，幾天過後就要提案，不要空等六個月只為了鼓起勇氣寄信，趕快把事情解決，因為六個月之後，對編輯而言，你已經跟陌生人沒兩樣了。

不要安於小成。若有任何刊物或網站決定刊登你的作品，或是編輯給你很正面的回應，你應該立刻再提另一個投稿提案，試著與編輯建立關係。編輯對你越放心、你能在截稿期限內交出越多的專業提案，你得到的案子就會越多。如果編輯喜歡一篇文章，他們可能會想看到更多，所以你應該繼續做提案。

回收文章。一稿多投，是自由撰稿者能多賺一點錢的方法。在美國與加拿大，大部分的出版公司，會先買下「首次在北美地區的使用權」（first North American serial rights）[1]，意思是刊物發行商有權刊載你的作品一次。在那之後，你有權再把作品賣給其他出版品，但最好是賣給非競業的對象。例如，你為某家美食雜誌寫了篇介紹墨西哥養生ＳＰＡ料理的文章，可能也很適合刊登在旅遊雜誌上，但內容要偏重旅行，少講美食。你或許還能加上廚師介紹，或列出墨西哥的美容與養生ＳＰＡ口袋名單，再寫成另一篇文章。你可能需要做一點改寫或編輯，讓敘事角度更符合其他出版品的風格，這能讓你的文章加分，畢竟到處都看到同一篇文章也不太好。請先詳讀你的合約，檢查出版社或雜誌社是否允許你一稿多投。

依照其他出版刊物或網站的需求增減內容，一篇類似的文章能刊登很多次，而且你每一次都能收到稿費。你只要應用之前學到的「目標化與定位策略」，提案時，不必透露這篇文章已經刊載過了，反正你還是會重新改寫。雜誌社通常不會介意，除非你重覆投的是在競爭雜誌上已經刊登過的文章，那可就麻煩了。

向產業出版刊物提案。這不是那麼光鮮亮麗的工作，但與食品、飲料、生鮮、農產品等製造與銷售有關的出版品，通常稿費會比一般刊物高出許多。要注意的是，這類刊物目標讀者很集中，你需要對業界夠了解、認識夠多人，才能想出適合的寫作概念。有時候，你也能看到著名作家在這類刊物上發表文章。

替企業撰文。提升稿費的方法之一，就是替企業而非出版業撰寫文章。美食作家佛列契

---

1 當美國與加拿大的自由撰稿人向媒體投稿時，一般狀況是，投稿所出售的只是「首次在北美地區的使用權」（First North American Serial rights），意思是報紙、雜誌只能以印刷形式出版作品一次。對賣文為生的作者來說，保留所有其他形式的複製權，對其收入來說是至關重要的。道理很簡單，他們可以向其他出版品銷售二次權，如結集、翻譯、改編的權利等，並從中獲得二次收入。

爾在偶然的機會下開始為企業撰寫文案。她當時正在向幾家公司提案，希望幫自己創辦的新時事通訊報找贊助商，結果其中一家公司主動請她定期撰稿。她的通訊報後來變成一家連鎖超市的迷你雜誌，專門分享季節性的故事、食譜和商品資訊。這個工作持續了三年。後來，佛列契爾為美食雜誌裡會出現的廣編特輯撰稿，還幫美國葡萄酒美食協會（American Institute for Wine and Food）寫了十年的時事通訊。

佛列契爾的收入，很大一部分來自為企業撰文。她會為企業與大宗商品委員會，撰寫網頁文案及開發食譜。非營利性的產業協會，會請她撰寫以專業廚師為目標讀者的文章。佛列契爾也為美國烹飪學院（Culinary Institute of America）寫網路線上教材。

這類型的寫作，通常是在「行銷某個商品、地點或服務」，佛列契爾表示：「但那是軟性的推銷，寫作的成分比較多。」替企業撰文也有一些缺點。大部分的作品不會出現你的署名，所以累積作品會比較困難。但若你是可考的作者，有一堆好點子又知道如何留住客戶，你還是能成功的。佛列契爾建議道：「找到一個需求，並且滿足它，你可以找那些網站做得不太好但需要行銷素材的企業，也可以多接觸獨立的公關公司。」

公關、行銷、廣告公司；製造商與零售商；非營利的商會與委員會等，都會聘用自由作家來撰寫各種企業文章，包括：新聞稿、手冊、網站內容、代寫的第一人稱文章、宣傳資料素材、商標資訊、影片腳本、提案書、研究報告以及演講稿。若你在這個領域剛起步，你或許會願意接受較少的稿費，當作累積作品和建立信用的方式。

如何找到這類型的工作呢？「跟著艾咪一起煮」（CookingwithAmy.com）部落客與自

由作家艾咪・雪曼（Amy Sherman）幾乎都會參加她受邀的活動，她認為這樣會遇到一些意想不到的人。在加拿大阿爾伯塔省的行銷活動上，她認識了一位出版社主編，提議讓雪曼在一個網站上寫雙月刊專欄。在加入舊金山專業飲食學會（San Francisco Professional Food Society）之後，雪曼認識了一位行銷人員，請她修正廚師的食譜，以及幫客戶吸引部落客來行銷自家產品，還認識了另一位請她寫通訊月刊的人。

「當你是自雇者時，你經營的是小型事業，必須知道如何行銷自己，大部分的人都需要做行銷。你越早習慣並掌握這項技能，你會越早成功。」雪曼認為她的部落格能夠突顯她的寫作能力與專長，展現給企業客戶看。

以自由撰稿和部落格維生競爭非常激烈，作家需要有非常好的文筆與創意。對編輯與客戶來說，值得信任的作家，必須能夠提出清楚明瞭的點子、了解他們的需求、準時交稿，維持良好的合作關係。若你能遵守這些規則，又不怕被拒絕，那你的文章肯定能經常被刊登。雖然自由撰稿工作機會相當貧乏，讓人非常焦慮，但還是有雜誌願意付錢買好的文章。

最後，就是如何保持熱情，我在前幾章也有提到。尼可伯克說：「我好像從未寫過不是自己想的案子，否則我沒辦法寫出好東西。我寫的內容，通常是讓我感觸很深、無論如何都想抒發的事情。一定會有人想買，因為他們也會感受到其中的活力與清晰的思維。我到現在還是不敢相信自己有寫作的機會，而且竟然還有人要為此付我錢。」

寫作練習

一、列出你閉著眼睛就能想到的十個「如何型」文章標題。或許你是派皮專家，你可以寫一篇文章分享你的技巧。你的文章標題不該是「派皮大全」，而是以專家的角度提供建議。「如何做出零失敗派皮」相較之下是比較精準、刺激性的標題。寫出十個標題後，選擇其中一條，列出其中幾項步驟，這就是文章的內容部分。你只需要再寫出開頭與結尾，就完成了一份草稿。

二、回收再利用相同主題與調查結果寫成的文章，既節省時間，也是賺更多稿費的方法。先從某一本新聞雜誌中找出一篇適合的文章，依據同樣的主題去發想幾種不同的方向。想像一下，如果是一本以健康為主題的雜誌，或是一本以母親為目標讀者的雜誌，他們會以怎樣的風格來講述這個主題？針對健康或母親雜誌目標讀者會想知道的訊息，來改寫相同主題的文章，為每一篇文章寫出不同的引言。例如，當主題是食品安全時，新聞雜誌的文章引言，可以引用政府官員在討論新的肉類標示規範時所說的話；健康雜誌則可著重在避免細菌汙染食材，或是引導讀者在做菜時要保持廚房衛生；以母親為目標讀者的雜誌裡，可以用「孩子吃了壞掉的剩菜」作為故事開頭。寫每一種引言的點子時，都要想像你的目標讀者，然後調整你的敘事角度，瞄準他們最有可能關心的事情。

三、若你沒有出版經驗，可依自身經驗想點子，然後寫自薦函。自薦函寫得夠好，就有可能說服編輯給你機會。舉例：「生完孩子再回到職場後，我總是得想辦法提前做好計畫，幫寶寶買一堆罐裝或現成的食品。我的文章會依據我個人購買嬰兒食品的經驗，例如餅乾與燕麥粥等等，根據商品的口味、成分與價格，推薦五種最佳商品給忙碌的媽媽們。」

第六章

吃遍四方：關於餐廳與美食評論

DINING OUT

任何類型的評論都一樣，必須去深入了解你要評論的對象，以餐廳而言，你要研究得比在餐廳工作的人還要透徹、明白，你該知道為什麼他們在做這些事情。即使你不知道確切的原因，也要以歷史觀點或合乎邏輯的角度去推論。當你品嚐有著某個典故的佳餚，你也該知道餐廳做這道菜時希望達成的境界是什麼。

——《洛杉磯週報》美食評論家／強納生．古德餐廳評鑑肯定是世界上最光鮮亮麗的工作，因為你可以造訪最高級的餐廳，享用免費的料理，對吧？

有時確實是可以，若你夠幸運的話。偶爾會有機會吃到美味無比、前衛又奇特的料理，但你也會經常吃到很普通，甚至難吃的菜，而且還必須自己買單。你可能也會發現做這一行想不變胖也難。（有位餐廳食評跟我說過：「衣服總是有賣更大件的嘛。」）

本章會討論到接觸餐廳寫作的兩種方式。近期趨勢是透過部落格寫餐廳的食記，而不是評鑑文章，這種情況下，寫作通常是為了介紹餐廳或新開幕的店，而非評論。部落客可能會分享他們參加的一場開幕活動的心得，搭配豐富的照片，或是簡單地介紹他們只去過一次的新餐廳。部落客可能會自己付餐費，或是由店家招待。

另一方面，餐廳評鑑則是會出現在比較大型的報章雜誌上。主要內容包括分析餐廳的料理、氣氛、服務與優點。這種評論文章的作家，通常被認為擁有高人一等的味覺，他們的意見往往能左右店家的前途。這些餐廳美食評論家，或許是全職工作，並且擁有龐大的公款支付帳戶供他們使用，但這種情況已越來越少見。現在，大多數的餐廳食評都是自由作家，而且通常是由店家招待他們到餐廳用餐一到兩次。

專業的餐廳食評會努力隱姓埋名。他們去試吃的餐費，通常由雇主支付，而剛起步的專業食評與部落客，可能會自己付餐費，或是由店家招待餐點。

過去十年來，餐廳評鑑文章的生態，在美國發生了重大變化。當報章雜誌開始大砍餐費預算，越來越不注重餐廳評鑑後，許多好的寫作機會就消失了。這些報章雜誌都抵擋不了美國最大評比網站 Yelp 的影響，在這個網站上，任何人都可以寫消費評比，大大削減了專業食評的影響力。此外，報章雜誌也得和美食部落格競爭，但部落客們往往都能搶先一步，參加一家新餐廳的開幕。

美食部落客的崛起，讓餐廳寫作有了新的面貌。本章中，我會先討論這些議題與潮流，接著再介紹專業餐廳食評的工作方式。

部落客和餐廳食評新手都做些什麼事？

餐廳食評與美食部落客最大的差異，在於部落客會盡可能避免直接做出評論。其中有很多原因：

許多部落客認為「吃人的嘴軟」：如果不能多說好話，就什麼都別說。許多部落客會寫出比較像是在「報導」餐廳的文章，就像是在跟大家報告：「我去過這地方，這些是我吃到的東西。」這類文章經常流於吹捧之作，標題都很誇張。原因不外乎部落客接受了餐廳的免費招待，覺得應該心存感激，好像欠了人情，而且部落客也知道，如果他們不寫一些正面的文章，下次就不會再得到免費招待了。確實，這樣的免費招待，能讓部落客嚐到一些超出他們預算的料理，但也讓他們難以做出客觀評價。此外，同一家餐廳也有可能吸引不少其他的部落客去採訪，要避免和他人寫出近似的內容，也是一大挑戰。

許多作家自認為沒資格評論食物的好壞。部落客代表的是一般消費者。大部分的消費者沒上過餐飲學校，或是在廚房工作過，對世界各國料理了解也不多。無論如何，你需要花很多時間才能累積自信去評論一家餐廳及其料理。你如果要表達意見，講話就必須要有把握，也要夠精確。美食部落客的競爭對手可是資深的食評，這些食評都花了很多年開發自己的味覺，要在關公面前耍大刀，確實需要十足的勇氣。如果你覺得，你需要顯得更穩重，稍後我會提供一些想法。

有些部落客總愛滔滔不絕地表達意見，卻惹火專業食評，被笑說缺乏專業知識。喬許．歐哲斯基（Josh Ozersky）在《時代雜誌》裡批評了當今的網路文章生態，他說：「目前的美食作家，尤其是那些在網路上發表意見的，都是一些喜歡嘰嘰喳喳、被沖昏頭的新手，在知識真空的狀況下大放厥詞。」

部落客都想要搶當第一個，**所以不斷地在找機會發佈消息**。有些部落客只是想向讀者介紹一個新地點，所以這類文章比較像是新聞快訊，加上幾張照片，好讓他們可以當第一個分享的人。這種文章比較像是在做口碑，描寫得比較不正式。

部落客沒有足夠的時間與金錢，能讓他們自掏腰包去同一家餐廳超過一次。部落客很可能只會去某家餐廳吃一次就寫一篇介紹文，不像專業食評會去吃個兩、三次才，發表意見。這是因為部落客總是預算有限，即便接受餐廳邀請，頂多也只能享用到一次免費招待，之後如果要自己付錢，他們不一定會想再次光顧。

另一個由部落客帶起的潮流，就是他們的寫作不會僅限於介紹高級餐廳。美食評論剛開始流行的時候，大部分的人不常外出用餐，只有特殊場合，像是生日或週年紀念日才會上館子。顯然在這種特別的日子，消費者會選擇高級餐廳，而餐廳食評的工作就是幫助消費者決定哪些餐廳值得花大錢去用餐。但如今人們越來越常外食，外食地點諸如快餐車、小酒館、修道院、快閃餐廳等，都是傳統食評通常不會去的場所。或許這也是為什麼一些刊物開始刊登中價位和超值餐廳食評的原因。

並非所有的專業美食文章與食評都在介紹高級餐廳，不過這仍是最大宗。有些食評特別喜歡關注移民社區的飲食，包括玉米餅餐車，還有菜單不是用英文寫的餐廳。「我有自己的偏好，」《洛杉磯週報》美食評論家強納生·古德（Jonathan Gold）在《紐約客》人物專訪裡表示，「那些傳統（我討厭用『異國』這個字眼）餐廳，提供的是客人真正渴望的飯菜，而不是店家自己說服自己一定要有的料理。」他形容這就像一家「由來自德州的越南裔老闆經營，以中國客人為主的紐奧良海鮮餐廳」。

介紹價格不高的餐廳，也比較不傷荷包，畢竟部落客沒有能幫他們買單的雇主或客戶。

大部分的部落客都是因興趣而寫，所以也沒辦法銷帳。

擁有自己的部落格，意味著你愛怎麼寫餐廳介紹就怎麼寫。你不需要介紹每一種食物，要當所有事情的專家可是很累人的，對資深食評來說也是。如果你在部落格上只想寫韓國料理，你只需要精進這方面的知識。

雖然這一章有提到一般消費者評比網站如Yelp，但這不是本章的重點，我的目的是讓你能透過寫作獲得收入。不過，若你是透過這些平台發跡，你在這裡讀到的內容也能讓你成為更好的食評，尤其如果你寫食評是為了興趣。

最後，攝影也是優勢之一。部落格與網站可以迅速上傳許多料理照片。傳統的餐廳評鑑刊物上不會看到這種事發生。大多時候，食評會來用餐，離開餐廳之後再交出一篇文章。一位專業攝影師之後會單獨前來拍攝照片。最後，刊物只會挑一張料理照片，或許也會附上一張餐廳或廚師的照片。

關於在部落格上寫餐廳評論的一些建議：

- 別期望隨便一家餐廳都能提供跟米其林三星餐廳「法式洗衣坊」（French Laundry）一樣的周到服務。
- 別向店家要求特別的服務。你代表的是你的讀者，他們走進這家餐廳時，只會得到店家一般會提供的服務。

- 別要求餐廳提供免費餐點，你不會想要從此惡名昭彰。
- 若你接受免費餐點招待，而且在部落格文章上給予好評，記得要正派一點，在文章裡說明這一餐是免費得到的。（所謂「正派的」事情，在美國可是法律規定。）
- 如果你對餐廳不滿，首先，不要在社群媒體上大肆宣傳。這麼很不專業，也會引來許多廚師的負面關注。
- 如果你無法理解某道料理或食材，你可以打電話給餐廳，試著跟他們溝通討論。先教育自己，比在資訊不足的情況下就寫東西好。

專業美食評論家的工作樣貌

無論你正在寫或想寫什麼樣的餐廳評論，你大概會想知道專業食評是如何評鑑美食的，一方面也可以藉此精進自己。本章也會提到我剛開始寫食評時遇到的一些問題，以及幾位美國頂級美食評論家的想法與建議。許多食評是從《紐約時報》餐廳評鑑出身，這刊物至今仍主宰美國對於美食、名廚與餐廳的大眾意見。你可以在美食記者協會（Association of Food Journalists，簡稱：ＡＦＪ）找到更多訣竅，網站上記載了這一行的道德準則與食評家指南，美食記者協會每年也會頒發全美最佳食評的獎項。本章訪問到兩位美食評論家，《華盛頓郵報》的湯姆・斯慈瑪（Tom Sietsema）和《舊金山紀事報》的麥可・包爾（Michael Bauer），都曾多次獲得獎項。同樣接受訪問的《瀟灑》雜誌特約作家艾倫・里奇曼也經常得獎，包括多次獲得比爾德基金會的食評獎。

繼續往下讀，你會發現美食評論背後有著許多複雜的議題，尤其是職業道德方面，讓這一行顯得特別有趣又如此迷人。你也能在這一章的內容裡，學到如何接到寫食評案子的一些方法，以及如何分析一家餐廳及其料理。雖然有公款帳戶的專業食評很少，但仍有很多出版刊物與網站在找好的作家，幫他們寫餐廳相關的文章。

如何進行美食評論

寫專業食評耗時又費力，無論你是專任還是兼職。身為出版刊物的食評，一週可能要出門用餐很多次。我以前為了一週交一篇食評給《舊金山週報》，每週就有三、四個晚上必須出門吃飯。包爾則是一週交出兩篇，所以幾乎每晚都出門。斯慈瑪則是每天中午出去用餐，有時連早餐都得出去吃，如果截稿日期在即，甚至一天可能還會吃到兩頓晚餐。斯慈瑪會細心記錄行事曆，管理每個月近六十筆的訂位記錄。古德是第一位以美食評論獲得普立茲文學獎的作家，他每年會光顧三百到五百間餐廳，每年開車近兩萬英哩，只為尋找美食。有些美食評論家會提前三個月計畫要拜訪哪些餐廳，也可能會在幾週之內造訪一家餐廳兩次。

挑餐廳

身為美食評論家，第一件事就是挑餐廳。新聞媒體總是會提到的「有新聞價值」準則，在挑餐廳時也適用，《洛杉磯時報》美食專欄作家帕爾森說，挑餐廳時，他會問自己：「有什麼理由需要讓人們知道這家餐廳嗎？是否有人在討論或想知道更多關於這間餐廳的事？這家餐廳是鮮為人知又超級美味，還是過度炒作而名不符實？這間餐廳是否反映出這個社區某個重要的一面？」

許多新餐廳都標榜自己在挑戰現有的框架，你要做的，就是去判斷他們是否真的如此新穎，或其實只是稍微改變了十年前就流行過的老哽。

要挑餐廳，你必須密切關注並主動發掘新餐廳，這些新餐廳，在價格、地段和料理各方面，都應該要能為你的食評增添變化。或者，你可能聽說某家餐廳換了主廚，或是菜單有了很大的改變，那麼這家餐廳可能也很值得你去寫一篇食評。

如果你是新手，你的每一次食評投稿都會是在冒險，編輯如果不喜歡你的作品，就不會採用，更遑論付錢。所以，你應該先花時間去研讀你要投稿的目標刊物。如果該刊物每期都只有一位作家發表一篇食評，他們大概就不會找你來寫了。先分析該刊物一般都評論什麼樣的餐廳，如果他們只想介紹新潮的、在某些地段的高價餐廳，你就不要挑一間受長輩青睞的咖啡店寫食評。如果他們只刊三百五十字以內的食評，你就別去投一篇兩千五百字的文章。最保險的食評主題是新餐廳，但別太擔心只寫新餐廳會侷限你未來的發展，你現階段的主要目的，是為了讓編輯留下好印象。假如編輯覺得你的文筆很不錯，以後就有機會發案子請你去寫其他類型餐廳的食評。

如果你要去的餐廳主打精緻料理，先查一下餐廳與主廚的資料，或許也可以查主廚過去的經歷。如果餐廳設計是重點之一，你也可以先查查看是由誰設計的。無論你要去的是怎樣的餐廳，試著先找到他們的菜單吧。

無論你挑了什麼餐廳，下一步就是決定何時要去光顧。一般食評會以晚餐為準，除非該餐廳最大的客源來自中餐時段。星期一和二通常會是主廚的休假日。而星期五、六的晚餐時段，廚房壓力最大。（這些事情可當作自己的研究資訊，但不適合告訴讀者。）你可以選擇去吃午餐和晚餐，但不要只去吃午餐。

至於要帶多少人一起去吃，並沒有標準答案。太多人一起吃飯，容易讓你分心，你很難專心品嚐、觀察，又要同時參與餐桌上的話題。自己去的話，比較容易感受餐廳的氣氛和能量，但你可能不喜歡一個人用餐，而且一個人也沒辦法同時嚐到很多食物，你可以帶一個知道你正在工作的熟人一起用餐，讓他知道你需要思考，也不會覺得不說話很尷尬，最重要的是，你得要選什麼都吃的人，最好是那些不介意吃兔肉、內臟，或是飲茶時願意品嚐鴨舌的人。確定你的朋友不會介意你請他們點一些特別的料理，那不一定是他們想吃的菜，而是為了讓你能廣泛品嚐，以及選擇這家餐廳的招牌菜。

最好的食評，會造訪一家餐廳至少兩次，若預算足夠，甚至可能會去三次。只去一次的話，你沒辦法憑著有限的資訊下結論。每次光顧時，餐廳的服務、食物品質和餐廳氣氛可能都不盡相同。某一晚的服務可能特別棒，另一晚則可能是你去買單時撞見服務生正在抽菸打混。多去幾次，能幫助你了解及更精確地描述一家餐廳的精神。再訪的另一個目的，是為了品嚐更多食物。有時候你得回去再吃一次那道米蘭燉飯，看看他究竟是否改善了，還是跟你第一次吃的時候一樣美味？或許你覺得需要再試吃更多道菜，才能在燒烤、火烤、煎煮和紅燒的料理之間找到平衡。

讀到現在，你可能已經冷汗直流、為下個月的信用卡帳單捏一把冷汗。成本會是一個問題。最後能打平嗎？答案是：不一定。如果沒人請你寫食評，你就要自己買單。如果是雇主發案，你或許會得到一點補貼。後面我會再提到相關的財務和付款問題。

餐廳評論的重點清單

無論你寫的是出版刊物還是網路的食評，去過餐廳之後，你會從許多不同角度看待美食評論。法蘭克．布魯尼在他《天生圓滾滾：全職食客秘辛》（*Born Round*）書裡提到，當自己接下美食評論工作時，和編輯討論：「餐廳有些面向呈現的不只是他們提供的食物，這些餐廳也是劇院、社群實驗室、社區和某些時刻的縮影。而擁有廣泛的新聞工作經驗，在許多方面能幫助美食評論家抓到這些不同的面向。」

我們先來看看有哪些需要留意的問題。這些問題未必都是至關重要的，有些問題甚至顯得微不足道，但重點在於，多留意這些小細節，能幫助我們釐清餐廳評論的重點。

一開始。你打電話訂位時、抵達餐廳門口時，得到什麼樣的對待？你感受到店家誠摯的歡迎嗎？你可以試著提早幾分鐘到餐廳，觀察現場氣氛。餐廳裡客人很多嗎？用餐的客人看起來開心嗎？每桌用餐的客人是否都得到了相似的餐點及服務呢？

服務。你的服務生應該充分了解餐廳的食物，也願意回答或解決你的問題。你的服務生夠細心、愛聊天，還是態度不佳？服務生會在你還沒吃完前就想收走盤子，或是讓盤子繼續堆在桌上？服務生隔一段時間會來關注一下嗎？出餐慢時會告知客人嗎？雖然你可以用抱怨的方式來觀察服務生的反應，但你必須保持低調，不該吸引別人注意。其他桌客人得到的服務如何呢？其他客人在和你差不多或更晚的時間入座，但他們的餐點上菜比你快嗎？

菜單。你可以從菜單裡觀察出主廚與餐廳的理念。這是了解主廚餐點設計、料理順序、注重風味、是否有季節性，及如何融合風味與色彩的好方法。注意餐點分類是否平衡。菜單會讓人覺得很做作、用了太多外文單字卻不解釋意思嗎？依據用餐環境與服務來看，他們的價格合理嗎？若是高級餐廳，可能會每天更換菜單，所以你或許不應該只看某幾道菜。如果是去街角那間家庭式的小餐廳，菜單則有可能好幾年沒更動過。

評估酒單與雞尾酒選擇。價格合理嗎？種類選擇與呈現方式能呼應餐廳主題嗎？有服務生或侍酒師協助你選擇嗎？他們對餐廳的酒類有足夠的了解嗎？

點餐時。盡可能品嚐越多道菜越好，尤其是餐廳的經典佳餚。通常菜單上會指出那幾道菜最受歡迎，也可以請服務生介紹。如果你有攜伴用餐，可以試吃他們點的菜。根據烹飪方式、食材與風格，多點幾樣餐點與菜餚。

品嚐食物。你的直覺反應是什麼？餐點風味平衡且融合嗎？這道菜是令人興奮、新鮮，還是用上等的材料做成的？味道太鹹了嗎？溫度適中嗎？食物在視覺上讓人賞心悅目嗎？食材烹飪得恰到好處嗎？

餐廳氣氛。跟其他類似的餐廳相比，這家餐廳的氣氛和風格如何呢？桌子夠大、與其他桌子的間隔夠寬嗎？椅子舒服嗎？餐廳會太吵雜、音樂會打擾到用餐嗎？餐廳的客群是什麼樣子呢？餐廳吸引的是特定族群嗎？例如：文青、情侶還是商務人士呢？你會帶朋友或家人來這裡慶祝生日嗎？

離席的時候。請人拿帳單來要等很久嗎？離開餐廳的時候有人向你問候嗎？走出餐廳門口之後，留下什麼樣的印象？問自己是否會再度光顧以及原因。是否有哪一道菜讓你迫不及待想再嚐一次？這頓晚飯表現最好及最差的地方是什麼？

你大概在想，究竟要怎麼記下這一切？一開始是做不到的。就連最著名的食評，一開始都經過一番掙扎。包爾說他當時壓力極大，以為自己必須知道每一件事、記下來、認得每一道菜裡的每一樣食材，還要對這一切都有心得。「剛開始的兩年，我整個人意志消沉，我沒有記筆記，我強迫自己記下一切。非但不好玩，我還差點得了胃潰瘍。」幸好，這種焦慮感沒有持續太久。現在，包爾能一邊享受一頓飯，一邊記下重要的部分。他建議：「你不必記得每一道菜的每一個微小差異，去了解你需要了解的部分，其他的就別管了。」

記筆記是個好方法，但別在餐桌上記，因為你不能讓餐廳員工發現。使用一小本、能放進皮包或口袋裡的記事本，可以協助你記得對餐廳的印象。最好是用餐完，在洗手間或外面的時候寫筆記。布魯尼說他曾用手機發簡訊給自己，或是到廁所打電話給自己，在自己的語音信箱留言。

要是餐廳的菜單是每天列印出來的，若想帶走一份，不用覺得不好意思。當你需要回想餐點的名稱、某道菜裡有什麼食材，或是想評估菜單裡有哪些種類的食物時，這份菜單會很有用處。如果無法拿到菜單也別太擔心，大部分的大型餐廳，都會把菜單放上官網。

寫出一篇好的食評

好的食評要表現得公正誠實、有良好的判斷能力，同時用詞精確又具有權威性。誠實非常重要，若你不喜歡某家餐廳，即使你的朋友們都和你意見相左，你也應該據實以告。你必須保持客觀，別讓自己受到輿論的影響，有些餐廳會保證自己幾十年來都在賣最好吃的某道菜，而他們真的有實踐諾言嗎？你的工作就是要查明真相。

不過，口味卻是主觀的，你必須了解自己的成見，試著不要讓「個人僻好」影響你的評論，《明尼阿波利斯——聖保羅雜誌》（*Mpls. St. Paul Magazine*）餐廳美食評論家達拉·默思克維茲·古倫達爾（Dara Moskowitz Grumdahl）建議，如果你自己不喜歡某種醬汁，卻必須評論使用這類醬汁的料理時，可以先在文章裡說清楚。

個人觀念有時也會造成問題，例如，你認為某家牛排館的食物和價格不成比例。這是因為你個人認知中，一客牛排不應該超過二十五美元嗎？如果這是你的觀念，為了公平起見，記得解釋這一點。當你問自己，為什麼會喜歡某道料理時，是因為你本身就愛吃希臘的肉末茄子，還是因為那間餐廳廚師的烹飪方式相當特殊？

你的寫作目的，不是在建議廚師該如何改善料理，因為餐廳的顧客才是你的讀者，而不是這些廚師。

寫負評的時候怎麼辦？

美食評論家鮮少寫負評。出版刊物多半不喜歡刊登這類評論，而很多作家覺得，他們在評論裡若沒有任何好的評語，那就算是負評了。這不是正確的觀念，是很極端的看法。

你要想想那些存了很久的錢，偶爾才上餐廳的消費者，斯慈瑪說，這些消費者需要你告訴他們實情。你不必表現得很無情，或是揭人家的瘡疤，你只需要從自身的觀點出發，告訴他們真相。

美食評論界有個不成文的規定：美食評論家對高價餐廳會比較嚴苛，因為消費水準高的餐廳比較傷讀者的荷包。知名餐廳抗壓性會比較高，反之，負評可能會害了一間社區型的小餐廳。《美食》雜誌前主編雷契爾曾說：「要是一家餐廳賣一碗蕪菁湯就要收二十五美元，而餐廳整體水準只達到『令人愉快』的程度是不夠的。」

如果食物水準參差不齊的話，該怎麼辦？包爾曾經遇過這種狀況，最後在評論上表示這家餐廳「有兩道菜做得很好，其他的就沒有那麼好。」他的讀者後來跟他說，他們還是去了那家餐廳，但只點了他表示喜歡的餐點，最後對這個用餐經驗非常滿意。這家餐廳符合了他們的需求。有時候，整間店的其他客人都在開心地享用餐廳的經典藍莓松子沙拉，但你就是不喜歡。這時候，你可以直接這麼寫，並且解釋你不喜歡的理由。

說到底，餐廳美食評論是現在世界上最主觀的批評型式，里奇曼斷言：「食物要吃起來像什麼，並沒有標準答案，一切都來自食評的味蕾與味覺記憶。」大多時候遇到的餐廳，不好也不差。你的任務就是看出中間的灰色地帶。食評也會爭論的一點就是：喜歡一道菜就表示那道菜真的是好嗎？你的工作就是去區分並且調解這兩者，因為你必須表達意見。

優秀美食評論家的特點

優秀的美食評論家有熱忱、豐富的知識、權威性、優秀的寫作風格與耐力。對食物的熱愛，經過多年累積，讓他們的文筆充滿智慧。他們看得出品質的好壞、能嗅出矯作與自負、判斷得了哪些味道不對勁，也能指出為什麼某道料理搭配得宜。他們能讓讀者感受一個空間的氛圍、節奏與整體的能量。他們也能保持能量與熱情。

熱情是最重要的特質。蓋爾・格林（Gael Greene）在回憶錄《美味過頭的人生》（*Insatiable: Tales from a Life of Delicious Excess*）最後寫道：「我完全可以想像自己一生都在吃美食、評美食，直到臨終臥床時，我說出的最後幾個字，大概也會像薩瓦蘭的姐姐說的：『上甜點吧，我都快死了！』」當了多年美食評論家的里奇曼則說，他會迫不及待想知道下一家餐廳是什麼模樣。

里奇曼也是非常博學多聞的人。你需要對自己研究的主題有夠深入的了解，才能達成一點成就。你已經有在餐廳吃飯的經驗，你了解並熱愛美食，你大概也喜歡做菜。此時，你可以透過上烹飪課的方式增進自己的能力。為了理解高級餐廳裡的料理，我曾經上過兩次長達十一週的基礎法式料理課，重複上課只為了解專業廚師在料理時使用到的理論基礎與技巧。

雷契爾則是建議作家進行自主訓練，她在一次訪問中說：「沒有一間學校能教這個，你可以在一家餐廳工作一陣子，累積很多經驗。李伯齡說：『好的寫作要先有好的胃口。』但這太簡化了，這是不夠的。你需要累積很多經驗，盡可能去體驗這個世界，去旅行。但這或許也表示，你還不能接下太多需要負責任的事情。」

美食評論家也熱愛研究美食與流行趨勢。你喜歡看烹飪書、美食辭典、部落格和特殊料理的網站嗎？你了解自己的城市裡的飲食風氣嗎？你喜歡在特色食材專賣店找到不熟悉的食材原料嗎？去旅行的時候，你喜歡品嚐其他地區、國家的美食嗎？當你對豆腐皮或某種紅燒技巧有相關的疑問時，你會去詢問專門的機構嗎？

美食評論家能理解並欣賞別人的文化習俗，即使他們並不熟悉這樣的飲食習慣。一家餐廳如果賣的是你不熟悉的料理，教育和研究就顯得尤其重要，你會學會如何接觸這些料理，並且知道要注意什麼。有些美食評論家會帶當地人或是當地料理的專家，像是一輩子都在煮這種料理的人，或烹飪書作家一起去品嚐美食。

美國越來越容易找到來自不同國家的料理，因此美食評論家也需要與時俱進。「如果你要評論日本、祕魯、印度、馬來西亞餐廳的料理，你真的需要去過這些國家，並且認真研究過這些地方的料理該是什麼模樣，」雷契爾在一場訪問裡說道：「光是用西方角度去分析，已經無法滿足知識相當豐富的大眾。你不能讓自己陷入一個讀者比你還了解你寫作主題的情況。」她自己就曾打電話給一間大使館，詢問是否有員工能跟她一起去某家餐廳，為她解釋餐廳裡的料理。為某家出版社工作時，出版社的美術總監是韓裔美國人，從小吃韓國料理長大的，所以雷契爾就請她一起去一些韓國餐館。

無論遇到什麼樣的挑戰，最好的美食評論家，都是優秀的作家與說故事者。古德在描述一些令人回味無窮的細節上很強，是大師級的食評。一篇為《旅遊與休閒》（*Travel & Leisure*）雜誌撰寫的餐廳介紹裡，他這樣形容芝加哥的一間牛排館：

> 一間棲身在高架道路下的破舊老屋，提供如捕手手套般大的血淋淋三分熟牛排、橄欖球般大的烤馬鈴薯，以及全世界最好喝的馬丁尼雞尾酒。塊頭大、心情爽快的漢子們賣力啃食著牛角麵包般大小的雞尾酒蝦，以及一大盤一大盤的「垃圾沙拉」，這是一道在芝加哥擁有悠久歷史的開胃菜，但看起來就像是把前菜丟進碎紙機攪過一遍似的。

看得出來嗎？古德只用了兩句話，就把地點、食物和用餐者的視覺資訊，以令人回味無窮的方式呈現出來。

很多食評會依固定格式書寫，但若你一直按照同樣的格式寫作，有時可能會遇到一些問題：食評總是會描述場景、菜單上有什麼、價格、服務和餐廳的氛圍。然後再描述前菜、主菜和甜點，千遍一律。最慘的是「一口一口地描述」的食評，那些作者只是把一頓飯從頭到尾描述給讀者看，《奧斯丁紀事報》美食作家瑪莉．瑪格麗特．帕克（Mary Margaret Park）這麼說。為了讓文章更有變化，斯慈瑪會運用動作的描述，例如隔壁桌的客人在聊些什麼，他們用餐愉不愉快。週刊的美食評論家寫作自由度較高，他們能運用個人細節的添加，調和文章的節奏。

你可以看得出來，寫作語氣是美食評論很重要的一部分，將寫作語氣定義出來，有助於讓評論內容保有一致性。我剛開始寫美食評論的時候，會去讀一些我欣賞的作家寫的評論，企圖把他們的寫作風格內化。我會撕下我喜歡的文章，尤其是文筆優美或幽默風趣的，然後收集在一個資料夾裡。

那要如何形容食物本身呢？最優秀的食評會用精確、引人入勝的語言。我認為最懶惰的三個形容詞分別是：「不錯」、「很棒」以及「很美味」。要建立一個味覺辭典很不容易，但要成為一名成功的美食評論家，你必須要有龐大的詞彙量，尤其當你需要形容盤子裡有什麼的時候。「讓我很驚訝的是，這件事有多麼難達成，」帕克說：「我讀了其他人的評論，這才發現大家在語言方面掙扎的地方都跟我一樣。」

你形容食物的功力如何？

這份清單雖然沒那麼地詳盡，但能讓你對「精確的語言」有一點概念。適量地使用這些詞彙吧。如果你還想累積更多詞彙，請多閱讀美食評論，圈出你喜歡的用詞，做成一份自己的清單。

味覺與嗅覺：

刺鼻	沁涼	胡椒香氣
清淡	充滿果香	散發出香氣
奶油香氣	濃郁香料	辛辣開胃
濃烈	滋味醇厚	厚實
鹹香	果仁味	

口感：

易碎	泡沫狀	滑溜
有嚼勁；彈牙	凝膠狀	柔軟光滑
脆；鮮脆	滑順	

外觀：

被覆蓋	外皮酥脆	斑駁
焦糖化	淹沒	混濁
弄碎	融化	豐潤

切割過　顫抖　塗抹
撒上；點綴　黯淡、無光澤　撒上香料
鑲入；填塞　茂密　濕潤
糖漿般黏稠　慵懶　薄弱
了無生氣；沒彈性　光亮

聽覺：

不斷冒著氣泡　嘶嘶起泡的聲音　炙熱地嘶嘶作響
爆裂的劈啪聲　發出啵啵聲　噴濺；飛濺

其他：

誘人　被剝去　大方
撫慰人心　垂頭喪氣；萎靡　令人滿足
形成互補；搭配　無懈可擊

在一次訪問中，雷契爾提醒我們，美食寫作不只是在形容食物的味道，「我很早就明白風味其實是無法形容的，但你可以將讀者放進一個空間裡，讓他們理解你在說的事情。若你很認真思考、試圖去想像，你把食物含在嘴裡、放在腦海裡夠久的話，你也能讓讀者感受到那風味。光是說『這是鹹的、是甜的、有柑橘味的』都不夠，你要設法畫出一幅畫。」

我在寫餐廳食評的時候，會盡量避免兩個含意太廣的詞彙：「貴」和「正宗」。如果出版刊物本身就會對餐廳進行價格上的分類，例如經濟實惠、高貴不貴和高級餐廳，並且在評等系統裡提供價格範圍，讀者就有辦法判斷「貴」是什麼意思。否則這個詞很難界定，讓讀者覺得納悶。「正宗」這個詞也有缺點。我先生非常喜歡吃泰式炒河粉，我們去泰國旅遊時很常點這道菜，然而每一家餐廳做出來的泰式炒河粉都不同，有一家還在河粉上鋪了一層薄薄的煎蛋。究竟哪一家才是「正宗的」呢？多半不可考了，實在很難說。

離開餐廳之後，如果你在用餐時來不及問服務生一些菜色相關的問題，但之後還想問清楚的話，打給餐廳詢問並表露身分，是可以接受的。如果你不確定蕃茄醬汁裡是否真有一點薑味，你可以問問看有哪些食材。可以問廚師是怎麼把雞肉煮得那麼好吃。或許主廚會跟你說他用鹽水泡了兩天。（雷契爾倒是不同意我的這些建議。她說，你絕對不會想聽到餐廳業者抱怨「她竟然不知道自己吃了什麼，還得打電話來問！」）

寫完文章後，再三檢查日期、人名、地址、電話和營業時間。這是你的工作，比起接到編輯來電，語氣不耐煩地跟你說「你把餐廳老闆的名字寫錯」，認真檢查這些東西一點都不麻煩。這種事就曾發生在我身上。

優秀美食評論最後的特質就是有耐力。你可能得多次品嚐同一道菜。「過去這一年我吃了幾次烤布蕾？」古倫達爾抱怨著：「一千次吧？但其他人一生當中大概只會吃到五次，所以吃到的時候會特別開心。讓我甘願吃那麼多次的原因，是因為我希望這些人能有個美好的紀念日大餐。」你也需要決定一餐要吃多少分量。珍．史坦（Jane Stern）和她先生麥可，一起寫了《公路美食：全美最好的七百間烤肉店、龍蝦餐廳、冰淇淋店與休息站餐廳等》（*Roadfood: The Coast to Coast Guide to 700 of the Best Barbeque Joints, Lobster Shacks, Ice Cream Parlors, Highway Diners, and Much More*）。她說：「我們會先吃一口，如果覺得味道不好，就不會期待整道菜了。」我自己是什麼都會嚐一點，但不會試著全部吃完。我想這就是為什麼有人發明外帶。

如何發掘無人知曉的美味餐廳

除了努力成為第一個報導新餐廳的作家以外，好的作者無時無刻都在尋找新地點。有些美食評論家會關注 Yelp 和社群媒體。有些則是會問計程車司機、店員他們都去哪裡吃飯。有些人會到處走走，若看到餐廳櫥窗貼出特別的菜單，就會走進去瞧一瞧。當大家都知道你的工作是餐廳評鑑時，你會從四面八方得到推薦名單，尤其是如果你寫的主題比較小眾，像是全素料理或亞洲料理。但這不表示每家餐廳都值得被報導或評論。你得親自去一探究竟。

開發味覺

這就是為什麼那麼多美食部落客和作家，覺得自己不能評論食物的原因（但他們寫出一篇文章時，其實就是在評價了。）他們覺得自己沒有資格。

有些美食評論家認為，味覺是一種與生俱來的能力：人從出生起就喜愛美食，而且對食物擁有強烈的興趣。《紐約時報》前特約作家喜來登說：「味覺和一個人的經驗有關，會因為年齡、種族背景、地域性和年代而有所差異。」有些人則覺得，味覺是可以被教導的。好的味覺，可能會因為生理結構和不同的味蕾組合，而影響一個人如何體驗一種味道。以香菜為例，每個人對它都有不同的反應：有人特別愛，有人恨之入骨。

有些美食評論家認為，你不必是專家，也能知道某樣東西該是什麼味道。你嚐了某種醬汁，就應該能知道它的味道好不好，裡面的風味是否協調，還是比例失衡了。

我問古德關於如何訓練味覺的問題時，他對大部分的美食作家，尤其美食部落客顯得拿不定主意，他認為，一名美食部落客很可能沒有「寫評論」的資格（他不喜歡用『批判』這個字眼）。真正的評論，作者需要做很多功課，不只是要有描述食物的功力，更要懂得如何把美食置於上下文當中，譜寫出動人的文章，餐廳評論應該和任何種類的評論一樣嚴謹。古德說：「身為美食作家的標準，不應該低於我們那些寫小說或歌劇評論的同事，專家頭銜既難取得，又容易失去。然而，從某些重要的層面來看，你在餐廳裡的體驗，和任何其他人的體驗不可能是一模一樣的，這才是你的體驗具有參考價值的原因。我建議你把這一頓飯用敘事的方法報告，而不是一篇評論，至少在你習慣這個文體前都這麼做就好。在你真的有這樣的能力之前，盡量不要在文章裡暗示你正在對餐廳做評價，除此之外，就是盡量地寫吧。」

關於餐廳評論的問題，古德在接受訪問時是這麼說的：「任何類型的評論都一樣，必須深入了解你要評論的對象，以餐廳而言，你要研究得比在餐廳工作的人還要透徹、明白，你該知道為什麼他們在做這些事情。即使你不知道確切的原因，也要以歷史觀點或合乎邏輯的角度去推論。當你品嚐有著某個典故的佳餚，你也該知道餐廳做這道菜時希望達成的境界是什麼。當他們在你面前擺上這道菜，比方說新式北歐料理，或鬥牛犬餐廳裡的標準菜色，你工作的一部分，就是要知道這到底是什麼東西。身處網路世代，這一點就顯得更重要了。」

包爾倒是採取少見的途徑，在職業生涯早期就先接受專業的味覺開發訓練。包爾在達拉斯市某家報社擔任記者時，遇見他的導師，烹飪教師與作家瑪德蓮・卡曼（Madeleine Kamman）。包爾去參加她的烹飪課，之後跟著她遊歷法國三週。「她教我怎麼品嚐醬汁，」包爾回憶道：「她總是會說：『你能嚐出這醬汁裡的胡蘿蔔味嗎？』我們就會開始分析裡面的食材。我也因此獲得很多難忘的用餐經驗。」

如果你沒在餐廳工作過，或是讀過餐飲學校

你或許會認為，你必須上過餐飲學校，才能真正了解食物的味道，但其實美食評論家當

中，只有少數受過專業餐飲訓練。這一點讓許多廚師感到不滿。他們認為，美食評論家若沒當過廚師或服務人員，怎麼有辦法評斷食物與餐廳的好壞呢？

但美食評論家的工作是為消費者著想，他們代表的是那些要花錢的人。大部分用餐的客人也都沒當過廚師或服務人員。他們只想知道用餐經驗好不好，以及消費金額會是多少。

有餐飲相關的經驗也有一些缺點。身為美食評論家，發生問題時，你不能同情或站在餐廳的那一邊，你有可能也會太在意餐點的烹飪技巧，對於食物該怎麼去料理著墨太多，而不是去表達你對最終成品與餐廳的整體印象。如果你認識餐廳主廚，或是有朋友在當廚師，會很難狠得下心批評他們。

《小鎮與鄉村》（*Town and Country*）雜誌前編輯詹姆斯・維拉斯（James Villas）曾說：「傑出的美食記者不必是一位頂級大廚，就像沒有人會期待一位巴哈專家，一定要能完美精準地表演這位作曲家的前奏曲和賦格曲。」

很多美食評論家也不會烹飪，喜來登在她的回憶錄《食言》裡寫道：「我不認為要當個可靠的餐廳評論一定要會烹飪，知道怎麼做菜，確實能幫助美食評論家更有說服力地形容食物的樣貌，指出一道菜的優缺點。不過，食評不必會烹飪，就像戲劇、舞蹈或藝術評論家也不需要會表演或會畫畫。」

美食評論家最好是匿名者嗎？

最有影響力的幾位評論家還是會認同這個觀念，雖然部落客很少刻意匿名。大部分的美食評論家認為，為了能夠真正代表讀者，不應該讓餐廳知道你是誰。如果餐廳知道你要去用餐，或是認出你，要寫一篇公正客觀的評論，幾乎是不可能的。餐廳對待你的方式會跟一般用餐者不同，你會得到特殊關照、更多食物，還有特別精心製作的餐點。

為了得到最好的座位、服務與免費的餐點，有些作者會刻意表明身分，但這種行為都是在表明你是可以被影響、被收買的人。這是你想要的名聲嗎？

一開始很容易保持匿名。當美食評論家的第一年通常都會沒事，因為大家不知道你長什麼樣子，如果你是用現金或別人的信用卡付錢，就更能保持安全。不過漸漸的，如果你繼續當美食評論家的話，你很有可能會被認出來，因為餐廳服務生可能會換工作，然後在新的餐廳認出你。發生這種事的話，只能靜觀其變。事實上，餐廳也只能在你用餐時一直關注你、叫服務員過來特別服侍你、或送上額外的招待料理。

這裡有個在業界很有名的故事案例：雷契爾早期在《紐約時報》時，評論一家勢利眼的紐約餐廳「馬戲團」（Le Cirque）。文章前半部，描述的是她以匿名身分用餐時所受到的差勁待遇，後半部則是鉅細靡遺地描述老闆認出她以後發生的事：「過去五個月，我在這家餐廳用餐五次。第四次時，老闆猜出了我的身分。被發現後，我受到的待遇非常驚人，所有的東西都明顯進步了！包括座位安排、服務態度與食物份量。我們當時已經吃到甜點，結果面前原本的一小盤四種迷你甜點硬生生被端走，換成一大份華麗的、浮誇到不行的甜點。」

認真的美食評論家會努力掩飾自己的身分。他們會用別的名字訂位、用現金或用寫著別人名字的信用卡付錢。他們還會在辦公室以外的地方打電話預約，因為大部分餐廳都有來電顯示。他們會等同桌的賓客先入座後才走進餐廳，有時候也會從後門走進來。他們不會參加有餐廳經營者或廚師在場的活動，像是餐廳開幕、紀念日晚宴或品酒會，以免在這些場合被認出來。當你開始寫餐廳評論以後，你很有可能會收到這類活動的邀請函。雖然很誘人，但請你婉拒這些邀約。

許多美食評論家都會驚訝地發現，有些餐廳會聯合起來認出他們。現在，因為網路的關係，要保持匿名又更困難了。

餐飲業圈內人常常懷疑這些掩飾到底有沒有效。餐廳經營者和廚師曾跟我說，他們光是從一個人點了多少食物，還有這個人會不會去試吃同桌友人的菜，就能判斷他是不是食評。許多食評已經在同一座城市評論餐廳多年，事實上可能早就被認出來了。

因此，有些食評已經放棄當個匿名食客了。萊絲莉・布雷納（Leslie Brenner），《達拉斯晨間新聞》（*Dallas Morning News*）的餐飲評論員，在二〇一四年時決定不再匿名，並且引用《紐約》雜誌評論家，同樣也在前一年在雜誌上公開自己臉孔的亞當・普拉特（Adam Platt）的一段話。他說，匿名寫食評是個「過時的把戲」，但也說他不會改變自己工作的步驟，像是用假名訂位，因為「出奇不意，永遠會是評論者最有力的工具」。

如果你在寫部落格，又經常拍照的話，其實很難保持匿名。希望你不會每隔幾分鐘就在昏暗的餐廳裡一直讓閃光燈閃個不停。好一點的餐廳禁止客人使用閃光燈，因為這會影響到別的客人。你可以早一點到餐廳，坐在窗邊的座位，盡量利用自然光拍照。

十大餐廳類性的文章、集錦，算是美食評論嗎？

算。像「費城前十名起司牛排堡」這類文章都算是美食評鑑，因為作者會評論以及寫出一個結論。這種文章也是許多報章雜誌會刊登的內容，很適合作為提案主題。

如何讓文章被刊登

吸收這麼多關於餐廳美食評論的細節之後，你可能急著想找一家期刊試試身手。第一步是要現實一點，你不可能馬上就能進軍主流的大眾出版品，那裡面的內容都是著名食評提供的。你可以從小處著手，先以社區型的報紙，或經營部落格（請見第四章）作為目標。

文章在小型刊物上刊登，一點也不丟臉。你可以從蒐集地方性的報紙和社區型雜誌開始著手，觀察這些期刊過去幾個月的內容，了解他們刊登的文章類型。把那些沒有刊登過評論的刊物堆成一疊，以他們為首要目標，從最小型的刊物開始投稿。或許他們找到一位好的美食評論作家，就會開始刊登評論文章了。

要如何接觸編輯呢？你或許會想打電話去報社跟某位編輯談談，建立一點個人關係。這位編輯可能會給你一點關於如何起步的提示，但機會不大。首先，編輯沒空跟陌生人聊天，也很少鼓勵不知名人士投稿美食評論。第二，他們不清楚你是以什麼樣的標準評論食物，或是否寫過什麼不實內容，最後會害出版社吃上官司。如果他們想讓人試試看某個案子，最有可能指派給他們認得的對食物有足夠知識的人。冒然致電給編輯不是什麼好點子，除非你幸運地在那家出版社有認識的人，可以請編輯接你的電話聊個幾分鐘。

還有一個方法，就是針對你想投稿的刊物或網站，寫一、兩篇美食評論，模擬該刊的風格、語氣和字數限制，你可以把這些作品連同投稿信寄給出版社，解釋你的熱忱與資格。若你已有作品被刊登過，隨信附上吧，你已經領先一步了。

或許你也能寫一篇相關的故事，類似綜合報導。觀察其他出版刊物以獲得靈感，或是和朋友一起討論（請見第五章關於自由撰文）。你可以用其他類型的文章證明你會寫作，也對食物有充分的了解。

如果編輯終於派案子給你，這時候你要問一些實際的問題。去了解：如果你寫出負評的話，出版社會不會支持你？他們對於評論那些也有在出版刊物上登廣告的餐廳會有意見嗎？

你也可以選擇寫一本指南，介紹城市裡的餐廳。很多人都這麼做過，成績也不錯。關於指南的寫作原則，請見三四三頁。

哪些地方會刊登餐廳美食評論？

除了一般報章雜誌之外，以下是一些會刊登美食評論的出版品與網站：

- 週刊與免費報紙
- 城市的遊客資訊刊物
- 地方性的報紙
- 戲劇節目冊
- 都會型雜誌
- 航空公司雜誌
- 旅遊指南
- Eater.com

研究這些刊物裡的評論，在風格、結構、長度與內容上是怎麼寫的。看出版品的刊頭，了解美食評論者是出版社員工還是自由撰文者。聯絡相關的編輯，以了解這位編輯是透過什麼途徑，接受美食評論的文章。或許這些文章都是指派給人的，又或許編輯願意收到投稿提案或寫作樣本。

文章的對象必須是該出版品的讀者。古德在接受訪問時說：「我在《洛杉磯週刊》寫評論時，如果我說某道菜淋上了波爾多醬汁，我得解釋那是什麼。我在《美食》雜誌時，就不用解釋什麼是波爾多醬汁，但若我隨口影射到某個龐克樂團，我可能就得解釋他們是誰。在《洛杉磯時報》的話，我大概會比較常解釋一些外語詞彙。有很多聰明的讀者，每週都會讀我的評論，但他們不一定會知道豬排（donkatsu）和豚骨（donkotsu）的差別。我認為透過評論貶低讀者是最差勁的行為。」

關於稿費

美食寫作究竟拿不拿得到稿費這個大哉問，是自由作家一直面臨的問題。如果編輯接受了你主動提供的作品，仍很有可能不會收到酬勞，或是給的錢相當少，因為這並不是他們指派交付給你的工作。如果你是幫一本指南，或城市的線上餐廳指南寫美食評論的話，每寫一家餐廳的稿費可能值二十五到三十美元。這稿費並不多，但沒有關係，因為你需要累積出版的作品，作為到大型報章雜誌寫作的墊腳石。至少在那裡，他們會付錢買你的作品。

對於報帳，業界並沒有標準做法。不過，美食記者協會的網路準則寫說，美食評論家不應該「用個人資金去付餐費」。這是變相地說明，你拿到的稿費可能不夠支付餐點以及你的寫作，即使是日報也是一樣。

如果你接到指派的工作，你應該先問很多問題。出版社會付油資、交通費和停車費嗎？餐點預算有包括必須給的小費嗎？銷帳要花多久的時間？如果你已經拿到信用卡帳單，而且看到上面有十五筆餐費支出，但還沒拿到出版社的支票時，這會是一個問題。出版社會願意支付信用卡逾期金嗎？

古倫達爾一開始幫一家週刊寫稿，每週寫一篇兩千字的餐廳專文，一次得到的稿費是一百五十美元。她用這筆預算付餐費。這樣的模式持續了兩年，直到週刊得到更多廣告費用，她也變得比較有名為止。你在餐廳點的餐點和停車費用，通常出版社可能都會買單，但大部分的出版社不會付酒錢。

所以，若你喜歡外出用餐，並且跟人分享你的經驗，本章節列出幾種寫作的方式，包括在自己的部落格上、幫出版刊物或網站報導餐廳開幕，或是寫餐廳美食評論。外食的人越來越多了，他們需要有人推薦一些好去處。對於寫作好手、願意學習各種飲食相關知識的人，以及訓練自己成為挑嘴老饕的人，寫作的大門永遠是敞開的。

寫作練習

一、形容詞要適量地使用。寫一篇四到五百中文字左右的美食評論，描述你最近吃過最好吃的餐廳美食，並且包含五個二四〇到二四二頁上列出的形容詞彙。

二、跨越自己的偏好。找出一種你自己不喜歡但很多人都很愛的一道菜，去餐廳裡點這道菜來仔細品嚐一遍，然後依照這個經驗寫出兩段敘述。目的是認識自己的一些偏見，並且試圖為了出版刊物的讀者去克服這些偏見。

三、查資料。找出一種你沒吃過的料理，並且去評論一家提供此料理的餐廳。去那家餐廳之前，先查清楚該國料理的背景，以及料理的歷史淵源和食材，再寫出一篇評論。

第七章

主題發想與工作規劃

THE COOKBOOK YOU'VE ALWAYS WANTED TO WRITE

烹飪書不只是集結一大堆食譜就沒事了，你必須要有想要傳達給讀者的訊息、哲理、技巧或原理。一切都可以歸納成一個簡單的概念：在某件事情上，你比讀者了解更多，或是知道更多的內幕。你必須能夠激發他們。

——《經典印度料理》知名美食作家／茱莉．薩尼驅使你寫一本烹飪書，或是繼續寫烹飪書，有很多可能的原因：你可能喜歡邀請朋友到家裡作客、自己發明菜色，或者你是一位復古飲食法（paleo）的廚師，想要把部落格內容變成一本書……成功的烹飪書作家，對食物抱持著的熱忱，就是他們出書的動機，也是他們堅持下去、不斷想出新書點子的動力。不過，難就難在於，你要想出的這本書，能否讓你和外界都抱持著同樣高度的期待。

注意到了嗎？關於出書動機，我並沒有提到「因為你想成名、賺大錢」。如果這是你寫書的動機，那還是算了吧。寫一本烹飪書真的超花時間，除非你很有熱情、很迷戀某件事，同時還是個很會自我行銷的人，你寫的這本烹飪書才有可能大賣。

發想並不難，但你最先想到的第一個點子，通常都不會是最好的。一本書要如何定位、建構，需要花很多時間思考、查資料、分析優缺點，你可能會多次改變心意。花時間慢慢思考是值得的，沒有好想法，就寫不出值得一讀的烹飪書，你也需要把競爭對手納入考量，確定你有值得闡述的新觀點。即使你是自費出書，也要考慮到這一點。

本章會激發你釐清思路、仔細思考，以及在主題與外觀上，想像自己一直都想寫的那本書是什麼模樣。這一章也會提到如何制定行程表、如何趕上截稿日期，以及這本書會遇到哪些類型的美術工作。由於我無法只用一個章節交代完如何寫一本烹飪書的所有細節，所以這一章我會著重在烹飪書主體的發想。關於更多烹飪書撰寫的技術部分，會在第八章繼續深入討論。

一旦想到適合出書的點子，就應該依循這個概念寫幾篇文章，提案給報章雜誌的編輯，看看他們的反應如何。如果編輯願意刊登，就顯示你的烹飪書想法有希望成真。你也可以透過這個方法，建立自己在這主題上的專長，這樣也能讓編輯留下好印象。如何讓編輯刊登你的文章，我們已經在第五章詳述過了。

接著，你必須向圖書代理商或編輯提案，幸運的話，就會拿到一份出書合約。如何寫書籍的提案、如何找圖書代理商，以及如何與出版社應對，在第十一章裡都有詳細的說明。不過，沒有好的點子，或是不了解好的烹飪書該有的特性及其原因，就沒辦法寫出提案。這一章就是在探討這些主題。

這些暢銷烹飪書作家是如何起步的呢？

每個人的職業生涯都有一個起點，暢銷烹飪書作家也是。以下是其中一些作家開始寫作的契機：

茱莉．薩尼（Julie Sahni）。在一堂中式料理的烹飪課上，薩尼跟同學分享她在家會用芭蒂鍋（一種印度深炒鍋）炒菜，同學就請她示範。此後，她開始教烹飪課，自己開發食譜，也漸漸發展成她的第一本烹飪書《經典印度料理》（*Classic Indian Cooking*）。

黛博拉．麥迪遜（Deborah Madison）。身為佛教徒，麥迪遜在加州的舊金山禪修中心與塔撒加拉禪修院擔任廚師。禪修中心成立綠色素食餐廳（Greens Restaurant）後，她就成了那裡的主廚。她的第一本書《綠色料理書》（*The Greens Cookbook: Extraordinary Vegetarian Cuisine from the Celebrated Restaurant*），是因為客人經常跟她討食譜，所以她乾脆就寫成一本書，告訴讀者如何做出和餐廳水準相當的素食料理。

安・柏恩。柏恩原本是職業婦女，兼職擔任自由作家，工作繁忙的她，在時間不夠用的情況下，仍想做出美味的杯子蛋糕給孩子吃。因此她寫了一篇被刊登在報紙上的文章，分享她如何利用市售的預拌蛋糕粉變出新花樣，由於讀者反應相當熱烈，就成了她出版第一本烹飪書《預拌蛋糕粉博士》（*The Cake Mix Doctor*）的契機。這本書已熱銷數百萬本。

黛安娜・甘迺迪（Diana Kennedy）。甘迺迪一九五七年到墨西哥與在《紐約時報》擔任駐外記者的未婚夫一起生活。一九六九年，在《紐約時報》作家克雷格・可雷波恩（Craig Claiborne）的建議之下，甘迺迪開始教墨西哥料理的烹飪課，並在一九七二年出版她的第一本烹飪書。

瑪莎・史都華（Martha Stewart）。史都華在成為生活風格大師之前，在紐約長島的漢普頓高級住宅區經營外燴事業。

伊娜・卡登（Ina Garten）。暢銷書《赤腳女爵》（*The Barefoot Contessa Cookbook*）作者卡登之前也在漢普頓經營外燴。同樣也在經營外燴事業的，還有《銀色味蕾》系列烹飪書（Silver Palate）的兩位作者，茱莉・羅梭（Julee Rosso）和席拉・魯金斯（Sheila Lukins）。（《銀色味蕾》系列裡的三本烹飪書已賣出數百萬本）

寶拉・沃佛特（Paula Wolfert）。沃佛特因為先生在摩洛哥工作而一起搬過去住。她不斷觀察廚師們在他們自己家中如何烹飪，並且記下他們的食譜，幾年下來，她越來越熱愛地中海料理。現在，她已被譽為正宗地中海料理裡專家了。

什麼才是好的烹飪書點子？

作家經紀人與編輯經常給想寫烹飪書的人這樣的建議：「寫書就是為了表達一件事。」這麼說並沒有錯，但意思不是很明確。他們也喜歡說類似這種話：「誰都會讀書，但不是每個人都會寫書。誰都能烹飪，但不是每個人都能寫一本烹飪書。這比想像中難很多。」經紀人朵．庫瓦（Doe Coover）這麼跟我說。經紀人和編輯不是容易取悅的一群人，但已經有數百人成功過了他們那一關。

讓我們回頭談談「好點子」吧。經紀人莉莎．伊庫斯（Lisa Ekus）說，如果有一個想法在她腦海裡揮之不去，她就知道自己找到好點子了。通常，她讀完寄來的書籍提案之後，會先擱置在一旁。「如果我對內容沒什麼印象，就不會出版這本書。如果這個提案一直在我腦海中，令我相當興奮，我就必須相信這本書會成功，會很有銷路。」

在如何想到一個新點子這件事上，作家薩尼有更多的建議：「烹飪書不只是集結一大堆食譜就沒事了，你必須要有想要傳達給讀者的訊息、哲理、技巧或原理。一切都可以歸納成一個簡單的概念：在某件事情上，你比讀者了解更多，或是知道更多的內幕。你必須能夠激發他們。」

如果你已經有了一個烹飪書的點子，接下來該怎麼辦？你去問你的親朋好友，他們八成都會慫恿你出版，但你的親友可不像經紀人或編輯那麼挑剔。在考慮是否要出版一本烹飪書時，第一件事，就是要去確認這個點子行得通。第二件事，就是去摸清競爭對手有誰。

以下是我會考慮的事：

烹飪書的點子來自你的部落格。現在，最容易得到出版機會的方法，就是開始寫自己的部落格並建立讀者群。出版商越來越仰賴能夠吸引購書者的作家，也希望作者的食譜已經過大眾檢視，甚至希望作者能自己搞定攝影的部分。出版商不斷在簽下各式各樣的部落客。更多關於寫部落格的內容，請回顧第四章。

你對主題非常有熱忱。這是我一再重複強調的：強烈的熱忱，結合知識，就成了強大的動力。光是想到寫書的點子還不夠，若你的文字能傳達興奮之情、熱忱以及知識，這點子會很有感染力。沃克曼出版社（Workman Publishing Company）執行編輯，蘇珊·拉費爾（Suzanne Rafer）在訪問中表示，能成功燃起讀者熱情，並充分展現創造力和遠見的，才算是有潛力的作家。熱情或許是無形的，但編輯與經紀人能看得出來一個人有沒有熱情。

華裔主廚甄文達（Martin Yan）就是個成功案例。身為多本烹飪書的作者，他經常旅行、到處給消費者與廚師上課、在五十幾個國家錄製電視節目，並且為他的烹飪書勤查資料。他說：「我很喜歡捕捉世界各地、每個人特有的精神，以及跟大家分享我的經驗。」為了其中一本書與一個系列的電視節目，他把目標鎖定在全世界的中國城，訪問當地最新和最舊餐廳的主廚們。他還在每座中國城裡，找到已在當地生活三至五代的家庭，邀請每家的家長陪他去市場買菜，然後跟著他們回到家裡，看著他們在廚房裡大展身手，最後和這家人共同分享這一餐。他充滿熱情地說：「我看到他們生活與歷史傳承的完整樣貌，我學得很開心，也見識了很多未來可能沒機會再次體驗的事。」

蘿拉．維林決定寫第一本烹飪書《新美式乳酪》（*The New American Cheese*），是因為她「突然燃起熱情」。她決定開始上一些美食寫作課時，還在舊金山一家電視台擔任負責分配任務的編輯。她把自己對美食的癡迷，漸漸集中在來自北加州的手工乳酪上。在研究這個主題的時候，她發現國內正在掀起一股手工製作乳酪的潮流。威爾林說：「從那時候開始，我就沒回過頭了。」她寫了一份長達六十頁的書籍提案，找到經紀人、簽了書約，辭了工作，然後在三個月內就把整本書寫完了。

「之前沒有寫過整本書的經驗，我寫這本書時，過程非常辛苦。很多事情都是用土法煉鋼的方式完成的，因為我也不知道有什麼別的方法。除了買食材以外，我變得足不出戶，每天寫作到晚上十點。週末，我會讓先生自己去看場電影，十點再去找他一起吃一頓很晚的晚餐。我從來就不是個勤奮的人，直到我開始寫書。」這本書，以及她的第二本著作《美國乳酪與紅酒大全》（*The All American Cheese and Wine Book*），都得過全美圖書獎項。

寫作主題跟得上時代。這很難拿捏，暢銷烹飪書作家當中，很少有人在寫作之前，真正研究過當時的潮流。他們之所以成功抓對時機，比較有可能是因為他們廣泛閱讀，也跟其他熱愛美食的人對話。自由作家柏恩把預拌蛋糕粉自行加工，幫自己的孩子做了杯子蛋糕，也把這個經驗寫成一篇文章投稿給報社，該報在文末加了一句話，請讀者來信分享他們自己的預拌蛋糕粉食譜。結果，報社在一週之內就收到五百封回信。

不過，柏恩承認：「那時候，我腦子裡的電燈泡還沒有亮起來。」之後，她又寫了一篇後續報導，分享其中六位讀者最喜歡的食譜。事情發展至此，柏恩才開始有了些預感。為了確認這個潮流不是只是地方性的（柏恩住在美國南部），她致電給在全國各地的六位美食新聞編輯，詢問他們是否也經常接到讀者來信，要求報紙提供一些預拌蛋糕粉的食譜，結果所有編輯都說有，尤其是一些大家都喜愛的蛋糕口味，因此，柏恩才開始著手寫書，之後又出版了更多本烹飪書。《預拌蛋糕粉博士》、《預拌蛋糕粉博士的巧克力書》（*Chocolate from the Cake Mix Doctor*）以及《晚餐博士》（*The Dinner Doctor*）都賣出數百萬冊。

《預拌蛋糕粉博士》改變了柏恩的人生。她以前是個寫餐廳食評、經常到法國旅行的報社編輯。「我以前對食物極其挑剔，」柏恩承認道：「但我現在生活在完全不同的世界，而且我有三個小孩。我就是會用預拌蛋糕粉的人，那又怎樣？」這確實帶來一些影響，例如有些報紙就不願意採訪她。無論如何，柏恩說：「我這本書是寫給廣大的美國中產階級，我覺得我也是其中的一份子。我不覺得丟臉，而且我又不住在曼哈頓。」

艾莉絲·梅德里奇（Alice Medrich）也順應了流行趨勢，透過五本烹飪書分享她有多迷巒巧克力，這些書大部分都有獲得全美獎項。身為一個有食譜研發強迫症的人，梅德里奇也在書裡分享她自創的烹飪工具，希望讀者可以「輕鬆自在地拿食譜做不同的嘗試與變化」。

有些作者會緊跟著潮流走，作家南西・巴蓋特（Nancy Baggett）就表示：「想出有銷路的點子，和想出一般的點子是不一樣的。有銷路的點子，不能只是我的個人興趣或是我有能力撰述的事情，最重要的是，我和出版社編輯都判斷讀者會買單。」為此，她會追蹤最新上架的烹飪書，廣泛閱讀美食部落格、美食雜誌與報紙的美食版，以及追蹤全美媒體上出現的時事與潮流。

經紀人與編輯也會追蹤時事潮流。「簡單快速料理」這個潮流永遠不敗，因為大家都還是很忙。減重、減肥類型的烹飪書，或是特殊飲食法的書，也都持續受到歡迎。

不過，你得小心同一時間出現過多類似的點子。二〇一二年，就至少有六本起司通心粉的食譜書出版，在那之前，還有超過十幾本馬卡龍的書、大約六本冰棒與其他冰品的書，都在差不多的時間出版。這些書出版時間太近，無法同時締造銷售佳績。

你的點子在你的專長範圍之內。威爾林與柏恩剛開始寫第一本書時，都不是該領域的專家，但是兩人都在短時間內成了箇中高手。相較之下，一位經紀人跟梅德里奇接洽寫書的時候，她已經是一位巧克力專家，也在柏克萊市經營自己的巧克力店。最優秀的作家，會努力深入研究自己書寫的領域。在寫書之前，他們會做大量研究，並且在專精的領域寫文章。他們也會以同樣的主題做演講、開設烹飪課程。

究竟要怎樣才稱得上是專家呢？或許你煮了很多年的西西里料理。你用的食譜是你母親家族那邊流傳下來的。要能稱得上專家，除了有這些家族食譜之外，你也必須熱愛吸收任何跟西西里料理有關的資訊、最好會說義大利語、會去西西里島旅行並觀察當地人怎麼做菜、會寫一些西西里料理食譜並刊登在報章雜誌或自己的部落格上、或是你也能針對這種料理進行演講。

史蒂芬・瑞奇林（Steven Raichlen）的多本烤肉料理書籍已賣出數百萬本，他在一個訪問裡曾說過，以烤肉達人的身分，將自己作為品牌經營，不但打響了名聲，也讓他在美食界獲得認可。「我之前沒做但現在正在做的，是將所有精力集中在其中一項專長上。當然，訣竅就是要找到一個夠廣、能夠深入探索，又能讓你持續感興趣的主題，同時也要能夠觸及到其他熱衷此主題的人。」

自從寶拉・沃菲特（Paula Wolfert）在一九七二年出版她的第一本摩洛哥料理烹飪書後，就一直對正宗地中海飲食保持熱情。書裡有一道甜點使用了大麻仁，她成功說服編輯保留這份食譜，因為其他摩洛哥料理烹飪書都沒提過這項食材。沃菲特是少數幾位採取人類學角度分析研究主題的暢銷作家。她到處探索地中海地區的村莊，認識當地婦女，並請她們介紹最好的在地廚師給她認識。有時候她會搬去跟這些廚師一起住，方便她觀察、記錄。佩姬・尼可柏克幫《美味》雜誌寫的一篇人物特寫，在描述沃菲特時就曾寫道：「她去過一些偏遠的無名小鎮，敲了數百扇後門，只為了找精通某道料理的師傅。」

沃爾菲特甚至開發了一個人際網絡，請在國外的人協助翻譯一些外語食譜。她也會買一些外語烹飪書回美國，再請人翻譯給她看。

如果你沒有特別專精的領域，你可以針對你有熱情的事物開始寫一個部落格。很多部落客都是這樣開始的，「巧克力和櫛瓜」的杜蘇里耶和「無麩質女孩」的阿赫恩都是這樣，她們成功吸引到可觀的讀者數量後，許多經紀人與編輯便開始對她們感興趣。阿赫恩還曾因為她寫的一本烹飪書而得到比爾德基金會大獎。

「萊特的美食博覽會」的大衛・萊特，則選擇葡萄牙料理作為他的專長，因為這是他家族的傳統料理。他在《新葡式餐桌》（*The New Portuguese Table*）中，記錄那些因家中長輩逐漸逝去而餐桌上已不復見的葡式佳餚。他以這本書奪下國際專業烹飪協會的茱莉雅・柴爾德獎（Julia Child First Book Award）。

要花多久才能成為專家呢？這要看你花了多少時間思考、經營部落格、研究、旅行以及測試食譜。W・W・諾頓出版社副社長及資深編輯瑪麗亞・關娜雪莉（Maria Guarnaschelli）採取長期策略，她說：「《燦爛的餐桌》（*The Splendid Table*）作者琳・羅瑟多・賈斯柏（Lynne Rossetto Kasper）和《麵包聖經》（*The Bread Bible*）作者蘿絲・李維・貝藍波姆（Rose Levy Beranbaum），都是五十幾歲時才寫出她們的第一本書，重要的作品，不就是畢生的事業嗎？最後一切的努力都會有收穫的。」

將你想寫的主題聚焦起來。一本書若缺乏重點，容易讓作家在原地打轉。若你想像的書必須涵蓋你煮過的所有料理，你可能永遠都不會付諸行動，因為這樣會讓你無所適從，什麼都喜愛，就很難決定如何取捨。

檢視你的點子。範圍是否太廣？還是完全只講一個主題嗎？想想你會如何形容這本烹飪書給別人聽，若你能一言以蔽之，就差不多了。把想法聚焦起來，只留下對讀者而言最重要的事，列出你期望傳達的重點。接著，再把整個主題精簡，直到主題顯得特定且一致。不要害怕捨去，拋下一些東西，會有一種被解放的感覺。把你捨棄的想法收集到一個資料夾。可能改天，你可以用它們寫另一本書。（例如：一本描寫地中海甜點的書，之後可以再出一本介紹地中海料理的主菜。）

你可能特別喜歡瑪芬蛋糕，但你要自問：你為什麼對瑪芬蛋糕情有獨鍾？瑪芬蛋糕對來說你有什麼特別的意義嗎？作家麥迪遜說：「故事是什麼？是誰讀到這樣的故事會覺得開心或被感動？或許這是與家人有關的故事，又或許你也可以加上快速做麵包的方法，就成了一本書。」你也可以把想法簡化，讓它專注在一個重點上，例如符合復古飲食法、無糖或健康的瑪芬蛋糕。

麥迪遜的那一大本《大家的素食料理》（*Vegetarian Cooking for Everyone*）就花了很多時間思考架構和內容，她在加州教授一堂長達一週的素食烹飪課時，突然想到可以寫這本書，她發現市面上並沒有素食版的料理百科，於是她決定來寫一本。

然而，這本書不只是談論素食料理而已。麥迪遜回憶道：「光是目錄，我就花了一年才搞定。我得學習很多東西，我不斷閱讀、思考，想法在過程中不斷改變。」她必須將書的深度定義出來，並且做一些取捨決定，比方說書裡應該包含早餐、麵包，或是像是鷹嘴豆泥這種已廣為人知的食譜嗎？要不要把三明治也寫進來呢？

《大家的素食料理》不像麥迪遜那本語氣感覺比較私人的前作《美味之道》（*The Savory Way*），因為這一次，她想替更廣泛的讀者，寫一本友善的指南。最後，這本書花了六年才寫完，裡面包含將近一千份食譜，得了不少獎項。她在二〇一四年推出新的版本，又加入了兩百篇新的食譜。

單一主題的書，都是聚焦於描寫一種食材、一種器具，或是某一種菜餚。作家詹姆斯·麥可內爾（James McNair）在業界被譽為單一主題烹飪書之王。他在一九八四年出版第一本烹飪書《冷義大利麵》（*Cold Pasta*），之後接著出版超過三十本書，主題有乳酪、雞肉、魚、派、玉米和凝乳醬，每一本書都富含絕美、全彩的照片。

如果你開始調查競爭對手，聚焦在一個主題上會顯得更困難。如果你想寫一本跟亞洲麵食有關的書，結果發現市面上已經有五本，你就得改變或是寫一本更專門的書，才有機會成功。關於如何把競爭對手納入考量，請見三九三頁。

你喜歡說故事。以前，編輯總是只把烹飪書視為教人如何做菜的書籍，現在，他們發現讀者比較常閱讀烹飪書，而不是跟著做菜。由於生活作息及飲食習慣的改變，每一本烹飪書裡，讀者會試做的食譜平均只有兩道而已。想想看你自己收集的烹飪書，是不是有很多本你根本沒試過裡面的食譜？但這並不表示那本書不值得你擁有。

很多人會在睡前抱著一本烹飪書窩在床上看，就像在看小說一樣。這種書提供一個逃離現實生活的途徑，一種沒有罪惡感的享受。充滿長篇故事和全彩攝影的烹飪書，能夠帶你進入一趟旅遊冒險，讓你走進異國國度，滿足你對異國食材的胃口，訴說一國的歷史，也能讓你想像總有一天你會舉辦的晚宴會是什麼模樣。

這就是烹飪書和上網查食譜不一樣的地方，也是烹飪書持續有銷路的原因。烹飪書將食譜置於上下文之中，給你一個整體畫面，加上網路食譜不會有的輔助資訊。

美食寫作的文學面，能為一本書帶來不同的新穎感受。瓊・內森的作品《現代以色列飲食》（*Foods of Israel Today*）雄心壯志地探討以色列的多元文化與飲食傳統。內森說，出版社編輯編完這本書以後，決定請內森帶她和她的繼女去一趟聖地。內森說：「書裡寫到一個其實我沒去過的素食村落，結果編輯對這個地方很感興趣，所以我們就搭了計程車去。就這樣，三個女人，跑去一個巴勒斯坦村莊閒晃。」這證明了內森說故事的能力與文筆有多厲害，沒去過的地方都能寫得這麼精采，連自己的編輯都如此著迷，非得親自走一趟看看。

你有全新的策略。編輯關娜雪莉說：「如果有人說市面上已經有太多介紹義大利料理的書，我會說沒錯，但若你有新的東西想要寫，別讓這件事阻撓你。」美國人非常喜愛義大利烹飪書，以至於書店裡往往都有一整個書架放滿這類書籍。關娜雪莉在一九九二年為琳・羅瑟多・賈斯柏編輯了《燦爛的餐桌：來自北義大利腹地艾米利亞——羅馬涅大區的食譜》（*The Splendid Table: Recipes from Emilia-Romagna, the Heartland of Northern Italian Food*）一書。當時「沒有人想到讀者會對北義料理有興趣，」她回憶道：「很多人連地名怎麼唸都不知道，我自己也不確定要不要把地名放進書名裡。」但最後她們還是決定這麼做。這本書獲獎無數，至今仍在發行，賈斯柏後來還開始主持一個同名的全美廣播節目。

《罐頭計畫：男子漢的五十道料理》（*A Man, a Can, a Plan: 50 Great Guy Meals Even You Can Make*）幽默地定義了男性料理，這本書用了厚磅數的紙印刷，頁面上還塗了保護層，就像童書一樣不易弄髒，顯然是在暗示男人進了廚房就跟小孩沒兩樣。書裡面的食譜很不尋常嗎？其實並沒有，但獨特的裝幀和新奇的市場定位取得了顯著的成功。作者大衛・喬奇姆（David Joachim）跟我說，這本書在大學生族群特別受歡迎，之後他們還出了同一系列的其他烹飪書，主題包括微波爐、烤爐和運動賽事前的停車場派對。

你的點子有可能變成系列叢書。出版社總是希望你是一位能夠長期、不斷創造利潤的作者，相信你自己也想這樣。以個人名義出版系列書籍，聽起來是個長期操作的好方法，但系列叢書的主導權往往在於出版社，他們多半會找不同作者來寫系列中的每一本書。

恰克與白蘭琪・強森（Chuck and Blanche Johnson）採取不同的策略，他們選擇自費出版《滋味烹飪書》（*Savor Cookbook*）系列叢書，內容涵蓋獨立餐廳介紹、歷史、食譜，這套書在全美的好市多門市都可以買到。

有些部落客會在網站上寫系列文章，這些系列文章也有機會演變成出書的點子。例如，薇妮・艾柏森（Winnie Abramson）在自己的部落格「健康綠色廚房」（HealthyGreenKitchen.com）上長期經營一個固定的系列故事「一個簡單的改變」（One

Simple Change），主要是在描寫為了健康與快樂而做的小改變，其中有許多好的觀點與觀察。編年史出版社（Chronicle Books）一位編輯發現這系列之後，建議艾柏森根據這些內容寫一本書。艾許莉・羅德里格斯（Ashley Rodriguez）在部落格上寫了一系列文章叫「跟老公約會」（Dating My Husband），分享的是他們的婚姻生活、如何溝通，與相處的點點滴滴，也會附上一篇食譜。後來，她的書《在家約會：超過一百二十道食譜，滋養你的愛情》（*Date Night In: More than 120 Recipes to Nourish Your Relationship*）於二〇一四年情人節的前一天出版。

擁有龐大、明確的讀者群。出版社會希望你能明確定義出誰會來買你的書。以之前提到的瑪芬蛋糕為例，你可以用很多不同的方式區分讀者。如果每道食譜只有六種以下的食材，而且十分鐘之內就可以完成，忙碌的家長可能會立刻拿書去結帳。若是這些瑪芬蛋糕不含麩質，你的目標讀者就是在意健康的人。不過，如果你想寫的是「瑪芬蛋糕大全」，要定義目標讀者就比較難。哪些人喜歡瑪芬蛋糕？除非這是一種主流趨勢，否則無從得知。

如先前所述，若你已經透過部落格建立一個龐大、明確的讀者群，那麼經紀人或出版社就很有可能對出版你的書有興趣。

你的點子很有原創性。你要有開拓性的新想法。早在一九六九年的加州，就有一群對東方宗教、靜坐與素食極有興趣的大學生，開始創作《羅瑞兒的廚房》（*Laurel's Kitchen*）這本經典素食書。當時無肉料理和營養相關的資訊極少。這群人自修營養學，經過一番努力，終於在一九七六年完成了該書的出版。「我們當時沒有倡導要吃中東芝麻醬、莫名其妙的菇類，或是海帶這種其他烹飪書不斷推崇的食物，」這本書的共同作家羅瑞兒・羅伯特森（Laurel Robertson）在一次訪問中表示，「我們主要是做一些正常的餐點，只是不加肉。」她的第一本書以及後續四本書的總銷售量，達到上百萬本。

英國名廚佛格斯・亨德森（Fergus Henderson）的經典著作《全野味：從頭吃到尾》（*The Whole Beast: Nose to Tail Eating*）風靡全美廚師，亨德森倡導「要吃就要把整隻動物吃掉」。書中的食譜包括如何煮豬脾、鴨脖子和整隻家禽。窮人對這種飲食方式習以為常，但亨德森則是把這本書的讀者設定為愛吃肉的中上層階級。這位大廚可是會在自己著名的倫敦高級餐廳「聖約翰」（St. John）賣內臟料理。

更近期的著作《耶路撒冷：料理烹飪書》（*Jerusalem: The Cookbook*）則是以書中大熔爐般的食譜收藏及精采的美食攝影與在地人物照片，於美國造成一陣旋風。雖然在這之前，市面上已出現過多本中東料理的烹飪書，但這本書以新的方式處理食材，例如將中東芝麻醬淋在烘烤過後的奶油南瓜上，是其他書籍不曾著墨過的。

你的點子不能只有少數人能理解。也許你的鄰居會做美味無比的海帶生食料理，但能夠欣賞這種菜餚的讀者太少，如此便無法吸引出版商的關注。負責幫威爾林賣版權的經紀人凱洛・畢迪尼克（Carole Bidnick）說：「我必須相信一本書會有很大的市場，我會問自己，有多少人願意花二十五美金買這本書？至少要有一萬人吧，否則我不認為我有能力賣出這本書的版權。」

書名超級棒。透過書名傳達一本書的意義，是非常重要的能力。不要讓經紀人和編輯們摸不著頭緒。直白的書名沒什麼問題，但你應該努力想出一個簡潔、機智、明確的標題，盡量不要裝可愛。避免開一些只有你才懂得玩笑或用語。如果你的朋友們都看不懂書名，這就是很明顯的提示了。聰明的雙關語，如果真的跟書的內容有關，也是能接受的。以下是一些值得考慮的標題類型：

- 一本書對讀者有哪些好處，在書名或副標題都有明確表示，像是《素食糖尿病烹飪書：超過一百個結合美味與營養的食譜》（*The Meatless Diabetic Cookbook: Over 100 Recipes Combining Great Taste with Great Nutrition*）。其他「有好處」類型的詞彙，包括：「快速」、「簡單」、「零失敗」等等。不過，我希望你能達成你的承諾。最糟糕的情況是買了一本烹飪書，卻發現裡面的食譜無法滿足對標題的期望。
- 在書名裡用數字來表示這本書擁有豐富的資訊，例如《一千個來自世界各地的素食食譜》（*1,000 Vegetarian Recipes from Around the World*）或是《一百個最美味漢堡食譜》（*100 Best Hamburger Recipes*）。
- 在標題裡加入「最好」或是「最棒」等字眼，例如《全美最好的露營車烹飪書：露營車烹飪大全》（*America's Best RV Cookbook: The Complete Guide to RV Cooking*）。要敢這樣寫，臉皮就要厚一點，但效果也不錯。

- 標榜這本書是「全新的」，例如《全新烹飪法》（*A New Way to Cook*）。但是內容必須真的符合讀者期待。
- 使用幽默的手法，像是《救命啊！我家有一本烹飪書：一百篇以上的美味食譜和零失敗率教學步驟》（*Help! My Apartment Has a Kitchen Cookbook: 100+ Great Recipes with Foolproof Instructions*），這本書可是賣出了二十五萬冊。
- 私人秘訣、小撇步，例如《紐澳良大廚的私人秘訣：名廚湯姆．考曼的烹飪書》（*Secrets of a New Orleans Chef: Recipes from Tom Cowman's Cookbook*）。
- 加入一些能夠顯示這本書很全面、完整的詞彙，像是《肉類完整烹飪書》（*The Complete Meat Cookbook*）或《紅酒聖經》（*The Wine Bible*）。

如果你想不出一個好的書名，可以參考你自己收集的烹飪書來找靈感，請親朋好友陪你一起思考看看。然而，無論你選擇什麼書名，都不用過度在意，因為最終的書名是由出版社決定，而且極可能會和你想的完全不同。不過，若你已有一個成功的品牌，你的部落格名稱很有可能出現在書名裡。

這是一本長銷型的烹飪書。意思是你的書能夠賣很久，出版社最喜歡這種書了。例如減重或勵志類的書，這兩種類型永不退流行。或是像《地中海料理》（*Mediterranean Cooking*）這種從一九七六年發行至今仍持續熱賣的書。

《經典印度料理》（*Classic Indian Cooking*）出版於一九八〇年，至今仍在熱銷。作者薩尼說，她效法柴爾德的想法，使用的食材都能在超市裡找到，「你得讓讀者能用超市就能買到的食材，以最簡單的方式烹煮。否則，很多人看了只會打退堂鼓。」

寧願不要單打獨鬥的時候：協作、合著與代筆

如果你沒有準備好要自己寫一本書，或是覺得自己資歷仍嫌不足，與其他人合作是個較快能出版書籍的好方法。以下是三種最常見的合作方式：

協作。協助擁有更豐富知識或名氣的人寫書，例如知名主廚、業界名人等。協作者負責寫提案、建構書籍內容。以烹飪書而言，協作者通常也是試食譜的人。

身為協作者，你得把廚師的食譜、故事和寫作語氣轉化成一本烹飪書。你要把食譜修改成適合家庭料理的版本，不斷試驗，確定照著做沒有問題，刪掉一般在家做飯的人看不懂的專有名詞，簡化複雜或困難的步驟，並將食譜的份量減少到約四至八人份。

我和芝加哥名廚克雷格．普利比（Craig Priebe）合作了兩本以披薩為主題的書。我們

之間的合作關係與交情都不錯，但即便如此，還是需要夠細心、機靈，因為有時候改食譜會帶來一些困擾，尤其是當廚師覺得這麼做會犧牲或失去料理的完整性時。很多廚師不會秤量食材，全憑技巧和經驗來試味道，他們也常用超市找不到的特殊食材。你的工作就是去秤量，並且讓廚師了解目標讀者通常是在家裡煮飯的人。

以我們為例，克雷格負責寫食譜的草稿，我編輯完了就寄回給他，附上一些修改建議，像是把食譜變得簡單一些，或是取代其中某個食材。一旦食譜經過他的認可，我會測試並且做調整。食譜刊頭部分，我會去採訪他，或是由他寄一個大略的稿子給我，我會用他的語氣寫這本書。

協作方式千百種。有些廚師會去協作者家裡做菜，烹飪過程中，協作者不斷寫下筆記，並測量食材的用量；有些協作者會去廚房餐廳觀察廚師料理的步驟，然後創作出食譜，再給廚師審核。

你和協作對象談妥出書事宜之後，就該開始討論書的內容與深度。你必須進一步認識你的協作對象，和他培養默契。工作過程中，你得不斷提醒自己拿出足夠的熱忱，願意花上數個月的時間專心寫作，你必須想辦法將協作對象的語氣、風格成功地轉化並呈現出來。正式合作前，你與協作對象應該簽一份協議，訂出雙方的責任、交期與報酬。

合理的稿酬，至少該要能補償你所花費的時間與精力。協作者的收費方式很多，克雷格是付給我一筆固定費用，這個方式稱之為「職務作品」（work-for-hire），而我不會再收到版稅。他也會補償我一些代墊的買菜錢。職務作品的報價範圍很大，從一萬至一萬五千美元都有。其他的合作方式還有：固定費用加上版稅抽成，或是預付款的幾成加上版稅，但沒有預先付款。

若你對這本書貢獻很多，你的名字理當出現在封面上，通常是用「與」（with）這個字將你的名字寫在協作對象的後面，這類細節應該在合約中明訂。

合著。合著者是同工同酬的，封面上會用「和」（and）將作者名字寫在一起。例如一位食譜研發者和一位營養學專家共同寫作一本書，彼此有各自的專業，相輔相成。「你需要雙方都很願意分擔工作內容。」合著經驗豐富的南西．巴蓋特表示，作家們會依照時間、專長或任何他們覺得合適的標準，分攤工作內容，然後簽署一份合約。她警告：「如果你輕視和低估你必須花的時間，你勢必會完蛋。」

尤坦．歐托連基（Yotam Ottolenghi）與山米．塔米米（Sami Tamimi）合著《耶路撒冷》（Jerusalem），過程中各司其職。歐托連基負責創造、試驗以及撰寫食譜，塔米米則是廚房裡的老大。旅行、採訪和幾乎所有的寫作都是歐托連基負責，塔米米則是在一旁引導他經歷這一切的人。一篇《紐約客》雜誌裡的文章，引述了塔米米的說法：「我們會坐下來，一起回憶跟食物有關的童年往事。我們會對彼此說故事，比對我們對食物的香氣、味道和聲音的記憶。」歐托連基和塔米米是事業夥伴，交情深厚，這一點在合著上幫了不少忙。

代筆。代筆與協作在運作方式上頗為雷同，差別在於代筆者是隱形的，名字不會出現在書上，除非作者在最後向他們致謝，通常你當代筆者的報酬越高，你在書上會被提到的機會就越少。寫作的酬勞與協作者類似。大部分代筆者不得洩漏他們的客戶是誰。

你想寫什麼樣的烹飪書？

如果你仍不確定自己想寫什麼樣的烹飪書，參考一下自己收集的烹飪書吧。你收集最多的是哪一國料理的食譜？大部分食譜都屬於同一類菜式，比方說整本都是生菜沙拉或是漢堡嗎？還是你買的烹飪書主要都是在講各種烹飪技巧？你也可以把食譜依照難易度或是讀者喜好來分類，像是：忙碌的上班族、獨自用餐的單身族群等等。

或許你有個通論性質的烹飪部落格，如果出版社認為你可以發展成一個品牌，你也能撰寫這類型的烹飪書。例如「小小廚房」、「食譜女孩」（RecipeGirl.com）與「滋味人生」（SavorySweetLife.com）。但大部分的烹飪書，還是都會有一個明確的主題與焦點。

以下是在美國主流圖書市場裡最受歡迎的烹飪書類型：

◆ 以活動為主題的書籍，諸如派對、季節、慶典與假期，但除非作者很有名，否則這種烹飪書不好賣。

- 單一題材書籍，重點放在一種特定的食材、一種菜餚或一種飲食方法。
- 以工具為主的工具書，像是慢燉鍋或壓力鍋。
- 針對特定讀者的書籍，重點放在特定族群，如糖尿病患、大學生、露營喜好者或是有預算限制的人，寫作風格及食譜類型需要符合目標讀者的閱讀習性和需求。以露營烹飪書為例，必須要有快速、簡單、可以帶著走的料理，需要的材料不多，而且有些步驟可以事先在家準備。
- 地理型書籍，以國家或地區為主題。這類烹飪書可能是旅行的見聞錄，內容有很多能引起讀者興趣的料理與照片。
- 歷史型書籍，按照時間順序書寫，或是涵蓋一個時代的內容。
- 雙重主題書籍，涵蓋兩種主題，例如「健康」的「美國南方」料理。
- 以菜單為基礎的烹飪書，像是野餐菜單、節慶菜單等等。
- 參考書，呈現方式按照字母順序編排的百科全書。這類書籍也可以選擇單一主題，例如蔬菜百科、香料百科等。
- 幽默或古怪的特色烹飪書。最經典的，莫過於《白人垃圾料理》（*White Trash Cooking*），這本書銷路超好，已經出了一個二十五週年紀念版本！

最傳統的食譜書架構就是「從前菜到甜點」：前菜、湯品、沙拉、主菜，最後是甜點。你也可以自行混和搭配，刪掉一些部分，或是用別的分類方式來替換某些章節，例如麵包、雞蛋、配菜、蔬菜、義大利麵、乳酪料理與水果。為了決定章節的順序，你可以參考其他你欣賞的烹飪書。有些烹飪書是以季節、食材、烹飪技巧、國家或區域來區分不同章節。

勾勒出恰當的分類與章節之後，就可以開始條列食譜清單，並且為每一道菜下一個夠吸引人的標題。想要寫一本夠份量的烹飪書，至少要有一百道食譜作為候選，現階段還不必定案、決定要放哪些食譜，甚至也還不需要完整的食譜。將每一道食譜列進各項分類，能幫助你刪去不該納入的食譜。你的紅酒悶雞或許很受好評，但若你寫的是拉丁美食烹飪書，這道料理就不適合放進來，除非你把它改成有一點拉丁特色。不適合放進這本烹飪書的食譜，可以先收集起來，等著放進下一本書。你要狠下心來段捨離，才能確保你的目標明確。

如果你有在經營部落格，一般而言，可以回收部落格上約百分之二十五的食譜，其餘的內容必須是新的。

除了列出食譜清單，你可能還需要加入以下這些內容：

- 購物指南專區，幫助讀者在網路上或特殊食材專賣店買到難找的食材。
- 詞彙表或導讀，解釋烹飪書裡會用到，但讀者不熟悉的食材。
- 專門介紹基礎烹飪技巧的清單或章節，像是如何水煮或用鹽水醃製，尤其如果你打算在許多食譜裡用到這些技巧的話。
- 關於儲藏食品的清單或章節，介紹書裡寫到的現成食材，像是罐頭高湯、烤甜椒、橄欖或魚肉罐頭。

◆ 關於基本高湯和醬汁的章節。如果你的烹飪書裡，有很多食譜會用到自製高湯和各種醬汁，你可以把這些「副食譜」收集在書的前面或後面，並且在一些比較複雜的食譜裡提到這些食譜所在的頁數。
◆ 特別介紹可以預先製作的材料，像是鬆餅粉、醃料與香草的搭配。
◆ 參考書目，讓讀者可以延伸學習。

你也需要考慮書裡有多少篇幅是在敘事。如果你喜歡寫作，每個章節的開頭、引言、食譜的敘事段落，或側邊欄，都是你可以發揮才華的地方，但你要考量這些故事是不是這本書的重點。若你寫的書類似葛瑞絲・楊（Grace Young）的《中式廚房的智慧》（*Wisdom of the Chinese Kitchen*），裡面寫到她的祖傳食譜、中華文化以及她成長過程中所住的中國城，你就可以加入散文篇幅的寫作。楊的這本書裡，包含了傳記型的故事、中式菜肴與療效的資訊、個人回憶，以及烹飪的傳統習俗。

當你的烹飪書想法都徹底凝聚起來，也寫好一份書籍提案了，下一步就是找到一家出版社。第十一章會解釋如何讓你的書被出版，也會探討是否要與傳統出版社合作，還是要自費出書，以及出版過程的相關經驗分享。

要如何讓攝影與你的點子契合

書籍構想漸漸成形，你可能也開始想像這本書最後會是什麼模樣。幾乎沒人會想像一本只有文字的平裝烹飪書，是吧？烹飪書當然要美輪美奐、全彩精裝，照片一定要能呈現每道料理的美、綿延不絕的蔥綠山丘，或是令人垂涎的現摘蔬果……且慢！先別急著一頭熱！彩色照片非常昂貴，印刷時，全彩照片需要更厚重的紙以及四色墨水。紙張重，就表示這本書的運費會比較高，倉儲成本也會隨之提高。結論是，這會是一本高成本的書。

編輯在審核時，會評估出版這本書的風險與成本，全彩印刷會增加風險，因為成本跟著提高了。有些烹飪書非常依賴攝影，像是介紹異國或異域料理的書。有時候，廚師的擺盤，就適合以彩色相片呈現。雖然彩色烹飪書越來越常見，但你的烹飪書不一定符合彩色出版的資格。有時候，某些書就是不需要用到彩色印刷。哈利恩艾伯斯出版社（Harry N. Abrams）副社長萊絲莉．史托克（Leslie Stoker）被採訪時說過：「一本專門論述肉餅烹飪的書籍，在視覺上其實很缺乏吸引力。」另一個選擇是雙色印刷。在書本的設計裡，若是會運用到一點顏色，例如插畫、加入一點色彩的標題，或是有顏色的實色框上印有文字時，就比較適合這種雙色印刷。

想要更了解頁面的設計元素，你可以翻閱自己收集的烹飪書，或是去書店研究之前沒有注意到的細節，諸如：側邊欄和提醒框的模樣、引言和開頭段落的長度，還有其他如彩色標題、框架與著色等讓頁面設計更活潑的元素。

大部分出版社會希望作者能自行解決攝影的問題，有些出版社可能會願意多付一些錢，讓作者能夠自行聘請攝影。如果你想要跟特定的攝影師或插畫家合作，也可以寫在投稿提案裡，和出版社商量看看，編輯會評估出版社負擔得起多少張圖片的費用，再決定是否可以僱用攝影師或插畫家。

攝影師最喜歡在棚內工作，這樣就不用扛著燈具和道具到處跑。當然，必要時，他們也得去餐廳、廚房和戶外進行拍攝，大部分攝影師會用自然光帶出食物的美。有些攝影師也會兼做美食造型，但多數仍是與食物造型師、道具造型師及其他助理合作。這些人都需要得到酬勞，這些成本都要算進這本書的預付款當中。

食物造型師負責製作要拍攝的料理，並凸顯一道菜的自然之美。攝影師瑪仁．加魯索（Maren Caruso）說：「我們會真實呈現一道菜的模樣，而不是把料理呈現得過於完美，讓人覺得難以親近，就永遠不會想煮看看。」你或許聽說過攝影師會在生菜沙拉上噴髮膠，或是在豌豆上塗一層保護膜。那些比較常在拍廣告時用到，加魯索解釋，因為拍廣告時「連牛奶噴灑的角度也要計較」。

道具造型師則會提供餐盤、桌巾、花、餐具等道具。我曾參與過一個實地拍攝的場合，道具造型師開了輛廂型車來，一打開後門就亮出整車的秘密武器：餐盤、花瓶、塑膠花、桌布、餐巾紙、刀叉、緞帶……還有任何想拍出美照會用到的東西。

烹飪書作家未必要會自己做食物造型。當然，如果你很有藝術天分，攝影師也願意相信你的話，就試試看吧。黛博拉．麥迪遜的烹飪書裡，所有的菜餚都是她自己親手造型的，她說：「我不介意別人來幫我，但我想要有權力說，我要哪個部分看起來凌亂、哪個部分要整整齊齊地擺好，我很不好搞，若是有某道菜一點都不像是我煮的東西，我會毫不留情地當面直說。」

現在，你已經知道出一本烹飪書該想清楚哪些事情了。你必須全面性地思考，持續不斷地修正概念與細節，把你的想法聚焦起來，整理好你的食譜。然後就可以開始寫了嗎？不，我們還有事情沒解決，但就快了。下一章，我會解釋如何寫烹飪書最主要的內容：食譜。接著，在第十一章，你會學到如何寫一份書籍提案，以及如何出版一本書。

寫作練習

一、深入思考細節，把你想寫的主題聚焦起來。如果你想寫的是關於你喜歡的國家的料理，這個主題可能太廣了。你必須專注在一個特定區域。根據我列出來的標題概念，還有什麼方法可以讓你的點子更貼近讀者，讓出版社感興趣？

二、若你已選好烹飪書主題，定義出你的專長。寫一段自傳。這麼做能讓你更有信心，也能讓你知道有哪些部分需要更深入研究。或許你有一個部落格了，你上過相關的烹飪課，曾到處去旅行，做過某種特殊飲食的料理，或是吃著某種料理長大。你曾為了課堂、部落格或報章雜誌寫過這個主題嗎？如果你覺得你需要精進專業，列出三個你現在就可以開始進行的步驟，加強自己的背景知識。

三、作家如果不知道該如何向我說明他們的烹飪書點子，我會請他們想辦法用一句話表達出來。這麼做能讓你專注在這本書最重要的部分。你可以請朋友幫忙。不斷解釋這個點子，直到你能用清楚的概念表達為止。

第八章

精通食譜寫作的藝術

MASTERING THE ART OF RECIPE WRITIN

身為廚師，我們必須先在腦海中品嚐這道料理，想像它擺在餐桌上、賓客們分享時的模樣。有時候也只是想像，而不是現實情況。然後，再用文字忠實地重現出這道菜。從這個觀點來看，烹飪書就成了一本沉思錄。準備一道菜或一頓飯，不僅是為了滿足口腹之慾，而是追求美好生活的探索過程。

——知名主廚、美食作家／賈娜特．席歐范諾我的父母都是移民，兩人都是在中國出生長大的伊拉克裔猶太人，他們本來是不會做菜的。移民到加拿大之後，他們發現沒有一家餐廳在賣自己的家鄉美食，想吃到習慣的口味，只能靠自己做出來，然而，對從沒煮過飯的人而言，這實在太難了。他們從記憶中的味道與香氣中，慢慢地重現出大部分的食物，那些他們朝思暮想的主菜、乳製品、醃菜、醬汁和甜點。唯一的例外，是我爸超愛的鑲大腸，因為我媽堅決不允許這道菜出現在家裡。

如今，我父母都已不在，很可惜，他們從沒教過我做菜。我找到幾張字跡黯淡的紙，看起來有點像食譜，試著照做，卻發現有些指示很難理解，那些隨筆速記、語焉不詳的技巧，我完全搞不懂，或是烹飪過程中其實少了一些食材或步驟，但發現時已經來不及了，最後做出來的東西完全不對。

我不斷嘗試烹飪其中幾道菜，跟我爸媽一樣，用記憶去修正味道。我每次煮菜或烤東西時，都會把食譜寫下來、印出來，下次做的時候，再寫下需要修改的地方。每一次都有需要改進的地方：增加或減少某樣食材、再滾久一點，想辦法讓餅皮軟一點，或是讓其中一個步驟更清楚一些。經過這樣實驗與精修的過程，現在，我已經有一些堪稱滿意的食譜。

我這個經驗，只是寫食譜的眾多動機之一。或許你即將上大學的女兒想要自己做幾道她最喜歡的菜；可能鄰居一直在跟你要你的炸雞食譜；你可能是廚師、外燴業者或烹飪學校老師，想要把食譜分享給學生或客人；也有可能你家裡有個過敏兒，你想要把孩子能吃的餐點記錄下來。無論你把食譜寫下來的理由或動機為何，你寫下的食譜必須可靠且行得通，才能做出美味的料理。

一份好的食譜，就像一首詩，是一種優美的寫作。經紀人和編輯一眼就能看出一份好食譜。他們有時候也會試做一下。麗莎・艾庫斯（Lisa Ekus）同時擔任新手與著名烹飪書作家的經紀人，她說，如果她發現某位素人作者寫了一份有趣的食譜，她會請這個人煮這道菜給她看，「要看到烹飪的過程，並且嚐到這些食物，我才能確定自己是否有足夠的熱忱去賣這本書的版權。如果這位素人是一家餐廳的老闆或主廚，我也一定要先去試吃。」經紀人朵・庫柏（Doe Coover）說，她「一定會」試做書籍提案裡的食譜，因為如果之後編輯試做卻發現行不通的話，「這筆帳很可是會算在我頭上。」

食譜寫得不好會讓人相當失望。第一次按照書上的食譜做菜，成果卻不如預期的時候，我總是怪自己廚藝不精，以為自己沒有好好地按照食譜的步驟做，或是一定有少放了什麼東西。但其實有可能是食譜沒有寫好、設計不良，或測試得不夠徹底。

現在，我讀到一份食譜時，就能立刻判斷它行不行得通，或是發現行不通時也知道該如何調整。這是煮飯煮了數十年所累積的功力。而身為烹飪書作者，你不會希望讀者對你的食譜有疑慮，你應該要寫出讓人第一次做就能成功、簡單又易懂的食譜。好的食譜寫作者，在確定讀者能夠完整重現一道料理的樣貌與味道之前，不會輕易發表他們的食譜。

寫得最好的食譜，不只清楚明瞭，也能讓人看出作者的個性。在一九四六年版的《廚藝之樂》（*The Joy of Cooking*）一書裡，其中一道「快速奶油雞湯」的結尾。混和雞高湯和煮過的稀奶油之後，厄爾瑪・隆鮑爾（Irma Rombauer）寫道：「想要奢侈一點的話，你可以選擇加入：去皮杏仁，磨碎（大約兩大匙到一湯杯）。」簡單幾個字，就顯出她活潑、富有原創性，以及喜歡偶爾放縱自己的個性。

若你很有耐心、嚴謹且注重細節，你就能寫食譜，這是一種有系統的技術寫作。在本章裡，你可以學會如何寫出食譜的不同組成要件：標題、引言、食材表與步驟。你也能學到如何研發、解決問題、撰寫，以及試驗食譜，直到你寫出一份誰都能做，而且做出來的結果和你一樣的食譜。即使你以前寫過食譜，無論是寫給自己或親友，甚至出版過，你也都能在這裡學到一些技巧，增進自己的技術水準。你還可以在此找到許多常見問題的答案，尤其是跟測試、署名與版權相關的解釋。

若你想寫一本烹飪書，我必須強調食譜寫作的重要性。食譜必須精確、一絲不苟、合乎邏輯、前後一致、清楚、完整、可行，又能讓人感到滿足。優秀的食譜，必須要能在讀者的腦海裡譜出畫面，可令人想像到煮或吃這道菜時的模樣。最好能讓人留下深刻印象、有臨場感，引起讀者的共鳴。無論是部落格的讀者、雜誌編輯、朋友，還是買你烹飪書的讀者，這就是他們最想看到的東西。

研發食譜

你可能以為寫食譜是一個線性的過程：你做了一道海鮮義大利麵，寫下食譜，然後把食譜寄給朋友，看他能不能正確地做出同一道料理。聽起來好像還滿簡單的，但事實上，寫食譜完全不是這麼一回事。同樣是一道海鮮義大利麵料理，以下是一個已經很簡化的例子：假設你試吃了這道義大利麵，你覺得還有進步的空間，或許還需要一點歐芹和檸檬汁，於是你在食材清單上，加上「¼歐芹」和「1大匙檸檬汁」，然後重做一次。現在味道好多了，但好像還需要再酸一點，所以你再度重寫食材清單，把檸檬汁變2大匙，並加上「2大匙酸豆」。你又再做了一次，結果你對成品很滿意。這才是食譜研發的過程。

然而，重做三次，並不保證一定就會成功。萬一你試吃第三個版本的義大利麵時又覺得太酸了，你認為檸檬汁可能還是只用1大匙就好，那該怎麼辦？你需要再做一次來確認嗎？經驗老到的食譜作家都會說「要」，有些時候甚至得試做個二十幾次，都算是家常便飯，尤其是烘焙，因為過程中有很多化學反應，所以寫這類食譜，就好像在做科學實驗一樣。「寫得出好食譜的人，通常都有點強迫症，」艾莉絲・麥德瑞奇（Alice Medrich）承認道：「你要抗拒這種強迫症，同時又要順著它。」

有時候，你會把重點放在食材清單上。例如，麥德瑞奇在研發一份多層蛋糕食譜的過程中，她可能會換掉其中一層蛋糕的口味，或是把餡料改成卡士達醬，也可能是用椰子取代堅果。另外，麥德瑞奇也經常會先畫出一份食材與份量的表格，假設她想做一道新的巧克力蛋糕，她會先研讀許多其他的巧克力蛋糕食譜，在表格上填入每一份食譜提到的食材與使用份量，比對出哪些是基礎食材，哪些是可以更動的。如果所有的食譜都要讀者加入差不多份量的麵粉，她就知道這份量是一個標準，不用改動。麥德瑞奇可能會試做其中要求加最多蛋的食譜，看看自己喜不喜歡。她說：「這就像是寫一份歷史報告之前，要查的基本資料，就是要在雞蛋裡挑骨頭、保持好奇心，注重那些微小卻可能會造成重大改變的細節。」

「赤腳女爵」堅持不懈的食譜研發

伊娜．卡登（Ina Garten），美國最暢銷的烹飪書作家之一，她會不斷重複研發、測試食譜。她先生在接受《遊行》（*Parade*）雜誌訪問時表示：「伊娜喜歡享受過程，但她做事也極度徹底。她在廚房裡簡直像是科學家，非常精準、有紀律。她會把所有事情寫下來、遵守食譜的指示到小數點後，而且會一直反覆實驗。同一樣東西，她會用六種不同的方法嘗試。她的實驗都會計算得非常精確。」

卡登表示，自己的一道菜，不會使用超過三種風味，風味之間也能彼此平衡。「你要能清楚知道自己在吃什麼，」她解釋道：「如果是一個李子塔，你要能知道裡面有李子，然後我會加一點黑醋栗酒做的東西，來加強李子的風味。我會反覆思考：要如何把一道菜裡那些錯綜複雜的味道帶出來？」

她滿意食譜研發的結果之後，會請助理做出來，然後請朋友試吃看看味道如何。

黛博拉．麥迪遜說，她會從花園與農夫市集得到研發新食譜的靈感。如果她做出一道自己很滿意的料理，就會試著再做一次。「我會先憑直覺做出一道菜，記下筆記，像是『需要更酸、更強烈一點』，接著就開始修正，設法找到讓自己更滿意的結果。」不過，她不會無止境地一直試做下去，通常她會限制自己一份食譜只能試做三到四次。

有些食譜的靈感，可能是麥迪遜在餐廳用餐時注意到的一個風味、不尋常的擺盤，或一道湯品綿密滑順的質地。她會記下她喜歡的菜，回到自家廚房時再詳加參考。有些人的味覺記憶很強，她說，就像她的朋友克里福德・萊特（Clifford Wright），一位專門寫地中海料理烹飪書的作者。「連在國外吃到的食物他都能記得味道。不知怎地，他就是有辦法重現那些風味。」

很多菜都是由多種食材組成的，在組成之前，你可以分開品嚐每一種食材，看看它們如何相得益彰。同時也可以考慮其視覺呈現、風味、質地與適當的份量。

有件事情你得特別小心，就是千萬別被親友的稱讚沖昏了頭，別忘了，這可是你自己的食譜，代表的是你的品質，如果你對自己的料理仍有一絲疑慮，你應該繼續修正，千萬別草率地投稿出去，或是張貼到自己的部落格上。假使你在部落格上發表一篇食譜，卻得到一則負面的讀者評語，用「我小孩可是愛得很呢」這種話來為自己辯護，實在無法站得住腳。

什麼樣的食譜，才能得到出版社編輯的青睞呢？《華盛頓郵報》美食與食譜編輯邦妮・班維克（Bonnie Benwick）這麼告訴我：「我喜歡看到一點小聰明，好的食譜多半是這樣：烹飪技巧夠純熟；傳達一個更簡便、更好、更快、成功率更高、甚至零失敗的製作方法；帶來某種啟發。」

「美國實驗廚房」（America's Test Kitchen）以一群超強的食譜研發專員聞名，他們一份食譜可能會實驗超過六十次。執行長約翰・威洛比（John "Doc" Willoughby）在接受我部落格訪問時，舉了很多例子，他說：「薑餅蛋糕，我們會試著用不同的烤箱溫度來烤，還要把烤盤放在不同的高度，膨脹劑的用量可能會不同，還有不同的液體：水、牛奶、柳橙汁，甚至啤酒，一定會有人問可不可以用窖藏啤酒取代，所以我們必須用不同的啤酒試做。想烤出熟度均勻又多汁的牛肉，你會需要很多科學實證，用幾度烤？烤多久？什麼時候要暫停，拿出來靜置一旁，多久之後再放回烤箱繼續烤？只要你一開始這麼做，就可能要實驗超過四十次，才能把所有的變數都試過一遍。」當然，我們不可能在家裡的廚房這樣搞，但這也就是為什麼他們出版的食譜如此無懈可擊。

威洛比進一步建議：「如果你不滿意某一道菜，你可以試著去找相關的食譜，看看別人在哪些地方做了不同的事，並且思考自己能如何改變這道菜，只要你有耐性，透過這樣的過程，通常都可以解決你的問題。」

如何創造新奇的國際級風味組合？優秀的食譜研發者都深諳此道，TheKitchn.com 創辦人莎拉・凱特・吉林罕（Sarah Kate Gillingham）在接受我訪問時說，她會試圖做出她喜歡的菜，並且想一些方法來改良。她會記得第一次吃到這道菜時的想法，例如「削一點橘子皮進去，或是把羊肉換成雞肉，這道菜可能就會更好。」她以記憶為出發點，進廚房改進或改變這道菜，並善加利用哪些風味能互相搭配的豐富知識。她會盡可能避開一些流行趨勢：「我不會狂加一堆荳蔻粉，那已經有人做過了。」

研發食譜時，吉林罕會參考科學讀物，以及她敬重的人士如雪莉．柯立赫（Shirley Corriher）或哈洛德．麥基（Harold McGee）有什麼想法可以參考。到這個步驟為止，她還不會去管食材份量或計量的問題。她參考和她想像的料理類似的食譜，是為了決定要做出怎樣的改變，設法在料理中加入個人特色。吉林罕說：「我知道大部分料理的基本配方，主要是因為在烹飪學校受到的訓練，以及畢業後不斷烹飪的成果。」

現在，再回頭去看看前面提到的那個海鮮義大利麵的例子吧，看看能不能想出一個偷吃步，或是加上某樣食材，做出不同的變化。

為烹飪書寫食譜

一本好的烹飪書，必須得有一份好的食譜清單。創造食譜時要考慮哪些事情呢？「選擇最能凸顯長才的食譜，」麥德里奇建議：「你會想要用最短的時間、花最少的力氣，得到最好的結果。減少單調乏味及重複性的工作。增加活動效率、做事情更方便。」創造料理需要考慮作品最後呈現的樣貌，尤其是烘焙相關的烹飪書，因為它們通常都會包含彩色照片。

許多新手作家不確定要在一道食譜裡給予多少指示。我自己認為，別太高估讀者的烹飪知識程度。大部分烹飪雜誌都會一步步帶著讀者前進，如果你打算投稿給這樣的刊物，他們也會期望你這麼做。既然你不是烹飪新手，你就不能以自己為標準。

茱莉雅・柴爾德非常重視烹飪新手讀者。她在法國研究料理時發現，那些寫給希望精進廚藝者的烹飪書，大多只是廚師的速記，沒什麼技巧指導，也沒教人怎麼修正一道做錯的醬汁，或是水煮食物的正確方式。柴爾德想寫一本「真正的教科書」，用清楚的邏輯，詳細解釋每一個步驟與技巧。她的第一本烹飪書《一生必學的法式烹飪技巧與經典食譜》裡，詳細地描述了每道菜每一個階段該有的樣貌，並且告訴讀者過程中可能會犯的錯誤，也寫到該如何修正這些失誤。她寫的食譜非常長，但一定行得通。這是讀者這麼喜愛她的一大原因。

在一九五〇年代，身為克諾普夫出版社編輯的茱蒂絲・瓊斯，在收到柴爾德的手稿時，也試做了其中幾份食譜。她發現這是一本革命性的書，因為「就像真有個烹飪老師在廚房裡指導你，而且每道食譜都能成功。」她跟《紐約客》雜誌這麼說。至今，瓊斯仍是柴爾德的仰慕者。瓊斯說：「柴爾德教我們應該預期得到什麼、如何達成你要的效果、如何品嚐、如何修正自己犯的錯誤，以及如何做出不同的個人變化。」

你的第一個課題，就是接受讀者並非跟你一模一樣的事實。他們可能不會在烹飪前先準備好所有的材料，使用的工具多半也跟你不同。讀者恐怕看不懂某些詞彙，像是「白灼」（blanch）[1]，他們或許也沒有先從頭到尾讀過一遍你的食譜。一想到要製作多道費時費力的晚宴佳餚時，他們未必會和你一樣感到興奮不已。

麥迪遜知道，現實生活往往會干擾廚房裡的工作，她說：「烹飪是一個多變、複雜的過程，我會試圖從整體來看。在食譜記載的步驟裡，有哪些空檔可以先煮隔天要用到的食材、在餐桌上擺上碗筷，或是坐下來休息一下，跟另一半喝杯紅酒？如果你只把食譜想像成最後的成品，而不是一個過程、一頓飯、或是一種經驗，這樣看待料理還滿狹隘的。」以這些觀念為基礎，在接下來的段落裡，我會詳細解釋食譜寫作的過程、食譜裡每個部分最適合的寫作方式、如何寫出來，以及如何測試它們。

食譜寫作的過程

寫食譜時，你會發現有很多句子和指示會一再重複。建立一份詞彙統一表，能幫助我們在食譜裡所有用詞與食材名稱保持一致。

主流的食譜寫作形式已經標準化了，例如食材列表上，先寫數字，再寫單位，單位詞主要以大匙、小匙、磅和杯為準。你得到書籍合約之後，出版社會給你一份自家的寫作規格指南請你遵守。報章雜誌通常也都有自己的寫作規格。如果你不確定的話，可以看看他們刊載的食譜，了解他們偏好什麼樣的寫作規格。

當今主流食譜寫作的標準形式，不外乎標題、引言、份量、食材與做法。然而過去則未

1 白灼（blanch），概念類似汆燙，更精準的意思，是用沸水燙堅果類（如杏仁）以便去皮，取得內部白色果肉，或用沸水燙某些蔬菜，使之變成白色。特徵在於「讓食材呈現白色」。

必是如此，二十世紀早期的美食作家艾多・波米亞納（Édouard de Pomaine）慣用第二人稱寫作，告訴「你」在烹飪過程中會看到、聞到什麼。伊莉莎白・大衛採用敘事風格寫作，而不是先列出所有食材，她會將食材與份量一起寫進食譜的做法中，讀者只會讀到一道菜的製作方式。詹姆斯・比爾德在《快樂與偏見》（*Delights and Prejudices*）一書中也是採用類似大衛的寫作風格。這些寫法如今看略顯老派，大部分期刊與出版社也不太喜歡這樣，所以我們還是依循主流形式吧。

一、食譜標題

食譜的標題應該要簡單、描述性足夠、能提供有用的訊息，並且吸引人。標題不應該像餐廳菜單裡的某個菜名，也不能過於含糊，讓讀者看不出這是什麼樣的一道菜。

我喜歡精準、明確、易懂的標題。瑪莉翁・康寧漢姆（Marion Cunningham）在《失去的食譜：與親朋好友共享的一頓飯》（*Lost Recipes: Meals to Share with Friends and Family*）裡的食譜標題都非常地直白、簡單，像是「南方四季豆」、「高麗菜捲」、「蓬鬆網格鬆餅」。她不會想把標題取名為「四季豆驚喜」、「有機高麗菜捲鑲長米與玉米牛絞肉」或是「茱蒂的人氣鬆餅」。任何被稱為「〇〇驚喜」的料理，對讀者而言一定是一團謎，因為他們無法想像這道菜；第二個標題比較適合出現在餐廳菜單裡；而第三個標題對讀者而言也沒有意義，因為他們不知道茱蒂是誰。如果你一定要把茱蒂的名字放進標題，記得至少在引言裡解釋她是哪一號人物。

寫出一個令人困惑的標題比想像中容易。你可能以為「無核水果冰淇淋」聽起來完全沒問題，但你其實是在要求讀者自己做功課。「哪些水果是有果核的？」他們可能會想，「是在說李子嗎？李子冰淇淋聽起來好像不太妙。」然後讀者就翻頁了。若你能用水蜜桃做出最好吃、最美觀的冰淇淋，就叫它「水蜜桃冰淇淋」，再列出其他有果核水果，讓讀者參考、做變化。

若你部落格或食譜風格適合的話，「簡單」、「快速」都是受歡迎的標題類型。你應該避免使用「最棒的」或「絕妙的」這類形容詞。因為這些詞是空泛的，你應該要讓標題不言而喻。

寫異國料理時，很多作者會先寫出料理的原文，再寫譯文，或是倒過來，先寫原文再寫譯文。書籍的風格、讀者的程度，以及出版商提供的寫作規格指南，都是影響的因素。在《猶太美食專書》（*The Book of Jewish Food*）裡，克勞蒂亞・羅丹（Claudia Roden）先寫了阿拉伯文「Shorba bi Djaj」，然後才寫「雞湯配飯」。茱莉雅・柴爾德曾為一道菜下了「Choux Brocoli Blancis」這個法文標題，接著才寫「水煮綠花椰菜」。

寫烹飪書時，你可以在每個章節前先列出一份該章節收錄食譜的標題清單，這樣的編排方式，不但可以增添書籍的豐富性與活潑程度，也具有「小目錄」的功能，方便讀者查閱。

二、引言或介紹

這是第二個可以吸引讀者閱讀食譜的機會。食譜的引言能營造氣氛，為食譜增添個性，或是說一個故事。需要引言的原因有很多，首先，如果沒有這一段話，讀者在看完標題後的第一行字可能會是「兩磅豬臀，切掉多餘的邊」，這看起來還蠻煞風景的。

近年來，作者寫的引言，有時讀起來像小說，能夠說故事或提供一點娛樂，也寫得非常口語化。你可能想分享某次廚房大災難，或是某個特別的回憶。勒保維茲以前會寫一些不一樣的引言，像是「我之前試圖把這個蛋白糖霜酥餅沖下馬桶。」他曾經問我：「這樣寫會讓人反感，還是覺得很好笑？」而他自己也有答案：「我在網站上也是這樣寫，照樣有人讀，所以應該是有人喜歡吧。這就是寫部落格的好處之一：你可以立刻得到回應。」

若你沒有想訴說的故事，也不必捏造一段話來填補空缺。你可以寫出這份食譜與歷史、用餐習俗或節慶的關係，也可以寫一些有創意的行銷話術：「我冬天很常煮這道湯，它十分美味，而且一點也不麻煩。」（蘿莉．科爾文）或「我最喜歡的雞肉料理，是用圓鐵圈塑型的克里奧風味雞肉，搭配野蘑菇醬汁，在春末一個美好的週日午後，後門敞開著讓溫暖的幾抹陽光灑在餐桌上，像是對母親行禮，感謝她從田園、森林、花園與農舍集結出這道美麗的一頓飯。」（愛德娜．路易斯）

一篇好的引言，能夠讓讀者感受到一種整體氛圍。賈娜特．席歐范諾（Janet Theophano）在《食言：從女性寫的烹飪書看她們過的生活》（*Eating My Words: Reading Women's Lives*

Through the Cookbooks They Wrote）一書中這麼說：「身為廚師，我們必須先在腦海中品嚐這道料理，想像它擺在餐桌上、與賓客分享的模樣。有時候也只是想像，而不是現實情況。然後，再用文字忠實地重現出這道菜。從這個觀點來看，烹飪書就成了一本沉思錄。準備一道菜或一頓飯，不僅是為了滿足口腹之慾，而是追求美好生活的探索過程。」

《南方的食慾：美食愛好者的良伴》（*Southern Belly: A Food Lover's Companion*）的作者約翰・艾吉（John T. Edge），認為引言可以分成五種。以下是他提供的例子：

- ◆文化型：在南方這一帶，我們常吃玉米粥⋯⋯
- ◆歷史型：第一個發明「熱布朗三明治」的是名廚⋯⋯
- ◆個人型：我還記得米妮阿姨踩到香蕉皮滑倒的那一晚⋯⋯
- ◆指導型：這道料理，只能使用柔軟的冬麥⋯⋯
- ◆感官型：這個蛋糕會膨脹到看起來像是五〇年代的蓬鬆髮型。

大部分引言都會是很實際的一段話，尤其是雜誌文章，篇幅也比書籍的短許多。引言會告訴讀者預期的結果，也會寫出這道菜的優點，例如省時省力，或是能夠用掉剩菜。

簡單就是美。有時候，引言不過是一段簡略、描述性的指示。以下例子來自羅伊・安德瑞斯・德・葛魯特（Roy Andries De Groot）的《四季饗宴》（*Feasts for All Seasons*），一本早在一九六六年就出版的季節性料理書：「我們喜歡把蘆筍當成單獨的一盤料理，在主菜之前上桌。煮蘆筍的問題相當簡單。蘆筍的頂部要柔軟，而且不能碰到滾水。但是蘆筍的根部，相反的，必須用水煮。」

你在寫引言時，至少要做到考量讀者的需求、解釋這份食譜，並且建立起讀者對你的信任。尤其是在這些情形之下：

- 如果食譜看起來又長又複雜，或是要分不同階段進行，請用引言告訴讀者，這道菜值得花這麼多時間做，可以先做哪些部分，或是這道菜其實很快就能完成。
- 要是這道食譜裡有需要事前準備的部分，請讓讀者一開始就了解。
- 做法裡用到一個新的技巧，對這道菜的成敗非常重要，請在引言裡先指出這一點，讓讀者有心理準備、專注在這個步驟上。
- 若食譜裡有不常見的食材，請在引言中說明該去哪裡取得，以及為何值得這麼做。
- 這道菜有很多不同版本，你可以在引言中解釋，或告訴讀者其他食材替代的可能。
- 如果這道菜的樣貌與風味較難想像，請以精準的用詞去描述，別只是說它好吃、美妙或是很棒，而是像「這是一種味道具有刺激性卻又清爽的醬汁。」
- 這道菜是某個節慶的傳統料理，或是能和書裡其他食譜搭配得宜，都可以在引言中讓讀者知道。
- 如果你覺得這道菜適合搭配某種紅酒或啤酒，可以在引言寫出你的建議。
- 如果有些小撇步，不妨在引言裡先幫讀者整理一下。

引言撰寫也該注意一些禁忌：首先，請不要在引言裡寫：「加上一份沙拉和一塊烤得香脆的麵包，就可以把這道菜升級成一頓飯。」任何西式或歐式的主菜料理，你都能這麼說。再者，也請別說這道菜是你吃過最美味的東西，這只是誇大其辭，讀者一點也不會相信你。你應該用具體描述的方式，來告訴讀者這道菜有多好吃。如果你認為讀者沒吃過這道菜，或者你做了全新的嘗試，那麼描述一道菜吃起來的味道或是口感，就顯得非常重要。

三、署名與版權

通常作者會在引言中寫到料理的出處。但要如何處理一份來歷不明的食譜呢？或許你有一份食譜，是你阿姨從朋友那裡聽來、手抄給你的，這可能是別人家的傳家寶，也可能是從一家餐廳、一本烹飪書或雜誌上抄來的食譜。無論如何，最好先查清楚來源出處，以免在無意間侵害他人權益。實在搞不清楚的話，就在引言裡交代清楚，據實說明這道食譜是從誰的口述或手抄而來，這樣才不會製造太多問題。

究竟該如何定義食譜的「改編」，至今仍存在許多爭議。有些人覺得，拿某個部落格的蛋糕食譜，配上某本烹飪書的糖霜食譜，就能宣稱自己做出新玩意兒了。錯！這麼做只是結合了兩個別人已經出版或刊登過的食譜。未經版權擁有者（通常是作者或出版商）同意，一字不差地翻印食譜，是不道德的行為，即便只是節錄一部份也一樣。

有些人認為，如果你在一份別人已出版或刊登過的食譜裡，更改三樣東西，你就能宣稱這是你自己的作品，我個人很不欣賞這種想法。有些食譜的寫作風格很鮮明，若僅僅只是複製貼上，再稍微改變其中使用的香料或鹽的用量，當然是不夠的，原作者仍能看出這是他寫的食譜。真要改編的話，你必須更動得更多，大幅改變食譜裡的要素。除了這些改變，寫出一個新的標題、新的引言，並且重寫做法。然而，即使你完全改變了食譜的用字，為了保險起見，還是說明它的來源吧。

版權方面，大部分的出版社，會將烹飪書的版權登記在作者名下。業界普遍認為，只有食譜的引言與做法可以受到版權保護，食材列表則否。你不能把「一杯麵粉」和其他列表中的食材納入自己的著作權範圍，因為這些資訊都是通用的。

關於「我該如何保護我的食譜」這個問題，美國政府的回答是：「光是列出一份食材的清單，無法受到版權法的保護。但是，食譜或配方若是伴隨一定程度的文字敘述，以解釋或步驟指示的形式呈現，或是如烹飪書這樣集結多篇食譜，就可被視為受版權保護的基礎。」

部落客想要妥善保護自己的版權，往往比實體書作者來得更困難，因為複製貼上的方式實在太容易了。若真有人未經許可擅自抄襲你的食譜，請先在留言處請對方移除該頁面。若是對方仍無動於衷，就採取法律行動吧。

如果你非常喜歡某個部落格刊登的食譜，並且想放在自己的部落格上，請介紹、註明，並且附上食譜的連結。切記，不要把整篇食譜複製貼上到你的部落格。

四、食譜份量

寫完引言之後，就要在食譜上標明份量。有時候，食譜做出來的份量，會是精準測量的結果，像是「每份半杯，共四份」。但有時候，份量的多寡，和你要把這道菜當成是前菜還是主菜有關，或是因個人食量不同而有所差異。究竟「一份」是多少？這問題其實無解，也是我在編寫食譜時最怕遇到的問題。我只能說，就盡量寫出一個代表性的數字，像是「四至六人份」。若你仍抓不準食譜的份量，不妨參考一下類似的食譜。

廚師與外燴業者的食譜寫作

如果你是專業餐飲業者，想寫食譜給家庭料理讀者，你會面對一些其他烹飪書作家不會遇到的挑戰。大部分廚師或外燴業者的食譜份量，通常是為了滿足大量客群。但只替四個人做菜，完全是另一回事。另外，由於你有能力做出複雜的料理，你可能會認為讀者也有一定程度的知識與經驗。我最常舉的例子是，我朋友曾經讀給我聽的一句開場白：「就像平常為任何場合張羅食材一樣，準備一隻烤鴨。」若你不懂這裡的笑點，你大概就沒辦法替一般家庭料理讀者寫食譜。

我這位朋友之所以有這份食譜，是因為她正在幫一位廚師針對家庭料理讀者重寫食譜。

最妥善的做法，是請一位食譜研發者或有經驗的烹飪書作家，重新檢視你寫好的食譜，再請一位非專業人士代表你的讀者，替你測試這些食譜。相關細節，請見二七六到二七九頁的「寧願不要單打獨鬥的時候：協作、合著與代筆」部分。

五、食材清單

把「食材清單」和後續的「步驟與做法」想像成是一個配方。寫這份配方時，最重要的規則，就是按照食材出現在步驟與做法裡的順序列出來。如此一來，若有些食材需要事先處理，例如烤堅果或是解凍莓果等等，讀者就能立刻看出來。又或者，如果讀者忘記自己做到什麼步驟，稍微看一下食材表，也能找到下一步。

寫食材清單時的另一個規則，就是盡量表達明確。不要只寫「油」，如果這道菜需要的話，你可以寫「橄欖油」或「初榨橄欖油」。寫清楚是要「無鹽奶油」還是「有鹽奶油」。切洋蔥、馬鈴薯也要告知大小，像是「1大顆洋蔥，切塊」。切蔬菜時，由大到小分別是：切塊、切丁、切碎。最好是將用量最大的食材先列出來，像是在列香料的時候，「2大匙奧勒岡，1茶匙鹽，½茶匙胡椒」。

測量單位有時很難拿捏。有些食譜作家會寫「2條紅蘿蔔，去皮、切塊狀」。但由於紅蘿蔔大小各有不同，你也可以寫成「1杯切塊紅蘿蔔（約2條）」。讀者喜歡知道確切的食譜份量以及紅蘿蔔的數量，以免不夠得話還得再跑一趟超市。

有些作家偏好列出食材的重量，像是「½磅紅蘿蔔」。但讀者家裡未必有秤，他們要怎麼知道現有的紅蘿蔔數量夠不夠？但若某樣食材是以重量計價販賣的，兩種測量方式都可以告訴讀者，像是「1杯草莓（約8盎司）」。生鮮蔬果方面，你可以認定讀者知道該加以清洗，所以不必在食材清單裡寫到這一點。

如果會用到罐頭食品，請標明罐頭的量，例如「1罐（14盎司）整顆蕃茄」。可以的話，盡可能一次用掉整罐高湯罐，讓讀者更輕鬆、不必煩惱剩菜。說到「讓讀者更輕鬆」這件事，大部分烹飪書都會接受使用罐裝食品，罐裝的豆子也不必泡隔夜。但若你在食譜裡只跟讀者說需要多少隔夜泡過的豆子，他們不會知道該買幾罐已經煮好的豆子。

先想好食材應該要先秤再處理，還是先處理再秤。分清楚「1杯杏仁，切碎」和「1杯切碎的杏仁」之間的差別。同樣，「1杯過篩麵粉」和「1杯麵粉，過篩」也是不一樣的。最好先想清楚這些事情，編輯常常因為看到不精準的食材份量而抓狂。

很多人不知道該如何表示食譜裡要用到兩次的食材。避免將同一個食材列兩次，而是寫「½杯與2大匙的橄欖油」。在烹調步驟裡，第一次提到使用油時，跟讀者說清楚這是那「½杯橄欖油」。之後，你可以寫「使用剩下的2大匙橄欖油」。你也可以寫成「½杯橄欖油，與用來抹在烤盤上的橄欖油」。有些作家會用「分別」這個詞來表示，我不確定這樣寫好不好。通常讀者要讀到烹調步驟的時候，才會知道你這麼寫是什麼意思。

一種食材若要使用到兩次，把食譜分成不同的段落來寫，也不失為一個好方法。例如，你可以把一份派的食譜裡所用到的食材分類，使用副標題與不同段落分別標示「派皮」和「內餡」，這樣每個部分裡用到的麵粉就可以分開標示。這樣的食譜叫做「副食譜」。你要為整份食譜寫烹調步驟，而不是為了每一個副食譜獨自寫烹調步驟，除非這個副食譜可以獨立出來，寫在烹飪書的其他地方供讀者參考，派皮就是一個可以獨立寫步驟的例子。

食譜若是由不同的部分組成，就需要用副標與段落來區分。艾琳．郭的「豆豉炒牛肉」食譜中，先寫了「滑嫩醃料」的做法，再寫整份食譜的做法，最後還有第三個描寫醬汁的食譜。我喜歡這種敘述方式，因為你能立刻看出來你要先醃牛肉、大火快炒，然後把醬汁加進去。如果食譜很長，就更有必要把它分成段落。如果你的食譜需要用到書裡別處的副食譜，例如用到高湯或醬汁的時候，你可以交叉引用在這道菜裡。但是太多副食譜會讓讀者不斷翻頁，大部分的人不喜歡一直翻來翻去，或是看到製作步驟裡要先分別做三個部分，到了第四個步驟才能把食材組合起來。即使是寫部落格，也不宜一直加入不同的連結。

關於食材的使用，最好讓讀者使用最常見、容易取得的種類。這對於寫異國異地美食的食譜作家尤其重要。《紐約時報》專欄作家馬克．比特曼（Mark Bittman）說：「我們喜歡最正宗的料理，但正宗的做法不一定是最容易達成的。」如果你非常希望讀者使用那些難找的食材，因為它是這道菜的美味關鍵，或是用別的食材代替美味程度會大減的話，請在食譜引言中寫清楚，並且給予讀者足夠的資訊與動力去找這個食材。現成的食材品牌也是同樣的道理，盡可能避免限定品牌。若你列出了一個替代食材、可加可不加的食材，或是一道菜在烹飪過程中的變化方式，記得先測試這些替換過後的食譜，確定這些變化都行得通。

在列舉鹽的時候，請詳細說明鹽的用量。你可能會認為不必特地把鹽寫出來，只需要寫「依個人口味加入適量的鹽」，這是事實沒錯，但讀者本來就會這麼做，就不需要你教了。我認為不寫出來是不負責任的行為，只有你知道這道菜該有的味道，你也希望讀者做出對的口味，所以你更應該果斷一點，明確寫出該加多少鹽。

如果你是為了世界各地的讀者寫食譜，你需要同時用公制（公升、公克）以及英制單位體系（杯、磅）。有些出版社會將這一點寫進承攬業務的寫作規格指南中，所以你必須花時間寫轉換的單位。你可以在網路上搜尋單位轉換的程式，我個人很喜歡「巧克力和櫛瓜」網站上列出的轉換表（ChocolateandZucchini.com/conversions）。

六、做法與步驟

食譜的做法與步驟，本質上是一種有系統的技術性寫作，但需要用活潑、有個性的口吻寫出來，最好要能讓人感受到作者的個性。編輯茱蒂絲．瓊斯認為，優異的烹調步驟寫作，應該要做到身歷其境，就好像你本人在現場指導讀者做菜那樣。她說：「你應該要表現出這道菜你已經做過很多遍，而且對做菜很有自信的樣子。」

瓊斯在審閱食譜時，會看寫作的品質與作者使用的語言。「食譜本身可能沒什麼特別，也不新穎，而我看重的是作者在這份食譜的步驟過程中做了什麼事。」瓊斯的其中一位作家麗蒂亞．巴斯提亞尼許就曾寫過：「在攪拌義式燉飯時，你可以利用這個時間靜心思考你正在做的事，你要注意聽到什麼、看到什麼，以及聞到什麼。這樣的寫作是來自內在的。」

你要把一組一組的動作分成不同的段落來寫。把類似「在小火煮湯汁前，一次加入多種調味料」這樣的步驟寫在一起。以「沖洗」、「切碎」、「拍打」等動詞作為開頭的句子，會讓你整體的寫作比較生動。如果你是為雜誌或有食譜寫作規格指南的出版社寫文章，你應該以他們的指示為準。

許多食譜裡的第一個指示，就是要讀者預熱烤箱，但這不一定是正確的步驟。最好是讓讀者在對的時間進行這個步驟。如果你要讀者「醃肉二十分鐘」或是「餅乾麵糰放進冰箱冰一小時」，食譜裡就應該讓讀者晚一點再預熱烤箱。

記得以小、中、大來標明一般常用的鍋子大小。不要讓讀者自己猜測該使用什麼大小的鍋子，最後卻挑錯。烘焙時，尤其需要註明器具的大小。

瓊斯對於食譜寫作有十分強烈的個人意見，她不喜歡模糊詞彙和冗長贅述。比方說「混和物」這個詞就很模糊，「牛奶加了一點鹽，這樣就可以稱之為牛奶混和物了呢！」她不以為然地說。瓊斯會建議作者使用更精準的詞彙，像是「卡士達醬」、「麵糊」、「麵糰」、「醬料」、「乾的食材」和「濕的食材」，她也喜歡柴爾德對於動作類動詞的精準掌握。至於冗長的贅述，像是「靜置在一旁」這種寫法，我自己也很不喜歡，瓊斯看到這種句子，很有可能會說：「要不然你還能怎樣？丟掉它喔？」反之，你應該只要在必要時提供精準的指示，例如「蓋住並冷藏至少一小時」。

寫做法步驟時，要注意內容的長度。有時真的會解釋太多。如果做法太長，你可以簡化指示，或是把一些前置作業寫在食材清單裡，像是「一杯煮好的白飯」或是「兩顆紅甜椒，烤過並切成條狀」。

當你寫說要煮、攪拌或烤多久的時候，請使用計時器以確保時間夠精準。對於食物的熟度，你可以提供第二種視覺上的描述，像是「烤到卡士達醬凝固了，或是直到表層呈現金褐色為止」或「在鍋中加熱奶油，直到奶油變成褐色，並散發出果仁香氣」。一邊做菜，一邊觀察，並想出精準的用詞來描述正在發生的事情，像是「繼續攪拌，直到醬汁變得濃稠（或變硬、濃縮）」。

盡量不要用讀者廚房裡不見得有的、太昂貴或太專門的工具。不是每個人都有直立式自動攪拌器或食物調理機。不要用品牌名稱來指電器設備，如果某份食譜真的需要用到某種特殊的工具，或是某個牌子的電器，請在食譜的引言中說明。

茱莉雅．柴爾德的行為動詞

如果你經常寫食譜，在寫做法與步驟時，你可能已經看膩「加入」、「放入」這類動詞了。我們可以效法茱莉雅．柴爾德的長處，多使用更有力的行為動詞。為了做出這份清單，我快樂地花了一個小時左右，重新閱讀柴爾德的《一生必學的法式烹飪技巧與經典食譜》，她真是用了許多不同詞彙呢：

擺放
攪打
埋住
剁
修飾
切
區隔
弄乾
跟著
上釉
放著
融化
潤濕
鑲滿
倒出
刺
推
縮減

浸潤
上色
刻出
閉上
蓋住
點綴
綴飾
包住
強壓
插入
提起
絞碎
放上
塗上
準備
拉
切成四分之一
翻新

拍打
疊上
檢查
放涼
弄碎
丟棄
滴入
折起
整型
排
做
拌勻
打開
刺穿
壓住
打成泥
升高
再次加熱

代替	放回	扭轉
燒烤	捲起	加鹽
快炒	撒下	撈起
刮下	搓	調味
分開	凝固	沉澱
削起	小火滾煮	撈掉表層
切片	滑上	滑過
切開	抹	泡
舀	攤開、抹開	撒上
攪拌	瀝乾	灑滿
塞入	圍繞	嚐
稀釋	綁住	傾斜
稍微倒入	最上層放上	大略攪拌
修剪	轉	翻轉
加熱	炒軟	纏繞
包住		

值得花時間解釋的動作

現在的人越來越少煮東西，別拿一個讀者不熟悉的詞彙去嚇他們，這麼做只會讓人覺得自己很笨，或是感到沮喪，並且讓他們對於自己不知道這個詞彙而感到生氣。

如果你的目標讀者是廚房新手，以下幾個詞彙你應該避免，但若一定要用的話，必須解釋清楚：

白灼（blanch）	混和（blend）	文火燉熟（braise）
組合（combine）	燒盡（cook off）	做成奶油狀（cream）
切塊（cube）	溶解（deglaze）	切碎（dice）
撒粉（dredge）	澆酒點燃（flame off）	折入（fold）
切絲（julienne）	淺鍋燒烤（pan-broil）	水煮清燉（poach）
收汁（reduce）	炒煮出水份（sweat）	

有些詞彙需要比較複雜的解釋，可能減緩你寫烹調步驟的速度。由於如何掌握「折入」這個技巧可能要用好幾句話解釋，作家葛瑞格．派坦（Greg Patent）建議在烹飪書裡直接獨立出一個技巧相關的專區，一次解釋所有較難的技巧。

七、側邊欄的功用

側邊欄，又稱為資訊框，是當你想要提供更詳細的補充資訊時，就能派上用場的東西。這裡記載的不是食譜裡的關鍵資訊，讀者想讀的話就可以看看。側邊欄可能會以色塊為底、文字線框方塊，或是不同顏色的文字呈現。

側邊欄的主題包括：

- 前置作業或技巧方面的小撇步（像是如何烤甜椒）。
- 盛盤時的建議，或是食譜可以如何變化。
- 如何挑選某樣食材（比方說挑蛤仔要挑緊閉著的）。
- 關於食材的額外資訊。
- 跟某道菜有關的歷史或習俗。

八、持續追蹤並且重新校閱

在研發食譜的過程中，透過編碼，寫下草稿和檔案日期，持續保留所有的草稿，追蹤最新版本的食譜。當你覺得做出一個滿意的版本時，請依照下列重點重新校閱一遍：

◆ 認真問自己，你的讀者會想要做這道菜嗎？這符合他們的需求嗎？還是太複雜了？你寫的引言有辦法吸引他們的注意力嗎？
◆ 確定食材都精確地列出來了。
◆ 尋找可以再進一步解釋清楚的步驟。
◆ 檢查是否遺漏某個步驟，或是步驟的順序是否錯了。
◆ 檢查食材清單是否和做法與步驟契合。
◆ 檢查溫度、時間、份量與烹調器具的大小。
◆ 檢查自己是否有註明在爐上烹調時，該用小火、中火還是大火，以及鍋子的大小。
◆ 檢查自己處理食材的方式，是否有按照食品安全的技術規範。
◆ 找找看有沒有贅字冗詞，或是邏輯不清楚的地方。
◆ 檢視之前的草稿版本，對比自己是否故意更動了某些份量。
◆ 挑錯字。

九、測試，最後的一道防線

食譜與其他文類寫作最大的不同之處，就是必須要到試做、試吃，成功重現佳餚為止，才算真正完成。我贊成要讓「任何能夠代表你潛在讀者的人」來測試你的食譜。否則你會對讀者的認知有所假設，或是無法挑到他們可能會發現的錯誤。

瓊・內森喜歡自己測試她書裡的所有食譜，偶爾也會發現一些她認為是理所當然但讀者未必了解的事。內森喜歡跟讀者保持接觸，她發現讀者做出來的成果不見得跟她一樣，即使他們都有完全遵照食譜的指示。讀者也會提供一些自己的意見，曾有個對椰奶過敏的人，建議內森可以用豆奶當作替代食材，內森說，如果沒人跟她提這件事的話，她自己是絕對想不到這一點的。

內森會花一整天做出六、七道菜，邀請十二位客人到她家裡吃晚餐，並請他們提供真實的意見與想法。「我的社交生活，完全以我的烹飪書為中心。」她解釋道。

食譜還在測試階段時，最好不要提供給來試吃的親友。他們很可能為了得到食譜而不給你完全誠實的意見，即使你給他們一份測試表（請見本章末所附的「測試表例題」），請他們狠心一點說實話。他們可能會決定不要說出其中一個不喜歡的地方，或許他們會覺得自己的意見比不上你的，又或是不想要讓你覺得難堪。我也不會把測試中的食譜提供給烹飪學校的學生或專業的食譜研發者，除非你要請他們幫你試做。

除了自己試做料理，邀請親友來試吃之外，在美國，許多烹飪書作家會請食譜測試員來試做，並觀察測試員的試做過程。內森也會請助理幫她試做，她一週有三天會請大學實習生來協助她工作，其中一天，就是專門用來測試食譜。

食譜測試員試做料理，不見得是有酬勞的，有些作家會貼補購買食材的費用，有些則是一毛錢也沒有。勒保維茲在一次訪問中表示，無酬的測試員總是會花較久的時間測試，而且很可能提不出什麼好意見，他說：「有酬勞的話，大家會比較認真一點。」然而，無論你是否付錢、如何付錢給測試員，記得務必在你的書裡對他們致謝。

若你已有點名聲，你可以公開招募測試員。潔登・黑爾寫第一本烹飪書時，在部落格上招募食譜測試員，結果來了超過兩百名志願者。黑爾請他們測試三篇食譜，並提出關於食譜細節與最終成品的意見，同時要交每道菜的成品照一張。她甚至委託其中一位志願者幫她管理這群測試員與他們的意見。黑爾另外成立了一個私人部落格，專門用來讓測試員回應，而她所提供的酬勞，是承諾這些測試員她會在書裡提到他們的名字。大衛・萊特則是為了他的烹飪書《新葡式餐桌》裡的每一道菜，請了十四位食譜測試員進行試做，這些測試員都是從網路上招募而來的志工。

美食部落客蓋瑞特・麥寇德（Garrett McCord）與史蒂芬妮・史蒂亞維提為他們合著的烹飪書《融化》（*Melt*）找到八十位志願者，這樣每一篇食譜就可以測試四次。他們沒辦法付錢給這些測試員，也無法貼補買菜錢，但是承諾會在書裡提到每一位測試員的名字。他們有請這些志願者簽署一份保密條款，以免食譜在出書前曝光。

「當然，這些測試員也有些問題，有時候，他們會誤解食譜中的一些步驟，或是用某種食材替代卻沒告訴我們。」麥可歐德說，「如果有超過一位測試員遇到問題，而這些問題都很類似，那很有可能就是食譜本身出了問題，我們就會嚴格地重新試驗，找出問題的根源。一旦找到答案並重寫食譜後，我們會再把食譜發給四位測試員，或是發回給出問題的同一位測試員，但視情況而定，有時也會發給其他不同的測試員。一份食譜如果行不通的話，我們反會問測試者很多問題。不要覺得不好意思，因為你需要得到很準確的答案。問題很可能只是一個簡單的誤會，或是你可能忘了寫一個關鍵的步驟。也有可能是這位測試員擅自改變了食譜上的做法，只是你沒有預期到或料想到。」

這兩位作者做了一份電子表格追蹤測試的進度，裡面包含了聯絡人清單、誰拿到哪一篇食譜的記錄，以及該把回饋意見表寄給哪些人。

《全美餅乾大全》（*The All-American Cookie Book*）作者南西・巴蓋特把所有研發與測試的筆記留下來，一旦有人問起，她就有文件可以展示給他們看。「有一次我一時好奇，決定把所有測試的數據加總，結果發現我已經烤了三萬八千片餅乾了。」

加上營養相關資訊

如果你想在食譜裡加上營養相關資訊，比方說每一份食材裡含有多少卡路里、脂肪量、膽固醇、蛋白質⋯等，你可以請教專業人士、購買計算營養成分的專業軟體，或是利用網路上的免費計算器。有些軟體與食譜寫作程式有食材營養成分分析的功能，也比專業版軟便宜一些，專業版本的價格大致在八百美元左右。

比較講究的食譜研發者，會找飲食管理師或營養師合作，這些人手上一定都最專業的食材營養分析程式。「要分析特定食材的資料時，有太多細節需要注意，最好還是找專業營養師來協助。」食譜研發員蘿絲瑪麗・馬克（Rosemary Mark）說：「專業營養師會不斷更新他們的食材營養資訊，他們手上的資訊一定是最新、最完整的。」

如果你不需要用到太精準的食材營養資訊，馬克推薦了她自己最常使用的兩款免費線上軟體，分別是「營養資訊計算機」（nutritiondata.com）和「璀璨食譜網營養成分計算機」（recipes.sparkpeople.com/recipe-calculator.asp），不過，她說這些軟體經常缺少一些獨特食材的資訊。偶爾，馬可也會利用美國農業部官網上的「國家營養數據庫」（ndb.nal.usda.gov）來查資料，但她並不太推薦，因為農業部的介面實在太難用了。

經過一連串的研發、撰寫與測試，相信你已經能夠累積出一堆寫得又好又精確，品質又一致的食譜。看看這些努力所帶來的好處：你終於創作出一本傳世料理經典。你寫出了優秀的食譜，編輯們都對你另眼相看；需要悉心指導的讀者，會感謝你所付出的心力；而那些希望做菜可以做得和你一樣好的人，也透過你的食譜實現了他們的夢想。

測試表例題

如果你找人測試你的食譜，你會需要列出一些具體問題來獲得他們的意見，請參考接下來的這份例題表，這些多半是必須的基本問題，你也能依照自身需求設定其他相關問題，但盡量不要只問簡單的是非題：

◆ 你有按照食材清單上的順序使用食材嗎？
◆ 對於食譜的做法與指示，你有任何疑問嗎？
◆ 食材的份量適當嗎？有難以取得的食材嗎？你有使用替代食材嗎？如果有的話，你用來替代的食材是什麼、你認為這對料理有何影響？
◆ 你認為這道料理的準備時間如何，是否感到太過費時？
◆ 食譜的步驟中，有任何令你困惑的部分嗎？
◆ 你如何選擇要使用何種工具、烹飪器具或設備？
◆ 你認為作者應該特別指出該使用哪些工具嗎？
◆ 你的成果如何？你喜歡或不喜歡這道料理的哪些口味、口感與風味？
◆ 這道料理在視覺上有何吸引人的地方？
◆ 從一到十，十為最優，你會如何分別評比料理的份量、準備時間與製作的難易度？請提供詳細說明，告訴我是否有哪個部分太難或是太費時。
◆ 從一到十，十為最美味，你認為這道料理的味道如何？
◆ 你會再做這道料理嗎？為什麼？
◆ 這份食譜與你試過、類似的食譜相比，感覺如何？
◆ 整體而言，可否請你提供寶貴的意見？

寫作練習

一、以你最喜歡的三明治寫一份食譜。包含一段至少三句以上的引言。接著，檢查自己是否寫得夠詳細。你有要求讀者使用特定的麵包，或請他們把麵包切成一定的厚度嗎？你有交代該用哪種芥末醬（而非品牌名稱）嗎？如果你要求讀者做出少見的美乃滋，例如蒜泥蛋黃醬，你有寫出它的食譜嗎？你有指定讀者使用特定工具，像是一台帕尼尼三明治機嗎？如果有的話，試圖描述給讀者看，要如何不用這個工具做出三明治。

二、找出食譜的出處。在你收集的資料夾裡，翻出別人給你手寫的、不知是誰發明的食譜。聯絡每一位給你食譜的人，試著找出食譜的出處。如果他們記不起來，試想你要如何更動食譜的內容，讓它變成你的食譜，或是你會在引言裡寫些什麼內容，解釋每一份食譜的淵源。

三、決定你目標讀者的程度，如果你打算寫一本烹飪書，去翻翻看你的櫃子裡、冰箱裡，有哪些食品和調味香料是你目標讀者大概不會有的東西。決定哪一個會在你的烹飪書中擔任要角，哪些是可以不納入、改用別的東西替代的。

第九章

精雕細琢：回憶錄與紀實文學

CRAFTING MEMOIR AND NONFICTION

好的美食寫作，是在探討美食如何形塑我們的生活、我們如何與美食互動、美食如何成為人際關係中的一部分，以及美食在我們生活中的樣貌。每個人對食物的想法都不盡相同，但食物都賦予了我們的生活一種特定樣貌，而且每個人對食物都會有感情與強烈的意見。

——「橙皮巧克力條」美食部落格作家／茉莉．懷森伯近年來，與食物相關的書籍蔚為風行。自從露絲・雷舒爾的回憶錄《天生嫩骨：餐桌邊的成長紀事》（*Tender at the Bone: Growing Up at the Table*）（編按：本書繁體中文版為宋碧雲翻譯，高寶出版）暢銷之後，這股潮流便開始加速發展。名廚寫回憶錄風靡一時，以往被視為冷僻又艱澀的食物相關歷史書籍，因為《鱈魚之旅》（*Cod: A Biography of the Fish That Changed the World*）以及《鹽的世界史》（*Salt: A World History*）等書的暢銷，突然成了主流讀物。市面上出現了很多主要以描述巧克力、橘子和香草等單一主題的書籍。美食與旅遊的指南、傳記，以及《一口漢堡的代價：速食產業與美式飲食的黑暗真相》（*Fast Food Nation: The Dark Side of the American Meal*）（編按：本書繁體中文版為吳緯疆翻譯，八旗文化出版）這種非常有影響力的調查報導，都已經跨入書店中的不同領域了。揭密食物的來源、用處等等的工具書也變得非常多。

所以，如果你不想寫烹飪書，或是已經寫過烹飪書而想嘗試不同的寫作文體，可以考慮撰寫這類以食物為主軸的書籍。想要寫出優秀的敘事或紀實美食寫作，你未必要成為那個領域的專家，但你必須是一位優秀的偵查者與研究員。

《牛津百科：美國食物與飲料》（*Oxford Encyclopedia of Food and Drink in America*）作者安德魯・史密斯（Andrew Smith），在從事美食寫作之前，完全沒有飲食相關的專業經驗，他原本的專長是國際關係。有一次，史密斯藉由一根巧克力棒，向一群小學四年級生解釋複雜的國際時事，他指著世界地圖，告訴孩子們巧克力是從哪來的、在哪生產的，以及銷售巧克力棒的金錢會流向哪裡。他發覺，若想讓人們去關心那些他們平常不在乎的事情，諸如歷史、文化與科學等，討論食物會是一個很好的方法，而這也成了他撰寫飲食主題書籍的契機。

本章主要介紹的是回憶錄文體，但內容不限於回憶錄的寫作。如果你想寫食物的歷史、文化人類學與哲學、工具書、旅行指南手冊、傳記、飲食與健康、廚房科學，或是冒險歷程、美食報導與政治，也都可以在這一章裡獲得一些建議與幫助。

以美食為主軸的回憶錄

讀者為什麼會被回憶錄吸引呢？大多數人們都喜愛飲食，進而連結到家庭、文化與各種情感。關於美食記憶的第一人稱書籍或自傳，讀起來通常都很愉悅，即使它讓你想到一些苦澀的回憶。有些書則是充滿關於生活、愛情與美食的私密回憶，就像費雪的經典名著、如回憶錄一般的《戀味者》。

身為費雪的信徒之一，雷舒爾在一九八六年出版了她的第一本回憶錄。後來，她那本超級暢銷的《天生嫩骨：餐桌邊的成長紀事》，一段描述自己一生如何跟隨味蕾成長的紀事，啟發了許多新世代的美食回憶錄作家。

「其實，大家都忘了這種寫作類型，」雷舒爾回憶道，「費雪以前就成功過，但後來卻沒人接著寫了，直到五十年後。我沒料到《天生嫩骨》會是一本劃時代的書，我總覺得我的職業生涯、我碰到的時機點，完全是基於我自己對美食的興趣，只是美國的讀者剛好在這個時候，又開始對美食回憶錄產生興趣。」她的續集《蘋果慰我心》，更是替以美食為主軸的回憶錄類型加深其公信力。

很快地，美食回憶錄自成一格。雷舒爾的第一本回憶錄出版後一年，芙蘭西絲・梅耶思（Frances Mayes）的《托斯卡尼艷陽下》（*Under the Tuscan Sun: At Home in Italy*）（編按：本書繁體中文版為梁永安翻譯，台灣商務出版）就掀起一陣旋風，這是一本描述作者如何整修一棟義大利農舍、夫妻生活，以及烹飪的回憶錄，書裡也包括許多食譜。二〇〇〇年，安東尼・波登的《安東尼・波登之廚房機密檔案》（*Kitchen Confidential: Adventures in the Culinary Underbelly*）（編按：本書繁體中文版為韓良憶翻譯，台灣商務出版）成了紐約時報排行榜上最暢銷的作品。不久之後，第一本從部落格延伸而成的實體書回憶錄也問世了：茱莉・懷森伯的《家味人生：自家廚房的故事與私房食譜》，一本根據她的部落格「橙皮巧克力條」所寫的成長紀事回憶錄。從此之後，市面上出現越來越多由廚師、旅遊作家、烹飪書作家、農夫、小說家、新聞記者與評論家所寫的回憶錄。例如嘉貝麗葉・漢彌頓（Gabrielle Hamilton）的《廚房裡的身影：餐桌上的溫暖記憶》（編按：本書繁體中文版為廖婉如翻譯，馬可孛羅出版）。有些以美食為主軸的回憶錄甚至搬上了大銀幕，像是茱莉・鮑爾的《美味關係：茱莉與茱莉雅》（*Julie & Julia: 365 Days, 524 Recipes, 1 Tiny Apartment Kitchen*）（編按：本書繁體中文版為黃芳田翻譯，時報出版），史奈傑（Nigel Slater）所著的《吐司：敬！美味人生》（*Toast: The Story of a Boy's Hunger*）（編按：本書繁體中文版為林靜華翻譯，大田出版）。據說《美味關係》這本書，啟發了數千名女性成為美食部落客。

這些回憶錄講的不只是美食，這是它們成功的原因。好故事描寫的是人，以及人與人之間的關係與情感。故事中，人物之間的衝突表現和優秀的餐點同樣重要。最成功的美食回憶錄，能結合精采的故事與優美的寫作。「我認為，好的回憶錄描寫的，是人物之間的關係，以及值得紀念的事情，所以是否跟食物有關，其實並不重要，」《為拿鐵先生做飯》回憶錄作者赫瑟爾這麼說，「美食可以是一本書的組織架構，或是被當作感官的元素或符號，但若書裡沒有表述的核心，這本回憶錄讀起來會相當乏味。」

懷森伯同意道：「好的美食寫作，是在探討美食如何形塑我們的生活、我們如何與美食互動、美食如何成為人際關係中的一部分，以及美食在我們生活中的樣貌。每個人對食物的想法都不盡相同，但食物都賦予了我們的生活一種特定樣貌，而且每個人對食物都會有感情與強烈的意見。」

以美食為主軸的回憶錄，故事自然必須圍繞著食物來發展。「這既是一種限制，也是一種解放」，《雨季日記》作者秀芭·納拉揚解釋，「說是一種限制，是因為你不會去寫跟食物無關的人生故事。說是一種解放，是因為這形成一個很緊迫的架構，作家也因此少了一件必須煩惱的事情。」

以下是美食回憶錄最重要的幾個特色：

與美食有關的記憶。重現餐桌上出現過的美味佳餚與對話，讓讀者明白作者是如何認識美食及其傳統的。描述廚房裡的景象、味道、聲音、氣味、人物，乃至於各種烹飪料理的活動，將讀者不可能有機會親身經歷的事物展現出來。

注重感官。大部分描述的場景，是以飲食為主的場合，無論是在廚房、餐廳、花園、餐館、市集、烹飪學校、食堂、野餐區或是森林中。讓讀者身歷其境，經歷所有的感官體驗。

小說大師伊莎貝爾．阿連德（Isabelle Allende）的《阿佛洛狄特：感官回憶錄》（*Aphrodite: A Memoir of the Senses*）（編按：本書目前僅有簡體中文版，由張定綺翻譯，譯林出版社出版），是一本讚頌性愛與美食的著作，採取不同於以往的方式，將一百多份食譜結合詩歌、故事、照片與圖畫，並在書中討論美食的感官藝術、如何吸引你的伴侶，以及氣味對性慾的影響。

食譜。幾乎所有我讀過的美食回憶錄中，都有包括食譜，除了少數那些由餐廳食評寫的回憶錄。

食譜的數量主要是由作者自己決定，編輯可能也會給予一些建議。有些書會在每一章的最後收錄一、兩篇食譜，有些著作則是會放很多篇。雷舒爾說，她的第一本書是由故事主導食譜，但第二本書則是由食譜主導故事。

食譜到底該不該成為書裡最重要的一環，是一件值得深思的事情，重點在於食譜能否能加深故事性，能否為故事增添質感。赫瑟爾的《為拿鐵先生做飯》，講的是她與未來老公的相遇過程，書裡詳細地描述未來婆婆做給她的餐點、她做給拿鐵先生的第一頓飯，以及拿鐵先生煮給她的第一頓飯。這些事件，都對整體故事情節有著重大的影響。

回憶錄本身也有一定的特徵，它並不是作者完整的人生故事，不然會稱之為自傳。回憶錄訴說的，是作者在特定的時間之內，在情感上、身體上或心理上體驗到的一段旅程，像是去上烹飪學校，或是為了學習茶道而移居日本。優秀的回憶錄，讀起來會像是在看小說。這種風格稱之為紀實文學，或是敘事紀實，其中寫作的品質與故事本身一樣重要。以下是回憶錄所涵蓋的元素：

務必要有洞察力。你的故事，不應該只是交代你做過些什麼，而是要說出這些經驗如何改變或影響了你。沒有這樣的洞察力，這本書不過就是一本流水帳，了無生氣又缺乏深度。

在設想要寫什麼主題時，你該思考要如何將自身經驗連結到讀者及其生活。你無比著迷的事情，未必能適當地傳達給讀者。若你描述的是「達成某種成就」這類較廣泛的主題，例如從烹飪學校畢業、去一趟夢想中的旅程，或是第一次離家、創造自己的生活與烹飪方式，你成功的機率會比較大。讓讀者感覺就像是親身體驗你的故事，幫助他們學習，或是給他們一些靈感、讓他們可以自行複製你的經驗。讓他們看看，這個世界是如何運作的。真要這麼做，你就要將自己抽離，否則讀者只會被動地讀著你的事情、你的經驗，而不是直接體驗你的故事。你要成為場景的一部分，而非主宰它。

以下這個例子，來自李伯齡的《在巴黎餐桌上：美好年代的美食與故事》。書中提到，當時他在巴黎大吃大喝的花費，都是他爸媽匯給的。他寫道：

我坐在銀行裡，得到的是既輕蔑又嚴肅的待遇，就像那位等著向守財奴提親的追求者。我和其他同樣來跟銀行取款的可憐蟲，一起被迫坐在冷清的木製長板凳上，隨著時間一分一秒地過去，越來越覺得自己像是某種罪犯。法國的銀行，由於嗜錢如命，對在途資金有著情緒化的佔有慾。銀行客戶則覺得自己此時的道德立場就像是一個任性的母親，把孩子丟在別人家門口後，卻跑來跟把孩子視如己出的養父母要回小孩。

你能想像李伯齡坐在銀行裡獨自生悶氣的模樣嗎？你可以感受到他的不滿與不安，細微到連坐在硬梆梆的椅子上是什麼感覺也體會到了。銀行這樣對待他一點也不合理，你完全同意，因為你可能也遇過類似的事情。你讀著他一連串的謾罵，言詞詼諧而有趣。

然而，這段經歷若是寫成這樣，那就很無聊了：「我真的很討厭去銀行。我不喜歡他們對待我的方式。好像我做錯了什麼似的，他們沒有權力阻止我領自己的錢啊！」這種敘述方式，重點變成是他自己，而不是整個情境。讀者無法看出此刻他人究竟在不在銀行裡，也感受不到同情或憤慨，更沒有一絲幽默感，因此也就體會不到他的輕佻，只能看到一個不喜歡銀行服務態度的人在發脾氣。

故事要能引起讀者的情感。你要讓讀者感受到快樂、憂傷及一大堆其他的情緒。在讀者眼中，你的故事也要讀起來像是真人真事，你需要保持一段距離，才能實際評估你當時的感受。如果讀者不相信你，那麼接下來情節無論如何發展都不重要了。很多人把寫回憶錄當作一種療癒過程，這麼做也可以，但若你是唯一了解故事發展的人，或是故事裡沒有任何行動或對話，那可能也就沒有出版價值。關於那段歲月的回憶，你必須要能夠保持客觀。如果做不到，不如把故事寫成小說好了。

書中必須要有鮮明、活躍的人物。詳細描述書中人物的外貌，為讀者勾勒出他的形象。即使是小人物，也需要被賦予生命力。

寫回憶錄和寫小說一樣，你的人物角色與寫作語氣，都是一本書的靈魂。你大概也需要把自己變成其中的角色，甚至要創造出一個現實中不存在的人物。我喜歡那種能夠展現出作者對於他人生中一段迷人過去感到非常興奮的回憶錄。表現出特色的另一種方式，就是保持幽默感並且自嘲。

如果故事中有些特定的重要人物，你最好現在就去訪問他們。你會以為他們哪兒也不會去，隨時要找他們都沒問題，但世事難料。我阿姨和母親去世前，我特地請她們口述了一些經歷。現在，我把她們的回憶謄寫成一份手稿。我也能不斷聽當時的錄音，為我的人物刻劃增添質感與可信度。例如，我能從錄音中聽到阿姨為了抽一口菸而停頓好一會兒，還有她沙啞的嗓音。可惜，我父親很早就過世了，我當時也以為來日方長。

要是你對暴露一些想法或事件感到不安，你可以用一些方法在你和讀者之間設下界線。要小心不要過度釋放那些過去的情感，同樣地，你也需要做好心理準備，接受自己透露的私事。雷舒爾說她「在寫第一本回憶錄時，沒去談那些真的很灰暗的事情。我不想去傷害別人的記憶。」同時，你的責任就是說出最重要的真實情感，而不是迷失在你覺得當下「應該」感受到的情緒。你不必揭露自己的一切。只要選擇對故事而言是重要的內容，在書中適時地透露這些秘密。

為了安全起見，有些作家會替一些人物取假名以保護當事人，避免有人因為故事裡刻畫的形象而感到受傷或難過。我受過專業的記者訓練，所以並不喜歡這個方法，我比較著重呈現真實的面貌。不過，既然不同的人對於同一件事都有不盡相同的記憶，只要能呈現故事內在的真實性，作者確實有空間自由發揮。有些作者甚至會把人物結合，或是改變故事的時空背景。我自己覺得這樣就是在寫虛構的故事，但你要自己決定你能接受的程度。若你擔心自己無法真實重現一段對話，請在書的前面放上一段免責聲明，告訴讀者你已經盡量去抓住別人當時所說的重點了。

通常在書籍出版之前，你不應該讓在書中出現的人讀到你的稿子，因為他們可能會讀到一些自己並不喜歡的內容。想辦法消除他們的不安，但盡量不要透露太多他們在書中所扮演的角色。如果你擔心自己會傷害到你親愛的人，或是讓他們感到丟臉，書中這個人物刻劃可以更模糊，讓人不易辨識。若你寫的內容可能有損他人形象，出版社可能會要你取得當事人的書面同意。

雷舒爾曾經取得《美味》雜誌共同創辦人柯爾曼・安德魯斯的同意，在書中寫到他們之間的一段情，後來她並沒有先把稿子寄給安德魯斯看。安德魯斯告訴我這段故事：「她請我去曼哈頓的鹽之花餐廳吃午餐，跟我說她在書裡寫到我和我們之間的關係，問可不可以提到我的本名，以及當時的實際情形。她說，如果我覺得不舒服，她會幫我取一個假名，改掉一些讓人能認出我的細節。她還說她不覺得我會介意。秉持著問心無愧的大原則，我就跟她說儘管呈現『真實的』我吧。但我之後也有跟她說，我其實很介意她寫的一些事情，不是因為她把我描述得好像很卑鄙（我當時大概就是吧），而是因為她筆下的我對美食與美酒都顯得毫無幽默感，我覺得我不是這樣的人。不過，大致上我也沒什麼好抱怨的。她算是頗成功地抓到當時的氛圍（以及我們之間的關係），即使她把一些事實快轉又輕描淡寫，這點她自己也有承認。」

人物的對話要貼近現實生活。在寫《廚房機密檔案》時，波登在一次採訪中說，他不想要那些正在餐飲業工作的廚師或業者，讀了他的書卻大叫：「這是什麼鬼話？我不認識會這樣說話的廚師啊！這才不是我的生活寫照！」

必須說實話。「如果你不誠實，故事就很無聊，」赫瑟爾說，「關係中的不同質地才是有趣的地方，如果你把這些東西都撫平了，它就會變得枯燥乏味。」

不要陷入懷舊的桎梏裡。若你寫的是陳年往事，一味地懷舊只會顯得沉悶。盡是寫你小時候如何與美食有一段完美的相遇、母親與外婆各自身手不凡、家裡吃的菜都是華麗的手工大菜之類的實情，讀者其實一點也沒興趣。避免讓多愁善感、貴古賤今成了你的主題，你要願意去寫一些較為樸實或是不完美的事情。

寫回憶錄需要做很多研究，如此才能挑選要納入哪些細節。如果你的回憶錄要捕捉的是家族過去的歷史，找找看有沒有除了食譜以外的資料，可以提供一些關於當時的資訊，像是結婚證書或死亡證明書、信件、地圖、族譜、照片，或是那個時代的音樂、電影與雜誌。若你打算一邊體驗一段冒險、一邊把它寫下來，你可以收集、收藏身邊的東西，之後對於回憶當時會有幫助，多照相，每天寫日記，保留餐廳菜單、票根與相關的新聞報導。

透過製造慾望，**用小說寫作手法設置情節**，**如衝突**、**懸疑與張力**。「有史以來，所有的故事都是根據某個人追求某件事、接著面臨阻礙、得不到、試圖得到、試圖戰勝挑戰，最後得到或是沒有得到他追求的東西。」梭爾・史坦恩（Sol Stein）在他的著作《史坦恩談寫作》（*Stein on Writing*）裡這麼寫到。

保羅・札克（Paul J. Zak），一位腦部研究者，在一篇關於「說故事的吸引力」的文章裡寫道：「故事為什麼這麼吸引人？我的實驗室過去花了幾年研究為什麼故事能讓我們感動到哭、改變我們的態度、意見與行為，甚至激勵我們，以及故事是如何改變，而且通常是改善我們的大腦。」他說，最大的挑戰，是打造一個放諸四海皆準的故事架構。一個引人入勝的故事，擁有戲劇性的發展。「一開始是一件新穎、令人驚訝的事情，接著故事中的人物必須戰勝某些困境，因此增加了一點故事張力，然後會帶到故事的高潮：故事中的人物必須深刻地從內在自省，才能克服揮之不去的危機。一旦出現這樣的轉變，故事就會迎刃而解。」

找出「敘事弧度」。這是小說寫作中的關鍵，情節的張力來到最高點，你要利用懸疑的手法，一步步營造出故事的高潮。懷森伯說：「最難的部分，就是把故事寫得高潮迭起，你必須全心投入。」

結尾反映的是整體故事。從你的結論可以看出，你的生活或是印象有了哪些改變，以及這改變帶來的後果對你的影響。

想好故事的結尾。在定義自己的回憶錄時，很大一部分是在決定要寫到哪為止。你要徹底放下當時的體驗，才能以客觀的角度書寫。當你在寫故事的時候，你會把人帶向結尾，整本書裡都是相關的暗示，你也需要知道結論要怎麼寫。你的書必須有讓人可以分辨的開頭、中間與結尾。芭芭拉．金索夫（Barbara Kingsolver）的《動物、蔬菜、奇蹟》（*Animal, Vegetable, Miracle*）一書，副標題就道盡一切：「一整年的美食生活」。

你或許可以從「為什麼想寫一本回憶錄」開始思考。這是為了滿足一個強烈的需求嗎？你有一段不尋常或是改變你一生的經驗嗎？那是你第一次做這件事嗎？你是否克服了逆境，並且能夠激發他人？你想要記錄過去的某個事件、你的成就、家族歷史、吃過的美食，或是食譜嗎？

回憶錄的架構，可以是一連串的趣聞軼事、小品或散文，串聯成一個更大、整體性的敘事。回憶錄可以按照時間順序寫，或是寫得像日記。回憶錄並非每件事情鉅細靡遺的記錄，也不一定是當時最重要的事情，除非這些事件與書籍主題故事有關聯。

整理一份長篇稿子，需要時時保持警覺心。你會勢必得不斷地去蕪存菁，可能也要花一點時間才能找到確切想追求的主題。你可以寫下想要傳達的主要概念，或是故事的雛形或大綱，然後反覆修改它。這就表示你有些進展，因為你正在理出一些頭緒。

若你擔心自己的人生乏善可陳，你並不孤單。赫瑟爾也在曾說過類似的話。即使她當時已是全職的《紐約時報》作家，她仍然害怕自己未來再也沒辦法找到或是蒐集到別的故事。「我不想要變成只是喋喋不休地講一些以自我為中心的人生故事。」她承認道。雖然這麼做有一定的難度，你還是要阻止內心的批評家不斷出現。赫瑟爾清楚知道自己的故事值得寫出來。她當時，大概是因為在描寫自己人生中非常私密的一面，而感到脆弱無比吧。你必須相信自己有好的故事可以分享，特別是如果你和別人講這個故事時，大家的反應都很正面。

更多關於回憶錄寫作的細節，請參考下列書籍。

優秀的回憶錄寫作專書

- **《發明真相：寫回憶錄的藝術與技藝》**（*Inventing the Truth: The Art and Craft of Memoir*），威廉．金澤（William Zinsser）編輯。多位著名作家教你他們寫回憶錄的方法。
- **《如何寫出好人生》**（*Writing About Your Life: A Journey into the Past*），威廉．金澤著。由傳奇作家寫的半回憶錄、半寫作指導書籍。（編按：本書繁體中文版由大塊文化出版）
- **《有朋自遠方來：如何寫回憶錄》**（*Old Friend from Far Away: How to Write a Memoir*），娜妲莉．高柏（Natalie Goldberg）著。一位寫作名師提供的實際但充滿熱情的寫作方式，書中包含寫作練習。
- **《不可靠的真相：回憶錄與記憶》**（*Unreliable Truth: On Memoir and Memory*），莫琳．莫多克（Maureen Murdock）著。描述身分如何形塑記憶，以及為什麼每個人對同一件事的記憶都不同，書中包含寫作練習。
- **《書寫人生故事》**（*Writing Life Stories*），比爾．魯巴克（Bill Roorbach）著。每一章後面都有非常好的寫作練習，能讓你的想像力噴發。

食物的歷史

你對食物、烹飪、食品製作與飲食禮儀的歷史感到好奇嗎？或許可以從歷史的角度寫美食，並提供新的觀點。許多以食物為基礎的書都會涵蓋歷史。如果你寫的是一本回憶錄，你會想找到自己家族的烹飪史，以及關於家人的歷史資訊，像是誰在哪裡做了什麼料理。若你寫的是一本關於墨西哥旅遊的書，你或許會想調查玉米餅的由來，當作這段冒險的一部分。研究歷史中食物的來源與重要性，能讓你的文章活靈活現。

寫得夠好的食物歷史書，不會讓你覺得枯燥乏味。潔西卡・哈里斯（Jessica B. Harris），一位教育家與烹飪史學者，會在她大受歡迎的烹飪書裡講食物的歷史，討論地域性的飲食差異，以及「非洲的飲食歷史」這類的主題，書中處處是學問，又具有成熟的故事性。貝蒂・法索（Betty Fussell）所著的《玉米的故事》（*Story of Corn*），除了是有趣的一本書以外，同時也論述了玉米如何改變全球的飲食。

食物歷史學家珊迪・奧利佛（Sandy Oliver）表示，若你對某個主題抱持熱情，有心鑽研其歷史，你寫的書可以為老掉牙的故事加入新觀點，因為有太多問題等著被解答，她對許多事情都感到好奇，像是：「清教徒的第一個感恩節吃了什麼？義大利的凱薩琳梅迪奇是否就是那位讓法國掀起一波高級料理風潮的人？以前的人在肉裡添加香料，真的是為了掩蓋食物腐敗的味道嗎？」

安德魯・史密斯說，大部分的歷史學家，都不把食物視為一個適當的研究類型。他二十年前剛踏進這領域時，還有很多值得探討的地方，他認為至今仍是這個狀態：「任何人都可以選一個主題，秘訣是去跟讀者說一些他們已知但從沒多想的事情，當你開始給他們更多背景知識時，他們會感到震驚又驚喜。」

好的食物歷史書，作者都花了數百個小時，仔細地研究其相關資料。內容的準確性至關重要，得獎著作《大海飲食之道》（*Saltwater Foodways*）的作者珊卓拉・奧利佛（Sandra Oliver）說：「若你是以自己的記憶寫回憶錄，那沒什麼大不了，但若是在講一個真實歷史事件，你就要把事情搞清楚。」若要研究歷史中的烹飪內容，你必須超越理論、盡可能重現出當時的食物。例如，若你對在壁爐上煮菜感興趣，奧利佛建議：「去找個真的壁爐，想辦法在上面煮東西，至少也該去參觀某個有壁爐的古蹟或博物館。」

奧利佛建議，一開始應該先「去圖書館找任何相關的書，研讀至少一週以上。」研究不能只依靠網路，雖然這最方便，但網路上充斥著錯誤的資訊，經過一再的複製、貼上，就會形成某種歪理。要當作家，就一定要檢查日期與資訊來源，否則沒有人會把你當一回事。

寫一本歷史書要花多久時間？奧利佛估計，單一主題的書，大概要花個一、兩年才能完成。她建議：「從你的生活經驗中，找出你最感興趣的事物。」這個建議對於寫任何類型的書都非常適用。

文化人類學與哲學

這類書籍研究的是飲食與文化的社會性、象徵性、政治性與經濟上的角色，通常由學者撰寫，因此可能需要有交由同儕審查，大部分也是由大學出版社發行。有一些是從碩士或博士論文衍伸出來的內容。

這種書籍很難打入主流市場，部分原因是寫作語氣過於學術，是針對特定的讀者書寫，而且通常價格不斐。這些書一定會列出非常多的註解，一般讀者可能會被這點嚇到。這類書籍在書店裡，通常也不會陳列在烹飪書專區，比方說我那本由理查．皮爾斯伯里（Richard Pillsbury）教授撰寫的平裝版《無外來食物：美國飲食研究》（*No Foreign Food: The American Diet in Time and Place*），封底就寫著：「建議陳列區：美國／文化研究。」

這類型書籍中，有一些會橫跨不同領域。瑪格麗特．維薩（Margaret Visser）所著的《一切取決於晚餐：非凡的歷史與神話、吸引與執迷、危險與禁忌，一切都圍繞著普遍的一餐》（*Much Depends on Dinner: The Extraordinary History and Mythology, Allure and Obsessions, Perils and Taboo of an Ordinary Meal*）（編按：本書繁體中文版為劉曉媛翻譯，博雅書屋出版），描述的是美國常見食物背後的故事，例如奶油、鹽巴與烤雞，牽涉範圍很廣。《今日美國》（*USA Today*）報紙評論唐娜．戈巴西亞（Donna R. Gabaccia）所著的《人如其食》（*We Are What We Eat: Ethnic Food and the Making of Americans*）：「現在由多民族融合的美式飲食，讓人見識到這個國家非常有趣的特徵……戈巴西亞探討的是這些各民族的食物，從超市到全國市場的歷程，以及民族料理如何在美式生活中，保留其重要且通常已被儀式化的角色。」

另一本備受推崇的書，是由人類學教授卡蘿・康尼漢（Carole Counihan）與潘妮・凡・艾斯特瑞克（Penny Van Esterik）所編輯的選集《飲食與文化》（*Food and Culture: A Reader*）。這本書檢視了食物及進食方式在社會、象徵意義，以及政治經濟角度上所扮演的角色。內容幾乎全是由歷史學家、文化人類學家撰寫。這類書籍對一般讀者而言，可能非常具有挑戰性。

工具書

工具書架構就像字典，呈現一連串的清單，供人查詢跟食物有關的東西。雪倫・泰勒・賀伯斯特（Sharon Tyler Herbst）花了很多年不斷修改、更新不同版本的《西餐專業辭典》（*The Food Lover's Companion*），已經銷售超過一百萬本了。另一本我非常喜愛，也很常在廚房使用的書，是大衛・喬奇姆（David Joachim）撰寫的《替代食品聖經》（*Food Substitutions Bible*），有時候手邊沒有食譜中需要的食材時，這本書能告訴我該用什麼東西代替，而且要用多少的量。

範圍較小、符合你的興趣與熱情的主題，或許寫起來野心不會太大，比較有可能完成。

如果一般的主題顯得過於廣泛，你可以針對一個範圍較小的主題，寫一本類似指南的書。這類書籍中，有些成績還不錯。班・夏慈（Ben Schott）的另類著作《夏慈的飲食冷知識大全》（*Schott's Food & Drink Miscellany*）裡，包含一大堆讓人讀著讀著就上癮的冷知識，像是「如何煮天鵝」、「海明威愛喝的馬丁尼怎麼調」，以及「為什麼吃蘆筍會讓尿變臭」等等。《新聞周刊》（*Newsweek*）說這本書「令人捧腹大笑又讓人上癮」，《浮華世界》（*Vanity Fair*）的評論則是「簡直不能沒有這本書」。

撰寫厚重的工具書，大概要花多少時間呢？安德魯・史密斯說，他那本《牛津百科：美國食物與飲料》，從簽完合約到出版，一共花了三年的時間。他當時聘用了很多位自由撰稿人，請他們幫忙寫內容與目錄。

所謂的「語錄選集」也算是美食工具書的一種。如果你喜歡引述出版物中言簡意賅的佳句，你可以把蒐集到跟美食有關的機智俏皮語和引言集結成一本書。有些書會描述某些詞彙的來歷，解釋它們的用處。多閱讀歷史烹飪書、整理一份和食物有關的詩篇清單、蒐集烹飪書作者的自傳等等，或許能提供一些寫書方面的靈感。

當地與國外的旅行指南手冊

如果你喜歡旅行，無論國內或是國外，你一心一意想要找出內行人才知道的消息，像是在旅途中如何找到素食餐廳，你可以考慮寫一本旅遊指南。這類書籍充滿實用的資訊，作者會選定一個領域，然後想辦法變成這個領域的專家，細心研究後，為讀者提供指引。近期，這類書籍的作者面臨了來自網路訊息的強大競爭，看誰能提供更深入、即時的資訊，也讓出版這類書籍更有挑戰性。

《克里夫蘭民族風味美食》（*Cleveland Ethnic Eats*）是一本在美國十分暢銷的美食指南，作者是蘿拉．塔可歇爾（Laura Taxel）。如果你也想寫這類書籍，以下是她提供的幾項建議：

- 針對一個大家想要更深入探討的主題，尋找其中未被滿足的需求，以及目前仍缺乏有系統、簡易適中、容易取得的相關資訊。
- 定義出一個特定的區域，作為你寫作的主題。
- 市面上已有黃頁分類廣告，所以別以為你只需收集一堆名字、地址與電話就好。一本指南的價值，在於其知識淵博的作者所提供的個人化、有附加價值的資訊。
- 把你的點子拿給出版社之前，多花一點時間勤跑幾個想寫的重要地點，把書籍的代表性內容整理、展示出來。
- 寫一本指南，一開始就要花很多時間，並且自掏腰包花很多錢。你必須自己付交通費、伙食費與電話費。
- 把你的指南想成是一個不斷進行的計畫，必須持續穩定地融合新穎及正確的資訊。

如果你寫了一本暢銷的指南，你更需要不斷地更新改版。塔可歇爾每年都會更新她的美食指南，她說：「你不會馬上就賺大錢，但這麼做會讓你有穩定的收入來源，也能讓你在特定市場中成為有目共睹的專家，進而帶來更多寫作與演講的機會，這就是寫《克里夫蘭民族風味美食》為我帶來的收穫。」

帶著這些準則，前往你最愛的旅行目的地。你或許會想要向一家以出版旅遊相關內容為主的出版社投稿，但你最後決定要寫什麼，取決於你感興趣的領域、你是否有能力找到對其他旅客有意義的資訊，以及你是否有辦法自己負擔旅遊上的花費與帳單。

傳記

你對美食界某號人物深深著迷嗎？你可以寫一本傳記。蘿拉・夏皮羅（Laura Shapiro）在柴爾德過世後，寫了《茱麗雅・柴爾德傳》。她稱這本著作為「一則長篇的散文，描述柴爾德和她對美食文化的影響，詳細說明她是誰，以及她的意義有多麼重大。我只能在她去世後寫這篇比較像是一篇評價的分析文章。」

如何選擇適合撰述的人物？你可以選擇任何讓你有共鳴的人。夏皮羅說：「你要能夠讓自己全心投入他／她的世界。這個人必須要有名又有趣，或是不那麼有名、但必須有趣，是一個有深度的人，讓你可以全心全意投入。」

飲食與健康

這兩樣主題一直都很流行，搭在一起的話更是暢銷。隨著特殊的飲食方式越來越主流，書店的書架開始擺滿各式各樣，關於不含麩質、不含乳製品、復古飲食法，以及以「食療」為主題的專門書籍。大部分都是由醫生、營養師、飲食研究人員撰寫的建議型烹飪書，書中前半部大多有幾個章節專門提供飲食上的建議。部落格與自學型的專家，也在這個領域中不斷累積信譽。

你決定要寫什麼主題，取決於你對什麼事情有熱情、有興趣、有經驗，以及是否有能力找到並且能夠解釋技術性的資訊。如果你覺得需要更專業的人士協助，你可以與有口碑的專家合作共寫一本書。請教專家的意見、取得相關資訊，並且在書中感謝他們的協助。或是直接採訪專家，並且引述他們的論點，為你的書增加可信度。

廚房科學

最有名的廚房科學相關著作之一，是哈洛德．馬基的《食物與廚藝》，這套書籍從乳糖不耐症到玉米粒的組成結構，全部解釋得一清二楚。馬基寫這本書是希望讀者把它當作烹飪書的延伸讀物，以更深入了解烹飪之道，尤其是烹飪過程中的化學變化、歷史以及食物的各種用途。

馬基在耶魯大學教授英文與寫作，並且受過物理與天文學的教育。最近，他更新了第二版，把這本書變成更通用的食物相關參考用書。他寫作時遇到最大的問題，是不知該寫到什麼程度為止。「如果關於咖啡的事情只寫半頁，絕對是不夠的，」他承認道，他覺得寫個十頁會比較好，但「每個主題都令人著迷，幾乎可以寫一本專書了。」當我問他要如何確定數百篇文章中每一篇的正確性時，他說：「你也只能盡量做到，之後就交給市場決定你究竟做得好不好。這跟個人標準有關。若你只是蜻蜓點水，你很有可能會出錯。我會試圖鑽研出幾個階段，之後就會對內容比較有信心。」這對於研究任何領域的書籍都是很好的建議，不過話說回來，馬基也是花了十年才完成他的第二版。

生物化學家雪莉・柯立赫寫了《聰明烹飪》（*CookWise: The Secrets of Cooking Revealed*）與《聰明烘焙》（*BakeWise: The Hows and Whys of Successful Baking*）兩本書，描述食物在食譜中的作用，讓讀者能做出理想的成品。她的書會解釋烹飪背後的原理，像是為什麼用奶油烤的餅乾烤出來是扁脆的，但加了一點酥油的餅乾，烤出來卻是柔軟又蓬鬆的。

你如果想寫「如何透過了解科學而增進廚藝」這類主題，這或許是適合你的領域，但前提是你要能提出新見解。

冒險歷程、美食報導與政治

本章中提及的許多書籍類型，都有可能相互重疊，尤其是這段提到的領域，因為以冒險為主題的報導性書籍，大多會涵蓋回憶錄、食品政治與食物的歷史。

如果你對記錄一段親身經歷有興趣，像是去上廚藝學校或是在餐廳裡工作，你剛好選到一個出版社喜歡的主題。《紐約客》雜誌的編制內作者，比爾．布福特（Bill Buford）寫了一本書叫：《煉獄廚房食習日記——一個業餘廚子的歷險記：在一個熱愛朗誦但丁詩句的托斯卡尼肉販門下當廚房奴隸、義大利麵製作者與徒弟》（*Heat: An Amateur Cook's Adventures as a Kitchen Slave, Pasta Maker, and Apprentice to a Dante-Quoting Butcher on a Hilltop in Tuscany*）。這大概是我讀過最長的副標題了。邁可．魯曼（Michael Ruhlman）在《廚師的養成：在美國烹飪學院掌握火候》（*The Making of a Chef: Mastering Heat at the Culinary Institute*）中講述全美最著名烹飪學校如何訓練廚師，在記錄親身體驗的過程，中也加入一些個人想法。這兩本書也是回憶錄，記錄作者人生中的一段時光。

說到美食歷險記，就不得不提《名廚吃四方》，波登在遊歷中細細咀嚼，然後吐出一段段不尋常的美食與旅行報導文章。報導文章作者通常只會討論一些精選餐點，然而波登當時採取的是一個新穎的策略。這是他在書中寫的第一句話，以一封寫給老婆的家書呈現：

> 我正在一個從我們相識以來離妳最遙遠的地方——在拜林的一家（其實也是唯一的一

家）旅館，一棟簡陋、窄小的建築，位於柬埔寨西北邊，也就是那些不怎麼討喜的惡棍——紅色高棉的發源地。

若你有記者相關背景，又不怕把事情鬧大的話，你可以著手調查食品業界相關問題。厄普頓・辛克萊（Upton Sinclair）的小說《魔鬼的叢林》（*The Jungle*）（編按：本書繁體中文版為王寶翔翻譯，柿子文化出版）在一九〇五年揭露芝加哥牲畜屠宰市場的不人道情況後，協助推動了食品安全標準。不過，調查報導大部分都非小說類型。艾瑞克・西洛瑟（Eric Schlosser）著名的《一口漢堡的代價：速食產業與美式飲食的黑暗真相》，因為他的先見之明、出色的報導功力與充滿熱情的書寫，蟬聯暢銷書籍榜單多年，也實至名歸。瑪莉安・奈索（Marion Nestle）撰寫的《食品政治：食品業如何影響營養與健康》（*Food Politics: How the Food Industry Influences Nutrition and Health*）描述的是業界人士的觀點。這也是一本令人大開眼界的書。

然而，最著名的，還是美國加州大學柏克萊分校新聞學教授麥可・波倫所著的《雜食者的兩難：速食、有機和野生食物的自然史》（*The Omnivore's Dilemma*）（編按：本書繁體中文版為鄧子衿翻譯，大家出版社出版）。此書深入研究一日四餐，檢視美國的「全國飲食失調症狀」，後續出版的《食物無罪：揭穿營養學神話，找回吃的樂趣》（*In Defense of Food*）（編按：本書繁體中文版為曾育慧翻譯，平安文化出版）與《飲食規則：83條日常實踐的簡單飲食方針》（*Food Rules*）（編按：本書繁體中文版為鄧子衿翻譯，大家出版社出版）也各自在暢銷榜單上蟬聯數週。

布萊恩・哈爾威爾（Brian Halweil）在《曼哈頓飲食》雜誌（*Edible Manhattan*）中說：「越來越多人認為，食物才是解決辦法，因此，美食作家的責任越來越重了。社會大眾不再仰賴醫師或營養師學習怎麼吃，他們會去讀麥可・波倫與芭芭拉・金索夫的書來學習新知。如此來看，現在的美食作家與厄普頓・辛克萊比較相近，而不再只是食譜作家或餐廳評價員。也就是說，美食作家被要求要以大局為重，社會大眾不只想知道一家餐廳的服務好不好、環境吵不吵，他們更想搞清楚從產地到餐桌的一切細節。永續性發展和道德相關的議題，已然成為顯學。」

如果想要論述關於「誰在食品業界掌控什麼」這類的主題，撰寫某家公司的事蹟也算是很常見的寫作題材。若你有記者相關背景，那麼對你撰寫這類書籍會很有幫助，這些書的主要目的在於揭發真相，書中內容不會經過那些公司的核准或是控制，因此必須特別謹慎，樹敵在所難免。但若你想要承攬相關工作，意思是接受某家公司聘用去撰寫他們的歷史，替他們歌功頌德，這也不是不行。

非小說類的美食寫作，在突破回憶錄的寫作形式之後，持續以令人興奮以及新鮮的方式不斷擴張。希望你讀完這一章之後也跟我一樣，期待未來的各種可能性。如此多樣的寫作類型，顯示食物這個主題變得多麼主流，同一個主題又能夠演繹成不同的風格。若你在閱讀過程中，想到許多書籍的點子，記得把它們寫下來。書籍的點子總要從某個地方發想出來，而我寫這本書的目的之一，就是希望能協助你激發創意。

寫作練習

一、為你的回憶錄發想和食物有關的記憶。在地圖上標出你小時候住的那條街道，描寫你在別人家嚐到的食物味道。在一張紙上畫出你小時候住的那條街，畫出或是用一個X標示出每一棟建築物。在每一棟房子上加上每個家庭的名字，或是你小時候一起玩耍的同伴都住在哪裡。接著回想起第一次品嚐到的食物，描述兒時玩伴或他們的父母讓你第一次嚐到的三、四種食物。重現當時的場景，回想起自己當時的憂慮或興奮之情，回想起舌尖上的滋味。記錄幾個強烈的印象之後，把它們串聯成一個故事。描寫你在吃那些新奇的食物時的感受，它們如何改變了你，以及你現在還會不會吃這些食物。

二、藉由寫一篇關於食物的歷史的文章，展現你查找資料的功力。說出你最喜歡的香料，接著針對這個香料寫一篇五百字的文章。查出這個香料的原產國，及其收成、製作與販賣的過程。查查看這個香料是否有被用在某個歷史有名的料理中，或是被某些族群珍視。貿易商在出航時是否有帶著這個香料到別的國家，那個國家又是如何使用這個香料呢？解釋現在大家會拿這個香料怎麼料理，以及你是如何將它入菜或烘焙。想要的話，你也可以用一個自己研發的食譜作為結尾。

三、寫一篇短文，描述一件你非常在意的時事，像是農產畜牧業工廠化、速食，或是在地化飲食。你的觀點能否提供新的見解？這個領域中，有哪些重要人物值得採訪或是透過閱讀來了解他們？如果你發現自己很喜歡這樣的主題，你可以先寫幾篇自由撰文，以確定自己是否真的有興趣。

第十章

寫作配方：如何寫一本好小說

A RECIPE FOR GOOD FICTION

但是氣味和滋味卻會在形銷之後長期存在，即使人亡物毀，久遠的往事了無陳跡，唯獨氣味和滋味雖說更脆弱卻更有生命力；雖說更虛幻卻更經久不散，更忠貞不矢，它們仍然對依稀往事寄託著回憶、期待和希望，它們以幾乎無從辨認的蛛絲馬跡，堅強不屈地支撐起整座回憶的巨廈。

——《追憶似水年華　在斯萬家這邊》／馬塞爾．普魯斯特到目前為止，我們討論的都是非小說文體，但事實上，美食寫作和寫小說並沒有太大的差別。寫這兩種文體時，作者的職責都是要把故事說好、發展吸引人的角色、傳達熱情、讓讀者身歷其境。小說與非小說都需要製造懸疑與張力來主導敘事，兩者都可以用食物來建構故事的時空背景、文化與氛圍。若你已讀完本書其他章節，你其實也已具備寫小說的能力。

寫小說時，你可以虛構角色、故事情節與對話。故事可以發生在世界上的任何地方、任何時代（甚至在未來或是某個遙遠的星球上）。你可以把認識的人結合成一個角色，還可以趁機在故事裡報復你討厭的人……只要別讓他們發現就好。如果你的人生中有什麼結果不盡人意，你可以在小說裡改變它，寫成一個好結局。

在虛構小說中，食物是很好用的工具，你可以根據角色如何烹飪、喜歡什麼類型的食物和吃東西的模樣來形塑人物特色。食物也能營造氛圍，設定場景與時間點。厲害的小說作家總能透過描述故事中的人物如何處理食物、如何以及何時吃東西，來塑造人物的個性。海明威在《伊甸園》（*The Garden of Eden*）中寫道：

> 他走去空蕩蕩的廚房，找到一個庫克船長牌白酒漬鯖魚罐頭，打開罐頭，端著它，罐頭汁液滿到隨時會溢出。他又拿了一瓶冰冷的圖博爾格啤酒走到吧檯，開了啤酒，把瓶蓋夾在右拇指與右食指的第一指節之間，用力一捏，將瓶蓋對折，然後把瓶蓋放進口袋裡，因為他沒看到可以將它丟棄的地方，接著拿起手中仍感冰涼但已在指間滲出水珠的瓶身，聞著那香料醃漬鯖魚罐頭的氣味，長飲一口冰啤酒。

看看海明威用字多精準，以及他如何放慢這個情境。從這段文字，你對這個人物有了什麼了解？你知道他很強壯、陽剛、性感又謹慎。他非常懂得享受美食。他是有公德心的人，不會亂丟垃圾。

在某些小說中，食物本身就是一個角色。瓊安・哈莉絲（Joanne Harris）所著的《柳橙的四分之五》（*Five Quarters of the Orange*）（編按：本書繁體中文版為蔡鵑如翻譯，商周出版）中，柳橙有邪惡的力量，是故事中的大反派。柳橙的氣味會害一名女子頭痛不已。她不准家裡出現柳橙，但她女兒卻為了控制她，而偷偷放了一顆柳橙在她枕頭旁，害得她頭痛欲裂。食物能帶來的其他負面，效果包括沮喪、噁心、冷漠、幻滅、破壞，甚至是死亡。

準備要吃東西，無論是坐下來吃飯，或是喝一杯茶，都可能是後續動作的前奏。在托爾斯泰（Leo Tolstoy）的名著《安娜・卡列尼娜》（*Anna Karenina*）中，故事主角之一的列文經常喝茶，而且喝茶的樣子很常出現在某段的開頭，作為開啟一段場景的機制。他可能是吩咐別人把他的茶送到書房，表示他要準備工作了，或者他會和其他人一起坐下來喝茶，像是這樣的場景：

> 在茶桌前，列文坐在女主人的身旁，對面則坐著女主人的妹妹，席間他得不斷地和她們找話題閒聊。

小說中，很多以食物為主題的對話，都會出現在派對、咖啡廳，以及用餐時刻的晚餐餐桌。伊迪絲・華頓（Edith Wharton）所著的《純真年代》（*The Age of Innocence*）（編按：本書繁體中文版為賈士蘅翻譯，台灣商務出版）用食物推進故事情節：

> 喝完絲滑濃郁的生蠔濃湯後，餐桌上出現了鯡魚和小黃瓜，接著是一隻年輕烤火雞搭配玉米油炸餅，最後是一隻帆布背鴨佐醋栗果凍與芹菜美乃滋。午餐會吃一個三明治配茶的列特布列爾先生，用餐時總是從容不迫、沉浸在當下，也堅持客人跟他做一樣的事。終於，這頓飯進入了尾聲，餐桌布移走了、大家點起了雪茄，而列特布列爾先生向後往椅背上靠，把波爾圖酒往左邊一推，一邊將背部舒服地往火爐伸展，一邊說：「整個家族都不贊成離婚。我也認為理當如此。」

有時候，小說故事情節需要仰賴主角精心製作的佳餚，以及其伴隨的對話，才能發展下去。阿謬雅・馬拉迪（Amulya Malladi）的《瘋狂家族》（*Serving Crazy with Curry*）中，一位女子被解雇又經歷流產，她覺得對不起自己的傳統印度家庭，因而試圖自殺，結果她母親救了她一命。這名女子搬回家與父母同住，但拒絕開口說話，不過她決定開始做菜，促使家人在用餐時與彼此多一些對話，也拉近了家人之間的關係。

飲食文學種類繁多，從神秘的謀殺案到童書、關於食物的小說，甚至還有將美食與性慾結合的書籍。雖然大家不會把許多經典的作家想成是美食作家，但他們卻都非常擅長寫這類主題，從上面提到的幾個例子：海明威、托爾斯泰到華頓，便可發現這一點。寫美食主題的童書也是個很有成就感的挑戰。本章將探討各種長篇小說類型的美食寫作。目的並非教導讀者如何寫小說，而是希望透過舉例，介紹著名的小說與故事情節，激發一些寫故事的點子，並且幫助你塑造自己的語氣、風格與世界觀。

經典文學中的美食

在讀過前面的一些例子之後，你已經看到小說作家如何在情節中描述食物，並將故事推進或刻劃情緒。當你開始去閱讀更多經典文學著作時，你會發現到處都是非常實用的例子。以下是一些我最欣賞的作品：

- 《純真年代》，作者伊迪絲・華頓。描述一名與上流社會名媛訂婚，但渴望與另一名女子過著有熱情的生活的男人。背景發生在紐約，充滿晚宴與派對的上流社會。
- 《巴黎・倫敦流浪記》（*Down and Out in Paris and London*）（編按：本書繁體中文版為朱乃長翻譯，書林出版有限公司出版），作者喬治・歐威爾（George Orwell）。一九三〇年代，歐威爾曾經在飯店與餐飲界工作，他將當時的種種不愉快經驗寫進這本小說。
- 《文字的饗宴》（*Feast of Words: For Lovers of Food and Fiction*），安娜・夏皮洛

（Anna Shapiro）編著。這本書讓你能一次讀到多位作家的作品，一窺他們對美食的熱愛。夏皮洛將有創意的菜單和食譜，與狄更斯（Charles Dickens）、多麗絲・萊辛（Doris Lessing）和湯瑪士・哈代（Thomas Hardy）等多位名作家的文字結合。

◆《大亨小傳》（*The Great Gatsby*），作者法蘭西斯・史考特・費茲傑羅（F. Scott Fitzgerald）。詳細描述那場著名的的夏日派對：「自助餐桌上，點綴著閃閃發光的開胃菜，香料烤火腿擠在樣貌設計得滑稽的沙拉旁，還有裹著酥皮的香腸與烤得金黃的火雞。」

◆《湯姆・瓊斯》（*The History of Tom Jones, a Foundling*），作者亨利・菲爾丁（Henry Fielding）。以風趣的十八世紀口吻，說明文學就像是一頓餐點，付錢的客人期望同時得到娛樂與滿足感。

◆《白鯨記》（*Moby Dick*），作者赫爾曼・梅爾維爾（Herman Melville）描述那個年代的食物以顯示故事的真實性與細節。這是他筆下的海鮮濃湯：「這湯是用多汁、小巧，大小跟榛果差不多的蛤蠣熬成，混入打碎的船用口糧，與切成小片狀的醃火腿。整鍋湯因為加了奶油而變得濃郁，大方地撒上胡椒和鹽來調味。」

◆馬塞爾・普魯斯特（Marcel Proust）的《追憶似水年華（第一卷）在斯萬家這邊》（*Swann's Way*）裡有一個感傷的段落，描述的是一小塊瑪德蓮，也是描述食物與記憶關係的著名段落：「但是氣味和滋味卻會在形銷之後長期存在，即使人亡物毀，久遠的往事了無陳跡，唯獨氣味和滋味雖說更脆弱卻更有生命力；雖說更虛幻卻更經久不散，更忠貞不失，它們仍然對依稀往事寄託著回憶、期待和希望，它們以幾乎無從辨認的蛛絲馬跡，堅強不屈地支撐起整座回憶的巨廈。」

寫短篇小說

如果寫一部長篇小說令人卻步，你也可以選擇寫短篇故事。一般而言，短篇小說的故事描述的是其中一個主角，經歷了某段改變一生的事情。比起小說，短篇故事裡的人物較少，沒有次要的情節，也比較少交代背景故事。你寫作時必須用字更精簡，因為篇幅比較少。一個經典的短篇故事是瑞蒙．卡佛（Raymond Carver）描述一位烘焙師的短篇小說《一件有益的小事》（*A Small, Good Thing*）。

大部分文學雜誌都會刊登三千至五千字的短篇小說。少於一千字的故事通常被稱為微型小說或極短篇（flash fiction），甚至有一本《線上微型小說》（*Flash Fiction Online*）雜誌專門收集這類故事。若你的故事超過兩萬字，則可稱之為中篇小說（novella）。

美食推理小說

推理小說中，經常出現講究的餐食。一九六〇年代，作家雷克斯．史陶特（Rex Stout）創造的私家偵探尼祿．沃爾夫規定誰都不許打擾自己用餐。推理大師阿嘉莎．克莉絲蒂（Agatha Christie）的小說中，餐點也是故事情節裡不可或缺的一部分，從在食物裡下砒霜，到兇手如何在晚宴上跟蹤他下手的目標，甚至是在午茶時間揭露兇手是誰。美食犯罪故事中較現代的例子有：南．萊翁斯（Nan Lyons）的《歐洲名廚遇難記》（*Someone Is Killing the Great Chefs of Europe*），安東尼．波登以餐飲業為背景，加入不少美食相關細節的小說《逝竹》（*Gone Bamboo*）與《如鯁在喉》（*Bone in the Throat*）。

有些作者會根據角色設計出與食物相關的命案推理小說。他們漸漸改變了推理小說的面貌，從描述那些從來不吃東西的「冷硬派偵探」，變成強調人物與關係的「舒逸推理小說」（cozy mystery）。喬伊斯與吉姆．萊文（Joyce and Jim Levine）合著過超過四十本小說，他們是如此定義舒逸推理的：「舒逸推理是輕鬆的推理小說，描述更貼近真實生活中的人物如何用不尋常的方式破案。傳統舒逸推理原本是以可愛的年長女性或其他外表無害的角色當作主角，最著名的就是阿嘉莎．克莉絲蒂創造的『瑪波小姐』系列小說。當今的舒逸推理在設定比較自由，故事發生的時空背景，主角的身分、年齡或性別，都沒有任何限制。

最常見的舒逸推理主角，是業餘的偵探（非兼職、破案目的不是為了賺錢、被動地捲入案件），通常故事裡會有一位警官擔任配角。主角常常會遇到或觸發謀殺案件，他們不具備專業偵查能力（跟蹤、監視、竊聽），主要是透過偷聽八卦、注意周遭環境來收集線索，此外，作者在設定主角時，多半會給主角一個人脈較廣的職業。舒逸推理著重人物對話，對於死亡與謀殺本身著墨較少，內容充滿懸疑，劇情中的灰色地帶也很發人省思。與驚悚小說相比，舒逸推理顯得溫和許多，命案現場的描述不會太血腥，性愛情節也不會太露骨，故事著重趣味，而非嚇人。這類小說一般都有堅定、古怪的角色，發生的地點也很有趣。」

故事裡的主角，可能是一位美食記者、麵包師傅、餐飲業者、旅館老闆、巧克力師傅或是咖啡廳老闆，我讀過的一些舒逸推理小說中就有這些人物。這種小說的故事情節通常很刻意，標題也會取用某種雙關語。裡面一定會提到食譜，但數量不定。

菲利絲．里奇曼（Phyllis Richman）以前是《華盛頓郵報》的首席食評，她想寫小說想了十多年，一度打算在退休之後開始動筆，但後來，她還是在報社任職期間完成了三部舒逸推理小說。「我考慮過，如果我退休之後才開始出版自己的小說，成功的機率恐怕不會比在報社工作時來得高。」當時，她一週裡會有一天是在家寫作，五十二週之後，她的第一本小說就寫好了。

里奇曼以她熟知的餐飲業內幕知識為「查絲三部曲」系列小說的題材。在《肥缺謀殺事件》（*Murder on the Gravy Train*）中，女主角查絲是一家虛構報社的食評，她與廚師男友一起飛往巴黎參加慈善晚宴，結果她男友突然因膽固醇飆升而驟逝。查絲認為事有蹊蹺，她一邊繼續寫食評與食譜，一邊調查男友的死因。在《兇手就是奶油》（*The Butter Did It*）中，查絲在華盛頓最紅的新餐廳裡察覺食物有些詭異，接著餐廳的主廚就失蹤了，經過追查後，查絲找到失蹤主廚的屍體。而在調查過程中，她去了一間又一間的餐廳吃飯，讓讀者認識到餐飲業的內幕。在《維吉尼亞毒火腿》（*Who's Afraid of Virginia Ham?*）裡，一個覬覦查絲美食編輯工作的菜鳥記者，在工作場合中吃到下了劇毒的維吉尼亞火腿而死亡。

剛開始，里奇曼還不太習慣新的書寫方式：故事情節、角色發展、觀點與對話。後來她發現，寫小說和寫食評其實也沒那麼不同，「這只是另一種型態的餐廳食評與旅遊寫作。」

最著名的美食相關舒逸推理小說家，應屬黛安．默特．戴維森（Diane Mott Davidson）。她的幾部小說曾登上《紐約時報》與《今日美國》的暢銷榜。一開始，戴維森先寫了兩本一般主題的推理小說，四十一歲那年，她將自己的第三本推理小說《無人餐》（*Catering to Nobody*）賣給聖馬丁出版社（St. Martin's Press）。戴維森熱愛烹飪，又是茱莉雅．柴爾德的粉絲，因此努力說服出版社在書中放進四篇食譜。

戴維森寫在小說裡的食譜，靈感來自友人、同事、餐廳料理的美食建議，有時也是她憑空想像出來，在食譜裡加入一些她自認味道彼此相襯的食材。

著名的小說家瓊安．福路克（Joanne Fluke）一開始是寫心理驚悚小說，後來開始寫美食冒險故事。如今，她寫的所有謀殺案小說，都跟烘焙點心有關。在某些小說裡，烘焙小點心就是破案的線索。《檸檬蛋白糖霜派謀殺案》（*Lemon Meringue Pie Murder*）中的主角漢娜，發現自己烤的派出現在一樁命案現場，她開始調查那個派怎麼會跑到那裡去。福路克說，烘焙點心能讓你交朋友，也能讓人卸下心防跟你交談，尤其是在漢娜自己的麵包店裡。漢娜的店設定在一個虛構的鎮上。在店裡，她會一邊幫人倒咖啡，一邊聽到八卦與悄悄話。

食物也是一種催化劑，福路克另一部小說裡的主角史雯森，會用她自己做的餅乾與甜點，幫助人們減緩痛楚、消除緊張，進而卸下心防，願意敞開心胸說實話。

福路克在大學時期曾在外燴公司打工，但她認為自己對烘焙的熱愛，應該要追溯至小時候。她祖母曾在有錢人家裡擔任糕點師傅的助理。「以前每到冬天，奶奶為了讓廚房溫暖一點，一大早就會開始烤東西。我只要聞到一絲香草、巧克力或肉桂的香氣，就會立刻起床，早早準備好去上學。」福路克回憶道，「長大一點、搆得到桌子後，奶奶和媽媽就開始教我烘焙，那是我們會一起做的事，我確定那也是至今我最喜歡待在家中廚房的原因。」

福路克寫的第一本美食推理小說《巧克力脆片餅乾謀殺案》（*Chocolate Chip Cookie Murder*）在二〇〇一年出版。主角史雯森在父親去世之後回到家鄉，開了一家「餅乾罐烘焙屋」。在她發現一位死掉的送貨司機，手上還拿著一塊巧克力脆片餅乾之後，她成了一位業餘的偵探。

美食推理小說家教你寫作

我請推理小說家福路克，來教大家一些如何想出故事點子的簡單方法，以及如何動手開始寫你的下一本以美食為主題的書。她的「三本筆記本法」真的很有用，以我的經驗來看，當下就記下來的筆記，比事後再寫的多了更多細節。她建議要多磨練文筆，這件事在本書中你已經看過無數次，但仍值得再三強調。以下是她的建議：

準備三本筆記本。第一本：用來記所有你最喜歡的料理，尤其是你要出去吃飯、嘗試新菜色的時候，記下菜名，以及你對這道菜的印象。第二本：在閱讀你喜歡或想寫的相似題材書籍時，記下你認為作者處理得很好的地方。第三本：同樣在你閱讀相關題材書籍時，記下你覺得作者沒處理好，或是你自己覺得很不喜歡的地方。

寫作的時候，試著運用第二本筆記本中記載的寫作技巧，看看適不適合你。然後記得，不要犯了類似第三本筆記本中記載的那些錯誤。

先把人物設定與故事大綱寫好。發想故事的時候，寫下關於書中人物的小事。當你在腦中想清楚故事內容與故事中的人物時，把大綱寫出來以免忘記。

試著先寫結尾。如果遲遲寫不出第一段，你可以試著先寫最後一章。這樣在寫第一章的時候，你就知道故事應該往哪個方向發展。

每天寫作。努力工作，保持樂觀的態度，但別為了寫小說而放棄你的正職工作。

再介紹兩位專門寫美食推理小說的作家，一位是瑪麗．達希姆（Mary Daheim），另一位是瓊安娜．卡爾（Joanna Carl）。達希姆從寫歷史羅曼史的寫作生涯跨足到這個領域，她的「早餐與住宿系列」中，有一部《只要甜點》（*Just Desserts*），內容描述一家旅館老闆如何查出一位遇害房客的死因。卡爾的「巧克力狂推理系列」中，有一部《巧克力蛙陰謀》

（*The Chocolate Frog Frame-Up*），小鎮上的巧克力師傅，在美國國慶日派對上，發表他們最新的巧克力蛙造型設計。第一個購買的顧客突然暴斃，後來，一個跟巧克力有關的線索，成了解開這樁謀殺案真相的關鍵。

當然，你可以把這些書當作娛樂消遣，但若你對寫作有熱忱，你應該要看懂這些小說的門道，在閱讀過程中，注意作者如何推進故事的發展，哪些情節的安排改變了故事走向，以及他們如何營造懸疑與張力。這些作家擅長不斷累積事件、猜忌的氛圍，將讀者情緒帶到頂點。若你有興趣想詳細了解如何寫推理小說，請參考二三四頁的「小說寫作實用參考書」。

若你的主角是外燴業者、烘焙者、旅館業者、餐廳評論、廚師或糖果師傅時，你可以透過想像他們的生活而身歷其境。花一點時間，在腦海中想像其中一個角色，你書中的英雄人物，碰到一具屍體時的反應。在你的想像中，你已經安排好這齣戲，想像出主角的外貌，也發現屍體了。這些細節都可以作為自己推理小說中的開頭。趁著腦海中的畫面仍清晰時，趕緊把故事寫下來吧。

小說寫作的實用參考書

若想學習更多關於小說寫作的知識和技術，可以參考以下書籍：

◆《描述的技藝》（Description），作者莫妮卡．伍德（Monica Wood）。書中寫到如何使用描述的技巧來刺激讀者的感官。是「小說元素」（Elements of Fiction）系列叢書之一。

- 《小說的藝術：給年輕作者的技藝指導》（*The Art of Fiction: Notes on Craft for Young Writers*），作者約翰．嘉德納（John Gardner）。這是一本小說寫作的經典指導書。雖說書名特別提到「年輕作者」，但任何年齡都適用，書裡提供了許多關於劇情、句子結構、措辭與觀點上的實用建議。
- 《超棒小說這樣寫》（*How to Write a Damn Good Novel: A Step-by-Step No Nonsense Guide to Dramatic Storytelling*）（編按：本書繁體中文版為尹萍翻譯，雲夢千里出版），作者詹姆斯．傅瑞（James Frey）。詳細描述常見的寫作陷阱，以及如何避開它們。
- 《史坦談寫作》（*Stein on Writing: A Master Editor of Some of the Most Successful Writers of Our Century Shares His Craft Techniques and Strategies*），作者索爾．史坦（Sol Stein）。提供精準、實用的建議，教你如何修正有瑕疵的寫作、精進寫作技巧，以及寫出優秀作品。
- 《寫下去：小說家的寫作策略與人生》（*Write Away: One Novelist's Approach to Fiction and the Writing Life*），作者伊莉莎白．喬治（Elizabeth George）。從個人觀點出發，教你如何掌握寫小說的工具與技巧。

若你是對推理小說特別有興趣的話，也可以參考以下書籍：

- 《如何寫殺手小說》（*How to Write Killer Fiction: The Funhouse of Mystery & the Roller Coaster of Suspense*），作者卡洛萊·惠特（Carolyn Wheat）。書中涵蓋許多實用的提示與想法，解釋推理與懸疑之間的差異，以及如何在故事中設下線索。
- 《如何寫推理小說》（*How to Write a Mystery*），作者賴瑞·班哈特（Larry Beinhart）。這本書提供劇情發展方面的建議，雖然不是系統性的指導，但也提供許多實用的建議，教人如何處理劇情、人物發展與其他寫作技巧。

餐飲業裡的主要角色

在各類型小說裡，都有可能出現在餐飲業工作的主要角色。美食愛情小說是另一種虛構的美食寫作。在雪倫·布洛斯坦（Sharon Boorstin）的《為愛烹飪》（*Cookin' for Love: A Novel With Recipes*）中，女主角是加州比佛利山莊的烹飪書作家，總是想著美食與當年無緣修成正果的男人。二十五年後，她找到男人的下落，然後與閨密一起展開一段橫跨半個地球的美食冒險之旅。溫蒂·法蘭西斯（Wendy Francis）的《三件好事》（*In Three Good Things*）之中，一位離婚女子開了一間烘焙店，後來她前夫跑回來，造成她與新對象之間的關係緊張。蘿莉·溫斯頓（Lolly Winston）的《美麗的哀傷》（*Good Grief*）中，一名女子辭職後，發現自己有烘焙的天賦，這是一個爆笑又淒美的故事，描述女主如何克服失去另一半的傷痛。

有些美食愛情小說，會將重點擺在享受美食與性愛，特別強調感官的描述，簡直到了幾乎要滿出來的地步。為何美食與性愛會如此聯結呢？菲利絲·里奇曼說：「美食是人類最公開的感官享受，在感官刺激上，它僅次於性愛。人們無法在公眾場合做愛，但享受美食是沒問題的，這也算是滿足一種基本的需求。」

這類寫作中，最廣為人知的是蘿拉·艾斯奇維（Laura Esquivel）的《巧克力情人》（*Like Water for Chocolate: A Novel in Monthly Installments with Recipes, Romances, and Home Remedies*）（編按：本書繁體中文版為葉淑吟翻譯，漫遊者文化出版）。故事描述的是一為農場主人的女兒如何陷入熱戀，並且用魔幻寫實的方式，將她的感情加入她的料理中，每一個章節前都會先放一篇食譜。

以下列舉更多跟美食有關的人物與故使情節，希望能給你一些靈感，發想自己的故事，或是純粹享受閱讀的過程：

美食作家。諾拉·艾佛朗的暢銷小說《心悸》，主角是一位丈夫外遇的美食作家。艾佛朗很有說服力地描述女主角如何開始從記者（艾佛朗在現實生活中也是記者出身）轉戰美食寫作，再成為報紙美食專欄作家的過程。小說中包含食譜。

餐廳經營者、廚師、服務生或餐廳評論員。若你曾在餐廳工作過、經營過餐廳，或曾擔任餐廳食評，你一定有很多精采的素材可以利用。如果你沒有相關經驗，但很期待幻想這種生活方式，你可以參考以下的故事情節例子：

- 《小龍蝦之夢》（*Crawfish Dreams: A Novel*），作者南西・羅列斯（Nancy Rawles）。故事敘述一位美國南方紐奧良人，舉家從路易西安那州搬到洛杉磯的中南區，開了一家叫作「卡蜜兒的紐奧良廚房」的餐廳，並且號召全家一起總動員。
- 《新月》（*Crescent*），作者戴安娜・阿布傑比（Diana Abu-Jaber）。女主角賽琳是一家黎巴嫩餐廳的主廚，她只有在做菜時才會充滿熱情，直到一位英俊的阿拉伯文學教授開始經常造訪餐廳，墜入愛河讓賽琳心思沸騰，也激起一些關於她身為阿拉伯裔美國人的身分問題。本書作者從大學時期到畢業後幾年間，都在餐廳裡當廚師。
- 《吃烏鴉》（*Eating Crow*），作者杰・雷納（Jay Rayner）。一則餐廳負評，迫使受不了壓力的廚師自殺身亡，寫下這篇評論的倫敦餐廳食評，試圖挽救自己的名聲。
- 《廚師布魯諾的誘惑》（*The Food of Love*）（編按：本書繁體中文版為李儀芳翻譯，繁星多媒體出版），作者安東尼・卡貝拉（Anthony Capella）。這本小說改編自愛德蒙・羅斯丹（Edmond Rostand）的《大鼻子情聖》（*Cyrano de Bergerac*），以羅馬為背景，故事中，一位義大利大情聖愛上一位美國藝術學校的學生，並且謊稱自己是一名廚師。事實上，他根本不會做菜，因此他利用朋友的廚藝，進行一段美食誘惑。
- 《廚師的高帽子：吃喝玩樂歷險記》（*High Bonnet: A Novel of Epicurean*

Adventures），作者伊德瓦・瓊斯（Idwal Jones）。一九四五年出版的一部美食小說，呈現巴黎餐飲界對美食的摯愛。安東尼・波登將此書稱之為：「給廚師看的情色小說」。

- 《愛上開餐廳》（*How I Gave My Heart to the Restaurant Business: A Novel*），作者凱倫・休伯特・艾里森（Karen Hubert Allison）。女主角和男友在曼哈頓開了一間成功的餐廳，但也因此放棄了許多他們人生中的其他可能。
- 《烈酒》（*Liquor: A Novel*），作者波比・布萊特（Poppy Z. Brite）。一家原本是以酒類為主題的餐廳，因為老闆太無能而面臨倒閉的命運。作者的先生曾是紐奧良一間餐廳的廚師。
- 《愛情與肉丸》（*Love and Meatballs*），作者蘇珊・沃蘭德（Susan Volland）。女主角在家族餐廳裡工作，並周旋於兩名男子之間，不知該選擇誰。作者曾受過專業的廚師訓練，並且曾為雜誌與烹飪書寫過幾篇自由撰文與食譜。

巧克力店或甜點店老闆。在瓊安・哈莉絲的小說《濃情巧克力》（*Chocolat*）（編按：本書繁體中文版為蔡鵑如翻譯，商周出版）中，女主角在法國鄉村小鎮上開了一間巧克力專賣店，由於受到極度缺乏生活樂趣的村民喜愛，結果惹怒了小鎮上的教會。

乳酪師傅。雪莉・霍爾曼（Sheri Holman）的小說《巨大的乳酪》（*The Mammoth*

Cheese）中，一位手工製作乳酪的師傅與他女兒，經歷了一場歷史冒險，重現曾經獻給美國第一位總統傑佛遜的「柴郡乾酪」，並且將它獻給小說中的現任美國總統。

電視節目製作人。尾關・露絲（**Ruth L. Ozeki**）的《食肉之年》（*My Year of Meats*），描述一位日裔美國記錄片製作人，受邀參與一個日本電視節目的製作，目的是鼓勵民眾多食用牛肉。她發現牛肉業者對牛隻施打合成的雌激素，因此計畫暗中對節目搞破壞。

食譜怎麼辦？

有些作者堅持小說裡一定要有食譜；有些作者則是心不甘情不願地加入食譜；有些作者則是根本不放食譜。

「如果我不放食譜的話，我家會被蛋洗、讀者會打電話來對我怒吼，我也收過一大堆怒氣沖沖的電子郵件與信件，」福路克表示，她曾經有兩次在書中只是稍微提到一種餅乾與一種蛋糕，沒在書中交代做法，結果：「我收到超多抱怨的信件與訊息，起碼有上百個人來信跟我要食譜，但我手邊根本沒有，最後只好自行研發、試做一遍，然後將食譜補述在下一本小說裡。」

里奇曼以餐廳為背景的推理小說，每一本的最後面都會附上食譜。在故事敘述中，她會盡可能用足夠的細節描述一道菜，讓讀者能理解怎麼做出來。有些當廚師的讀者曾經照著她的描述試做，並且跟她分享他們的經驗。諾拉・艾佛朗在小說《心悸》（*Heartburn*）裡也是用了類似的技巧，加入更詳細的計量與步驟，讓讀者讀起來更像在看一份食譜。這本書裡隨著對話內容總共放了二十篇食譜，讓食譜看起來也是故事的一部分。這麼做能有效地讓故事情節不被打斷，不過這些食譜也會比傳統食譜寫作形式更不方便閱讀。

由此可見，在小說裡加入食譜並沒有正確格式。我喜歡食譜出現在每個章節的最後面，用傳統的食譜寫作樣式呈現，書的後面再放上以食譜名稱排列的索引，方便讓讀者查詢。黛安・默特・戴維森寫的前十二本舒逸推理小說中，食譜都是放在一道菜的敘述後面。但之後寫的小說中，食譜都是放在一個章節的最後面。

暢銷小說中有放入食譜的其中一個例子是琳・辛頓（Lynne Hinton）所著的《友誼蛋糕》（*Friendship Cake*）。這本書描述的是五位個性迥異的女性，因為蛋糕而相知相惜的故事，書中放了十七篇食譜。著名作家與詩人瑪雅安吉羅（Maya Angelou）非常喜愛這本書。

童書

如果你一直都想寫兒童或青少年讀物，何不將這喜好與美食合併起來呢？無論你的寫作動機為何，在兒童文學裡描述食物，有許多不同的目的。與寫給成人閱讀的小說一樣，最主要的目的當然是要說好的故事。「石頭湯」是一個古老的法國故事（很多作者都寫過不同版本），描述三位飢餓的士兵，成功說服一位村民幫他們煮一鍋湯，而這鍋湯一開始是在煮石頭。當代繪本大師羅勃・麥羅斯基（Robert McCloskey）所著的經典繪本《莎莎摘漿果》（*Blueberries for Sal*）是關於兩對母子——人類母子、熊媽媽與熊寶寶，同時出發去採漿果，最後彼此相遇的故事。在莫利斯・桑達克（Maurice Sendak）的《廚房之夜狂想曲》（*In the Night Kitchen*）中，一個小男孩不小心跑進一個深夜廚房，裡頭的麵包師傅正在準備隔天早上要吃的蛋糕。

食物對小孩而言不只是娛樂的來源，更是富有教育意義與實驗性質的工具。以下是一些作家在兒童文學中運用食物的例子：

讓吃東西看起來更誘人。露易絲・艾勒特（Lois Ehlert）的繪本《吃掉字母》（*Eating the Alphabet*）在書中畫出許多美味可口的蔬菜水果，連最挑嘴的小孩看了都想吃。瑪麗・安・霍伯曼（Mary Ann Hoberman）所著的《七個貪吃小寶貝》（*The Seven Silly Eaters*）結合許多押韻的句子，描述一位母親如何應付挑食、只吃特定食物如蘋果泥或雞蛋的小孩。

運用一些無法用在成人小說裡的輔助道具，能夠刺激年輕讀者的感官。幼兒唱遊團體「The Wiggles」所著的《好吃好吃水果沙拉》（*Yummy, Yummy Fruit Salad*），裡有十四個刮一刮、聞一聞的貼紙，味道包括蘋果、香蕉、西瓜與葡萄。

以韻文形式介紹食物。有些作家會寫一些跟食物有關、像歌詞一般的句子。艾咪・威爾森・桑格（Amy Wilson Sanger）的「世界小吃系列叢書」（World Snacks），介紹了壽司、港式點心、墨西哥料理、猶太零嘴與美國南方黑人傳統的「靈魂料理」（soul food）。該系列叢書中的《一點點靈魂食物》（*A Little Bit of Soul Food*）裡，就有一段像是歌詞般的句子：「醒來時我聞到比斯吉／還有要加在粥裡的鮮肉汁液／我很感激／餐桌上有煙燻火腿切成丁。」（"When I wake up I smell biscuits / and gravy for our grits. / I say thanks for smoky ham / cut into little itty bits."）

幫助孩子了解不同文化。瑪格莉特・德・安格里（Marguerite De Angeli）的《海納的莉迪亞》（*Henner's Lydia*）這本書裡，有美國賓州荷蘭裔社區住戶們在後院釀蘋果酒的情節，也介紹了他們日常飲食的樣貌，例如蘋果奶油與半月型的派。台裔藝術家與詩人林珮思（Grace Lin）所寫的《大家的港式點心》（*Dim Sum for Everyone*）描述傳統中式用餐過程中的樂趣。瓊安・羅克琳（Joanne Rocklin）所著的《蘋果卷故事》（*Strudel Stories*）講的是個溫暖人心的故事，關於一個家族七代成員如何烤蘋果卷，從烏克蘭的敖德薩一路烤到紐約布魯克林區，再到太平洋。

食物可以當作學習的工具。在莫利斯・桑達克寫的《雞湯配飯：月份之書》（*Chicken Soup with Rice: A Book of Months*）中，小孩子可以一邊喝這個湯，一邊學到不同月份與季節裡可以做哪些事情。

無論你打算寫的是與美食有關的小說還是童書，我訪問到的所有作家，都分享了類似的看法：他們都建議加入一個定期聚會的「寫作評論小組」，不斷地寫新作品與其他成員交流分享。他們也建議閱讀小說寫作的指導書籍，並博覽各類小說，以了解作者如何創造情境、故事情節與角色。最重要的是，如果你真心想成為一名作家，你必須持續不斷地寫作，每天都要寫作。

寫作練習

一、你寫的短篇故事裡的人物，要夠真實，讓讀者能夠相信。透過寫下角色概述的方式，慢慢創造人物的特色。去餐廳用餐時記得帶筆記本，記下服務生的行為舉止與模樣。描述此人的外貌，接著進入他的腦海裡，想像他在工作場合與在家裡的生活。這個人每天工作十四個小時嗎？下班後會在酒吧裡混到凌晨三點？會拿收到的小費去買重金屬音樂唱片嗎？描述這個人的住處、他如何煮飯、他喜歡吃什麼，以及這人是不是個老饕。

二、寫一段你與餐廳服務生之間發生的、和食物有關的戲劇性對話。這一步意在發展那位服務生的性格，按照你的個性，以及你對這個人有多少了解，想像一段與服務生的對話。

寫下幾句對話，暗示之後可能有後續發展的一段關係。你可以選擇製造衝突與張力（例如，你不喜歡餐廳的食物，他則是態度傲慢），但並非所有戲劇性的發展都是負面的。拿前一個例子來說，負面情況或許是服務生之後開始跟蹤你，伺機報復，而正面的發展或許是他很愛調情……你可以製造一點懸疑，暗示你們倆之後可能會在某個地方相遇。

三、選擇一種食物，寫一篇設定在歷史時空下的故事。例如，如果你要寫豆子，你可以描寫一群西部牛仔圍著營火，在野外搭營過夜的情境。接著，描寫兩個人，一邊吃著豆子，一邊聊天。在這個畫面中加入跟豆子有關的動作，像是其中一位牛仔用錫杯稀哩呼嚕喝著豆子湯，或是另一位牛仔一邊撕著麵包吃，一邊在鬍子上留下麵包屑的模樣。試著寫出三個段落。

第十一章

如何讓著作出版

HOW TO GET YOUR BOOK PUBLISHED

你要說明你的書有何不同，而不是描述為什麼它比別人好，「比別人好」是一個主觀的判斷，最終的決定權還是在消費者手上。不要跟我們說，從來沒有人寫過跟你類似的書，或是沒有競爭者能追得上你。相反的，告訴我們以前曾有類似的書籍大賣，但你的書有別於以往的作品。

——皇冠出版社（Crown Publishing Group）前社長／希德妮．麥納

我們在第七章學到如何構思寫書的點子，第八章也討論了食譜寫作與研發。現在要採取下一步了。你或許以為接下來就是要開始寫書，然後出版，且慢，還沒到這一步。

要達到專業出版的門檻，你的下一步並不是開始寫書（小說與回憶錄除外；這點之後會再著墨）。即使是自費出版，現在仍有很多事情需要處理。

為什麼呢？這是非文學類書籍出版業界的運作規則，因此若想成功，就必須按照遊戲規則進行。不只如此，經紀人與出版社拒絕的投稿提案的機率高達百分之九十八。你沒看錯，只有百分之二的提案會通過並製成書籍。因此，如果你要花那麼多時間寫一本書，讓我們先擠進那百分之二的成功門檻吧。

出版社總是被淹沒在投稿提案裡，他們在看提案時，幾乎不會翻到第二頁。他們總是在找理由拒絕一份提案，好讓他們可以消化掉這些繁重的工作。你要做的，就是別讓他們找到理由拒絕你。

很多人敗就敗在沒耐心。我能理解投稿者急切的心情，但若你不去正視以下這些警訊與漏洞，那麼你的投稿恐怕也只有石沉大海的份。例如，假設你想寫一本關於義大利甜點的烹飪書，你有什麼資格可以成為這個領域的作者呢？你是開設過相關烹飪課程、寫部落格，還是在義大利當地為遊客做導覽？編輯想看到的，是一位熟悉相關領域且已有一定知名度的作者，這樣才能降低風險。因此，如果你現在仍缺乏這一點的話，取得相關資格，將會大幅提升你的成功機會。

要透過傳統方式出版書籍，你必須在一份提案中展現自己的點子多優秀、現在有讀者正在等著讀這本書，而你是寫這本書的不二人選。（這裡的例外是小說寫作，如果是小說，你要給編輯看的不是一份提案，而是你的完整原稿。）若你已有數以千計的社群媒體粉絲、烹飪課程學生，或是你開的店遠近馳名，那就沒什麼問題。但若你沒有這些條件，那你這本書勢必得耗費更久時間來累積能量。

本章描述的是投稿提案的相關細節。這能幫助你寫出一份成功率最高、效果最明顯的提案。當你準備要寄出提案時，你會學到應該寄給出版社還是經紀人、如何找到經紀人，以及出版社若決定採用你的提案，你會遇到什麼樣的情況。如果你是要自費出版，你也會在本章學到更多相關運作方式。

如何寫出殺手級的提案

投稿提案就像是書籍的經營計畫書，在你著手寫書之前寫好，並且附上一、兩章當作範例。寫非小說類書籍，第一次與經紀人或編輯接觸時，他們會想知道：你是誰、你是怎麼想出這個概念的、這個點子是否為原創、你打算如何行銷你的書籍、你在媒體產業裡是否有認識的人、你是否已經有一群觀眾，以及你是否曾經出版過書籍。如果你只是把自己完成的原稿寄去，然後附上一句「請您出版」，你根本沒有回答到以上這些問題，也沒有行銷到你自己。行銷是這場遊戲的一大重點，跟擁有新穎的觀點一樣重要。很多大型出版社根本不接受作家寄原稿過去，他們不會去點閱，因為他們要看的是提案。雖然這些大型出版社多半希望作者透過經紀人提案，但很多沒經紀人的作者也曾成功過。關於這點，稍後會再解釋。

身為一名投稿提案指導者，我曾幫人寫出能讓經紀人與編輯感興趣的提案，讓作者從大大小小的出版社，取得五千至十二萬五千美元的預付款。我能給你最有用的建議就是：要有耐心。我發現很多人會在還沒準備好的情況下急著要提案。當我建議他們多寫幾篇文章、開一門課程，或是針對這個主題多做一些演講以累積信譽，很多人會感到排斥。他們會說：「我只想要趕快寫完提案啊。」

對，但除非你的基礎夠扎實，否則寫完提案也無濟於事。

寫書之前，先磨練好你的點子、累積足夠的聲譽及粉絲人數，能夠大幅提升你成功的機率。其中還有一個很棒的附加價值：當你為你的專業與信譽打好基礎，你會更有自信，就能寫出更扎實、更有說服力的提案。

書的亮點與社群動能

經紀人與出版社在審閱提案時，會不斷地揪出弱點，像是標題無聊、文筆乏味、內容缺乏重點，或是作者的社群動能不夠強。你在寫提案時，有兩件事必須加強：第一個就是這本書的亮點，第二個則是你的社群動能。

書的亮點，包括你的寫作主題是否符合市場趨勢、你的文字是否淺顯易懂、能否清晰地表達內容或有條理地論述、敘事角度是否獨特出眾。例如，當市場上已經充斥太多以醃漬食材為主題的食譜書時，你才想寫一本關於自製醃菜的烹飪書，已經太慢了。鎖定具有前瞻性的主題，試著搭上流行趨勢，這樣的點子看起來會比較可行。

社群動能，指的是作家累積一群「願意買書的粉絲」的能力。例如：每天都有數千粉絲瀏覽的部落客；報紙或雜誌的專欄作家；一開烹飪課招生名額就爆滿的老師；電視節目主持人；著名的餐廳老闆、廚師或餐飲業者；經常到世界各地演講的專家……這些都是擁有強大社群動能的人。被鎖定的潛在讀者都認識他們，這些作家也能夠固定出現在讀者面前。

如果你並沒有龐大的社群動能，寄出提案之前，先壯大你的聲譽吧。最有效的方式，就是針對你意欲撰寫的主題，發表各式各樣的文章，爭取在大眾媒體上曝光的機會。如果你的文章常在報章雜誌或網路上刊載，就表示你的寫作能力夠好，具有出版成書的潛力與價值，如此也能讓你看起來值得信任。若你的部落格擁有眾多粉絲，每篇文章都有數以千計的點閱數，或許也有機會成功出版。不過，出版社大多還是希望能在更大眾化的媒體上看見你的文章，這樣才能證明在部落格之外還有人想讀你寫的書。

此外，你的文章如果常常刊登在大眾媒體上，也表示你論述的議題夠熱門，能向出版社證明讀者對你想寫的主題有興趣。

如果你想寫小說或回憶錄，或是打算自費出版，你還需要累積社群動能或是寫投稿提案嗎？不需要，但這麼做也沒什麼壞處。身為小說作家，如果你曾經出版過幾篇短篇故事，你會顯得更有吸引力，但這不是必要條件。小說投稿不必先寫提案，而是得先寫完整本小說，再寫一封投稿信、附上幾個章節樣本，寄給出版社。回憶錄方面，你完成原稿之後，再寫提案，並附上一、兩章當作樣本。若你打算自費出版，也不必寫提案，關於自費出版的詳細情況，請見四一三頁。

出版業實況

每一年，世界各地都會出版上百萬本美食與美酒的相關書籍。黛詩爾與戈德里奇文學經紀公司（Dystel and Goderich Literary Management）合夥人之一珍．黛詩爾（Jane Dystel）說，出版社雖然不斷推出烹飪書，但這個市場的競爭也越來越激烈。她表示，目前市面上已經有太多烹飪書，甚至有些出版社已減少或停止出版烹飪書了。但從另一個角度來看，「一直都會有新的廚師、新的消費者在尋找新鮮事物。」或許，非烹飪書類型的美食著作出現，顯示烹飪書以外，仍有許多機會等著你。

競爭絕對激烈。許多出版社每年都會收到將近一千份投稿提案，但能夠出版的最多就是幾十本。而他們出版的那些書籍中，有許多可能是自製書，也就是出版社自己設想的書籍主題，然後找到適合的作者，寫出他們想要的書。

儘管如此，你還是有機會成功。你必須了解版權經紀人與編輯要的是什麼，雖然有時很模糊。雅克・貝潘（Jacques Pepin）、瑞克・貝列斯（Rick Bayless）與黛博拉・麥迪遜（Deborah Madison）等知名作家的經紀人多伊・庫佛（Doe Coover）說：「這真的是個人喜好的問題，有些書是我認為有銷路潛力而做的決定。我必須對這本書感到非常熱情。也不會因為接洽的前兩家出版社拒絕我而感到灰心沮喪。我要能對這本著作有信心，能夠帶著它長期抗戰。」庫佛曾代理過新手作家，也代表過名作家，但顯然她是很挑的。若你把這一章裡的建議都聽進去，你就越有可能找到像她這種層級的經紀人，或是找到好的編輯與出版社。

寫投稿提案

一份書籍的投稿提案中，包括作者自我介紹、書籍內容目錄及寫作範例，若是烹飪書則需要加上一些食譜範例。如此便能確定這本書的目標市場、可能的競爭者，以及與競品的不同，還有你會如何行銷這本書。無論你是否打算找一個版權經紀人，還是要直接提案給出版社，你都需要寫一份提案。

一份合格的投稿提案，可能長達一萬多字，而且往往必須耗費半年到一年的時間才能寫完。千萬不要急，要步步為營，確保內容完整，除非你想搶頭香、趕流行。記得，你的寫作對象是經紀人與編輯，不是讀者，不要賣關子，提案必須明確回答這些問題：為什麼由你來寫、為什麼現在要寫、誰會在意這本書？以下是提案的主要項目：

標題頁。建立一個簡介頁，內容包括書名與副標，以及你所有的連絡資訊：姓名、電子郵件、寄件地址與網址。若你有張令人垂涎三尺的美食照要放進書裡，務必也把這張照片加進來。

如何寫出一個令人無法抗拒的書名

- 書名要簡短、聰明，而且要跟書籍內容直接相關。別取太廣泛的書名，讓讀者猜不透，像是《人見人愛料理》或《我最愛的食譜》。
- 搜尋競品或類似書籍的名字來參考。他們肯定是花了很多時間取這個名字，何不多加利用呢？多做一些調查，你也會發現，和你類似的書都取了些什麼樣的名字。
- 用字簡短、直接，通常是成功書名的特色。你只有一、兩分鐘的時間可以跟讀者溝通，因此你得快速解釋這本書的特色。烹飪書的書名經常會用到以下這些字眼：「最棒的」、「最佳」、「快速」、「簡單」、「完整」與「秘笈」等等。
- 有些書名非常吸引人，能勾起讀者的回憶、同時兼具感性，或引發好奇心，例如《廚房裡的身影：餐桌上的溫暖記憶》、《苦味》（*Bitter*）、《沙巴之歌》（*The Songs of Sapa*）、《鑊氣》（*The Breath of a Wok*）等。

更多替烹飪書取名的相關內容，請見二七四至二七五頁。

投稿提案的目次。如果你的提案很長，就需要包含一份列出頁數的目錄。

摘要或概念解說。一段精確的概念解說，能讓編輯立刻了解這本書在說什麼。精心書寫兩、三段話，用來替這本書、這個市場，以及你自己做些簡單的介紹。以下是我為一位前客戶，娜妮·史提爾（Nani Steele）的書《我的忘憂》（*My Nepenthe: Bohemian Tales of Food, Family, and Big Sur*）所寫的提案：

> 《我的忘憂》將「忘憂」這家知名加州景觀餐廳發生的故事與趣聞交織在一起，透過描寫美食與其創辦家族的故事，盛讚此地的歷史與迷人之處。二〇〇九年，忘憂餐廳將舉辦六十週年慶祝活動，邀請知名作家、藝術家、舞蹈家、旅行者、演藝人員與名廚來到他們的餐桌前，其中包括將這家餐廳列為其最愛酒吧的名作家亨利·米勒（Henry Miller）。現在，每年都會有將近二十萬人造訪忘憂餐廳。
>
> 這本文采非凡的著作，是由從小在餐廳裡長大的餐廳經營者之孫女撰寫。《我的忘憂》談到美食、非典型的家族、各形各色的客人，以及這個傳奇餐廳一開始之所以打響知名度的藝術與建築特色。書中包括六十份大家最愛的食譜，這些食譜都是從餐廳、咖啡廳及家族

歷史紀錄中挖寶出來的。作者本身是一位自由美食作家、美食造型師與食譜研發者。作者在二十六歲時，在忘憂餐廳裡開了凱瓦咖啡廳，咖啡廳的名字來自她的曾外婆，後來她也成功成為一名甜點主廚。她與兩個孩子現居加州奧克蘭。

你現在可能還沒有足夠的資訊可以寫一篇完善的摘要，但你可以先打草稿，等整份提案寫完之後再回來調整。到時候，你想說的話會更有說服力，也更有重點。

概述。這是提案的引言，能告訴編輯你打算寫什麼樣的書籍，以及背後的理由。概述就像是迷你版的投稿提案，總結了你會提到的所有重點。雖然這部分出現在提案的最前面，但請你最後再寫，因為一開始就要為提案做總結太困難了。寫提案是為了強迫你仔細思考書的整體架構與內容。通常在寫書的時候，你也還在學習並精修你正在寫的內容。以下是概述的幾個重點：

- 必須在前幾句裡，立刻抓住經紀人或編輯的注意力。若你無法迷倒他們，或是讓他們感到好奇與興奮，他們大概讀完第一頁就會把你淘汰。
- 讓你的點子看起來可行，而且有賣點。
- 描述這本書的重點、範圍、深度、內容、你的寫作風格，以及特色。
- 說明讀者在讀了你的書後會得到什麼好處。

- ◆闡述為何市場上仍缺乏這個主題的書籍。
- ◆解釋你這本書與競品或相似書籍有何不同之處。
- ◆解釋為何你有資格寫這本書。
- ◆明確說明你的稿子有多長，包括幾份食譜，以及你預計花多少時間完成。

開始寫概述時，就要想辦法吸引編輯。內容讀起來得像小說或是新聞報導故事，一路帶著編輯，讓他們覺得有參與感、很興奮，在他們的腦海中構築出畫面。開頭或許適合放一則趣事，甚至是統計數據，只要是能夠抓住他們的注意力的都好。

一旦編輯上鉤了，就將以上列出的幾個重點，摘要成幾段引人入勝的文字。幫助編輯想像成書的模樣，大略描述你會討論到的內容、重點，以及寫這本書背後的想法，它獨特的觀點與書籍架構。解釋你會寫到哪些部分，像是幾篇食譜、食譜的種類、特別的章節或側邊欄位。盡可能詳盡，但還不要列出章節名稱（這個之後會討論到）。如果合適的話，你可以加入一些個人事蹟，或是提到幾道菜並且用所有的感官描寫它們。把這部分想成是寫在一本書的包裝文案。若你不確定該怎麼寫，你可以去讀讀看其他書籍的封面、封底、書衣或書腰。

概述是用來討論書籍細節最主要的地方，是用來說明你的點子從哪裡來，你為什麼對此懷抱著熱情，以及這本書會提出什麼樣的新穎觀點。

若你寫的是烹飪書，透過概述來解釋這本書要如何勝過那些在網路上就能輕鬆蒐尋得到的免費食譜資料庫，同時解釋你的食譜寫作風格。告訴編輯你在寫這類內容時的強項。你是優秀的食譜研發者，而且有超多人等著幫你測試嗎？「你能用正經的方式寫些關於美食傳統與烹飪習慣的內容嗎？還是能夠用輕鬆又易懂的方式，描寫地方與文化方面的背景知識？」希德妮・麥納（Sydny Miner）問，她是皇冠出版社（Crown Publishing Group）前副社長，目前是一位出版顧問。

麥納進一步建議，要解釋為何「因為你的熱情、經驗與專長，你是這份工作最適合的人選。告訴我們未來兩年內，當書籍出版時，你都會不斷深入這個主題。宣傳訪問不光是在談這本書，更是在談你這位作者。」

描述你的寫作語氣。你要用和善的、充滿知識性的，還是詼諧的語氣書寫呢？你會試圖拆解複雜的概念嗎？如果你說你的書很有幽默感，你知道如何展現幽默感嗎？光是說「這本書會很好笑」是不夠的。你要在提案中展現你的幽默感。說明這本書對讀者有什麼好處，讀了之後會獲得什麼。在概述的結尾加上一段強而有力的結論，再次強調你最重要的觀點。

不要堅持這本書一定要長什麼樣子。書籍的設計是由出版社決定的。如果你認為，這本書要成功，就一定要放照片或插圖的話，請說明原由。例如一本教人如何辨別牡蠣的書，若沒有任何視覺畫面，應該很不容易閱讀。如果你打算自行提供藝術作品，如插圖、歷史照片或陳年舊信，也請在概述中表明清楚。關於視覺方面的呈現，請參考第七章的二八三到二八五頁。

目標讀者與市場。出版社必須知道你這本書是否已有既定的市場了，這就是為何你該建立自己的社群動能。你的目標讀者說明了誰會買這本書，以及購書的理由。

雖然你希望大家都來買你的書，但事實上這本書並不一定適合每一個人。如果你只會這樣說，就表示你沒有想清楚誰會來買你的書。試著找出可以明確定義出來的族群，尋找相關數據或其他能夠識別的資訊，將這些族群量化。盡量用不同方式定義出你的讀者，像是一個人的收入水準、性別或是造訪高級餐廳的頻率。

定義出不只一種讀者也沒有關係，只要你明確指出適合各個族群的理由。安德魯・史密斯（Andrew F. Smith）在調查《美國番茄：早期歷史、文化與烹飪之道》（*The Tomato in America: Early History, Culture, and Cookery*）這本書的潛在讀者時，他發現不只有番茄愛好者協會、兩萬五千多名參加者的盛大番茄節慶，甚至還有番茄愛好者所參與的種番茄比賽等。當他在寫《純粹番茄醬》（*Pure Ketchup: A History of America's National Condiment, With Recipes*）時，亨氏食品公司（Heinz）買了五千多本書。在寫《花生》（*Peanuts: The Illustrious History of the Goober Pea*）這本書時，他找到一個擁有四萬一千名會員的花生愛好者協會。

說明你是否有一個能夠觸及潛在讀者的內建策略，像是針對你餐廳的顧客，或是烹飪課的學生，甚至是創造一份通訊報或網站，專門針對你的潛在讀者。你在餐飲界或媒體是否有認識的名人或人脈，可以幫你宣傳你的書籍。

強調媒體會對你的主題感興趣。也許雜誌或電視節目最近有談到這個主題。了解自己的讀者群，能幫助你選擇適合的期刊、網站、電視節目與其他媒體露出。

明確指出目標讀者，也能讓你的書更專心致志。你對讀者越了解，你越知道讀者要的是什麼，他們必須知道什麼，或是什麼東西對他們而言是有用的。當你在寫樣章或食譜時，你能夠想像讀者就坐在你對面。當你直接針對他們寫作，你就能透過書本與他們產生連結。

你或許會想知道到底什麼樣的人會買烹飪書？在美國，根據鮑克市場調查公司（Bowker Market Research）在二〇一二年的調查顯示，約百分之六十九是女性，最大的群體是三十至四十四歲，第二大的群體年齡則是介於四十五至六十四歲之間。精裝版的烹飪書比其他種類賣得好，佔整體銷售的百分之四十二，而電子書籍則增加到佔整體銷售的百分之二十二。根據尼爾森圖書與消費者調查（Nielson Books & Consumer）顯示，亞馬遜網站（Amazon.com）佔所有烹飪書銷售的百分之三十六。

由於美國實體書店數量不斷減少（根據美國統計局數據，從二〇〇一年的一萬一千五百九十九家，減少到二〇一一年的八千四百零七家），因此，將書籍銷售到非典型的零售商，顯得更為重要。大型連鎖百貨零售店如目標百貨（Target）、沃爾瑪（Walmart）與好市多（Costco），佔美國整體書籍銷售將近一半，而單一主題的烹飪書，也成了連鎖精品零售商如「Sur La Table」與「Anthropologie」等店家的重要商品之一。

宣傳計畫。不幸的是，你幾乎無法仰賴出版社幫你宣傳新書。通常這些出版社已經付了龐大的預付款項給著名的作家，這些作家的新書大概也和你的書在差不多的時機出版，而那些書籍會得到大部分的行銷預算。因此，出版社會想知道，你會如何協助銷售你的書籍。意思是你要願意走到目標讀者面前，大力宣傳你的書。提案中的這部分，雖然是一個假設性的計畫，但這計畫必須要實際。若你宣稱自己可以上「艾倫秀」（*The Ellen DeGeneres Show*），然後主持自己的電視節目，除非你能明確說出你打算如何辦到，或展現自己朝這方向所做的努力，否則編輯大概不會相信你。

根據這本書出版以後的活動來設計你的宣傳計劃，而不是根據你現在正在做什麼。若你能在什麼活動上宣傳你的新書，請將這些活動列出來，並且事前聯繫主辦單位，取得對方的承諾。例如，假設你問了你家附近的獨立書店，你的書出版後能不能讓你舉辦一個新書發表會，書店老闆明確表示對此有興趣，這比你對出版社說你「打算」與這家書店接洽，顯得更有價值。

上電視節目、在部落格或網站文章裡、在烹飪課上、餐廳裡，或是某個演講活動上宣傳你的書籍，是幾個最有用的方法。如果這些方法都行不通，如先前所述，你須要打造自己的社群動能。現在就開一堂課，教授你這本書的主題內容。如果反應不錯，舉辦的場地比較有可能承諾在你書籍出版後再辦一次活動，你也能將這活動寫進提案中。你有一個網站可以宣傳這本書嗎？你可以寫一些關於這本書的主題文章，投稿給其他期刊嗎？可以的話，是哪些期刊呢？你會去百貨公司現場示範嗎？你會努力讓廣播電台訪問你嗎？如果會的話，你會決定去上哪些節目呢？試圖聯絡相關人士，並且在提案計畫中列出來。

如果有辦法請餐飲界或媒體業中的大人物，幫你在書的封面寫個宣傳語，或是幫這本書寫推薦序，絕對有加分效果。可以的話，最好現在就詢問並確定此人是否願意，讓你能將這個計畫寫進提案中。寄信或電子郵件邀請別人閱讀你的書籍，或許會讓你很緊張，但是大多數的人會感到相當榮幸。

描述除了書店、大型連鎖百貨零售店與烹飪相關商店以外，是否有哪些通路會願意販售你的書籍，像是酒莊、家飾設計店，或是乳酪與巧克力這類專賣店。如果你寫的書是關於一家餐廳或零售商的故事，你可能會擁有特別的銷售機會，這會讓編輯眼睛為之一亮。出版社會願意折價、大量販售書籍給那些承諾購買二、三千本的企業。這能讓你的提案計畫看起來更有吸引力，對出版社而言，這樣能刺激第一版印刷的銷售，也能攤銷製作成本。如果你和一些企業談好代言活動，你也可以把這些計畫寫進來。

關於作者。你不需要把自己的人生故事，從小怎麼開始做菜這些細節都寫出來。你一直都想寫這本書、你朋友總是叫你趕快出書，這些事情也不必寫進來。不如直接描述你現在的自己：一個有資格寫這本書的人。寫一份能夠強調相關經驗的自傳。很多和我合作過的人都說，在認真思考過以前，從沒想過自己的自傳可以這麼長。如果你從來沒有一次寫出你人生到現在的成就，寫這個部分會給你帶來很大的成就感。

若你已是出版過書籍的作家，特別是曾經出版過相關主題的書籍的話，這是你最有利的資歷。出版社需要真正會寫作的人。如果你是書籍相關領域的專業人才，出版社一樣會對你有興趣。如果你是廚師或烹飪學校老師，這也是非常好的資歷。對許多出版社而言，部落客也是很吸引人的人才，尤其如果你是某種食物的專家，或是擁有龐大的讀者數量。

若以上資歷都不符合的話，你要認真檢視你的過去。無論是相關報導、經驗、工作、志工活動、研究、獎項、旅行與特殊專長技能……等都適用。也許你有一段獨特的人生經歷，能替這本書增添寶貴的一課與內容，不過請務必篩選出與書寫主題最相關的經歷，也許拼布是你的強項，但若你想寫的是食譜，那麼這個經歷對你的書就沒什麼意義了。

加入一些組織、去上一些課程，來加強自己的自傳。如果你能成為這些組織裡的幹部，你的自傳看起來會更有力。看看有沒有機會針對你的書籍主題演講，或是進行示範活動。聯絡相關會議或組織，詢問你是否能成為他們的客座講者，這點也能寫進自己的資歷當中，因為這就是在告訴出版社，你知道如何接觸自己的目標讀者。

競爭者分析。無論是書的主題或寫作策略，最多選擇五本你會視為競爭對手的、或目標讀者認為是相似的書籍來分析。一本書名類似但內容完全不同的書，如果會和你的書一起擺在書店裡同一個分類的架上，也有可能成為競爭者。

拿你的書去和現在熱賣的書籍比較，上網路書店去查這些競品目前的銷售排名。以美國的亞馬遜網路書店而言，你應該跟那些排名在五萬名之內的書籍競爭。不要拿自己的書拿去跟那些未在你的國家出版、絕版或是自費出版的書籍相比。出版社想看到的是他們的競爭對手，在最近十年內出版了哪些書。同樣地，也不要太不切實際，只拿自己的書去跟暢銷榜上前三名的書相比。

列出每本競品的資訊，包括書名、作者、出版社、售價、精裝或平裝，以及出版日期。

用一個段落簡單描述每本書的內容，並拿來和你的書籍比較。結尾要說明你的書有何不同之處。記得尊重對方，說不定你提案的對象，剛好就是負責賣那本書、出版那本書的編輯，或是那位作者的好朋友。

「你要說明你的書有何不同，而不是描述為什麼它比別人好，」麥納建議道，「『比別人好』是一個主觀的判斷，最終的決定權還是在消費者手上。別跟我們說從來沒人寫過跟你類似的書，或是沒有競爭者能追得上你。相反的，告訴我們以前曾有類似的書籍大賣，但你的書有別於以往的作品。」

有時候，你也可以提到一些相襯的書籍。例如，有些書可能和你的書一樣，架構方式比較特別，或是用不同的方式討論同樣的主題。如果有的話，僅列出幾本即可。編輯通常會去查銷售數據，所以他們很討厭看到落落長、超過十幾本的書籍清單。

目錄。我建議寫兩種目錄。先寫一個簡短的清單，列出每一章的章名，全部寫成一頁，讓編輯能掌握這本書的概念、內容與架構。這是「一目了然的目錄」。在另一頁，從前言到索引，開始描寫每一章的內容細節，這是「擴大的目錄」。每一章最多寫一頁，描述這一章會談到什麼、目的是什麼，以及對讀者的好處是什麼。如果你寫的是烹飪書，或是打算在書本的最後面放一些食譜的話，你也可以列出你打算寫的所有食譜的清單。如果你已經想好的話，也可以列出側邊欄的標題名稱。這本書中值得列出的部分包括詞彙表、儲物清單、資源清單與購買指南，以及參考文獻。

常見的章節數量是十到十二章。一本書的結構，通常會從工具、材料等最簡單的部分開始，再往比較高階的方面寫。確定你的章節是用有邏輯的方式排列。更多關於烹飪書架構的細節，請見二八〇頁。

食譜樣本與／或章節樣本。這部分不只能展現出你對自己的書了解得夠透徹，你得真的能夠寫出像樣的東西。這些樣本必須很扎實，也要能展現你最好強的寫作功力。若你書裡大部分內容跟食譜有關，請附上最多十二篇食譜，每一篇都寫在不同頁上。這些食譜必須完美無缺，而且要能充分展現你的技巧與專業知識。附上來之前，你一定要先測試過每一篇食譜，因為專業的編輯光是讀食譜就能看出它可不可行，他們也有可能親自拿來測試。每一篇食譜都應該寫得很完整。如果食譜裡有一些小撇步或側邊欄，記得隨食譜一併附上。如果食譜是你書的主體，但內容包括許多描述性的寫作，請附上幾個章節的開頭，或其他文字內容當作範例。

若你寫的不是烹飪書，請至少提供一個完整的章節。不要提供前言，因為前言裡大部分的內容已經在概述裡寫到了。重新檢視你的目錄，從中間的部分選擇份量十足的一章，內容不要太長，最多六千字左右。有些人建議，如果你是新手作家或是在寫回憶錄的話，你可以提供兩個章節。

相關輔助內容。這裡的資訊，是用來推銷書籍點子或你自己，例如你最近針對這個主題寫了哪些文章。

在準備這類資料前，在每一個經紀人或出版社的網站上，查清楚他們要的是什麼。對出版社而言，有些出版社只要提案中的某些部分，所以你可以剪下、貼上就好。給經紀人的話，查看他們的網站，看他們要什麼樣的格式。幸好，我們大部分的時候都是用電子郵件寄信，所以在提案中提到時，你只需要附上線上資料的連結即可，若特別有需要的話，也可以為其他的資料做好ＰＤＦ檔案。如果你有影片，像是你上烹飪節目或電視的畫面，記得把影片上傳到像是 YouTube 這類網站，日後可以直接連結到影片。

如果你必須把提案印出來交給經紀人，你得另外準備一疊專題文章、網路內容、部落格文章與其他跟你的點子有關的資料。一開始先列出讀者依序會讀到的內容清單。選那些曾刊登在著名期刊或知名網站上能展現你寫作風格多元（有需要的話），而且是你寫得最好的文章。包含任何關於你的報導，如果你上過電視，務必附上影片連結。

格式。提案要用雙行間距、邊界設定為一到一吋半（二點五四到三點八一公分）。從目錄開始標出頁數，每頁的頁首或頁尾要加上書名或是你的名字。

不要用太大的字級，這樣讀起來像是在大吼大叫，也讓你的提案難以閱讀。不要用奇怪的字體、有顏色的字體，或任何其他會模糊內容的花招。標題用粗體或斜體是可以接受的。乾淨一致的字型與大小，能讓編輯專注於你的寫作品質。不要用任何方式裝訂你的提案。如果你有很多份補充資料的話，你可以把其中一些用釘書機釘在一起。

如果你很上相，你可以在自傳部分的最上方或提案的第一頁放上你的照片。確定這是你最好的照片，而且能讓編輯留下好印象。不要在提案裡加入其他照片，除非你打算自己拍攝書中要用到的照片，或是提議要與某位專業攝影師合作。

投稿信。無論你是寫小說還是非小說，寫一封簡短、特地針對編輯或經紀人的投稿信，介紹你的提案或小說章節的樣本。

整體而言。注意錯別字、標點符號的正確用法。寫投稿信時，正確寫出對方的名字與公司行號。使用正確的抬頭。我必須一再強調，一定要校稿、校稿、再校稿。你在銷售自己。有錯誤的文案有損你的信用，即使只是幾個誤打的字。把提案印出來，重複閱讀數次。請別人幫你檢查自己沒察覺到的錯誤。你可能要一再重複進行這些事情，但這麼做絕對值得。

你需要經紀人嗎？

在美國，作者往往需要請經紀人協助來和大型商業出版社洽談。如果打算投稿給比較小的出版社，大部分經紀人就比較沒興趣，因為這樣會得到的錢，所謂的「預付版稅」（advance），通常都不高。在這一節裡，我會介紹與作家經紀人合作的好處與壞處。

和一位好的經紀人合作，確實能大幅提升成功出版的機率。根據美國圖書出版社資訊年刊《作家市場》（*Writer's Market*）所提供的數據，可看出各家出版社出版的書籍中，有多少比例來自經紀人，又有多少是作家直接投稿。你會發現：

- 在美國，出版社接受經紀人投稿的書籍（相較於無代理人的作家）比例通常較高，而且高出許多。
- 一般而言，出版社規模越大，從經紀人手上出版的書就越多。甚至許多最大型的出版社根本不接受非經紀人的投稿提案。
- 預付版稅越低（少於一萬美元）的出版社，越能接受作者直接投稿。羅格斯大學出版社（Rutgers University Press）出版的書籍，百分之七十是無經紀人作者直接投稿，他們會付給作者一千至一萬美金的預付版稅。

慎選出版社是很重要的，經紀人卡洛·畢德尼克（Carole Bidnick）表示，你可能要「在未來兩年以上，二十四小時、一週七天，生活、睡覺、呼吸，時時刻刻都圍繞在這本書上，它還會用掉你其他工作賺來的錢。」所以你最好是能找到最符合自己利益的出版社。

寫好出版計畫以後，你值得找一家好出版社。有好的經紀人支持、引導你，就能夠把目標訂得更高。作家馬克·布里特曼（Mark Bittman）曾表示：「經紀人會改變你的職業生涯。如果你有好點子，也有能力說到做到，經紀人能察覺這一點，並且說服編輯在你身上賭一把是值得的。沒錯，自己來也可以，但若你有經紀人，整個過程會更順利、迅速，又能賺到更多錢。大部分有出版經驗的作家都同意，一切自己來既浪費時間也浪費金錢。」

出版顧問哈里耶特·貝爾（Harriet Bell）說：「經紀人的角色，就是讓作家與編輯之間的關係可以著重在工作上，而不是商業與金錢方面的問題。經紀人也能處理一些意外狀況，發生問題時，作者會需要有人站在他們那一邊。」她所謂的「意外狀況」是指簽約後可能發生的一些糾紛。經紀人的工作，絕不只是把你成功推銷出去就結束了。

經紀人的工作

經紀人了解業界運作機制，能評估你書籍成功的機率。若你成為他們的客戶，他們應該審視你的投稿提案，並建議如何改善。你會簽一份合約，同意經紀人能得到百分之十五的佣金。你也有可能要付一些跟書籍出版有關的行政費用，例如電話費與運費。經紀人會以最適合你的商業出版社為目標，把你的提案連同投稿信一起寄過去。光這一點就是一大優勢。編輯永遠被淹沒在一大堆提案和信件裡。他們會特別注意經紀人寄的投稿信，經常優先處理。

經紀人荳·庫柏（Doe Coover）說：「我們與編輯有比較親密的關係，因為他們和經紀人一樣，會有專精的領域。我們的工作就是去了解編輯的喜好，他們在找什麼樣的書，以及他們的出版清單上有哪些書。」經紀人不僅要懂編輯的品味，他們通常也會摸清編輯的個性，記得誰剛生了小孩、誰結婚了，還有誰剛被升職。有些經紀人已經背得出編輯的電話。大部分經紀人會和編輯定期碰面，開會討論將來要合作的作家與書籍的出版計畫。

當你準備好要寄出投稿提案時，經紀人會決定要寄給一位編輯，還是要一稿多投。有時候他們覺得某位編輯一定會喜愛你的書，就決定先聯絡這位編輯。或是他們會把提案寄給十幾家出版社，等待他們回覆。

如果有出版社出價，經紀人會審視條件，站在你的立場與編輯談判。這是另一個優點，因為合約書通常是很枯燥乏味的文件，裡面又有很多小字和模糊的用詞要注意。經紀人熟悉這些詞彙，也知道該爭取哪些項目。「經紀人既是你的緩衝地帶，又是你的忠心支持者，永遠在替你找更多好處：更大筆的預付版稅、更多公關與行銷預算、更多設計預算、更多攝影預算等等。你的經紀人也能提醒你要面對現實，告訴你什麼是合理、可行的。」圖書經紀人麗莎・伊庫斯（Lisa Ekus）表示。

尋找經紀人與簽約

經紀人往往不好找，他們會在信箱裡直接拒絕大部分的出書提案，很多經紀人還會刻意降低自己的曝光頻率，但同時，他們又迫切地想找到新鮮的人才，所以他們也會成立網站，經常參加作家的聚會。要聯絡他們，除非透過熟人引薦，而且知道經紀人想跟你談談，否則不要直接打電話給他們。如果你完全沒有任何人脈可利用，你應該按照一般的管道，寄自薦函與投稿提案給他們。

與編輯一樣，經紀人也經常淹沒在一大堆自薦函與提案中，大部分經紀人也會代理各種非小說類型的文體，不只是烹飪書與飲食相關的書籍。庫柏說她每個月會收到二十五至三十份烹飪書提案，其中不包括其他種類的非小說書籍。黛詩爾與戈德里奇文學經紀公司的珍・黛詩爾說，她每個月會收到四十份投稿提案，但跟飲食有關的書籍，只佔他們代理的百分之十左右。

絕大多數的經紀人都在說他們要新作家、新的聲音，但他們並不會簽下那些預付版稅價碼太低的新手作者，因為他們要抽預付版稅百分之十五，價碼太低的話，就只是在浪費他們的時間。麗莎・伊庫斯剛成立經紀公司時，簽下的作者一半都是新手。「我當時覺得要給新的聲音創造一個發聲的平台，」她解釋道，「出版社大多很抗拒出版名不見經傳的新手作家。我那時成功推銷了百分之八十的著作，大部分的作家，如今都已推出他們的第二或第三本書了。」除了經紀之外，伊庫斯的事業，也包含提供作家媒體相關訓練與公關服務。

想要找到經紀人，你可以試試以下這些策略：

觀察一本書的致謝內容。作者對經紀人感到滿意時，大多會在致謝部分感謝他們。

加入國際專業烹飪協會。若你是餐飲業界的一份子，諸如烹飪教師、餐廳經營者或是出版過書籍的美食作家，你可以申請加入協會，參加年度會議，經紀人也會出現在這些場合，成為會員後，你也就有權限使用協會的線上名錄（iacp.com），裡面列出許多專門代理飲食相關書籍的經紀人聯絡資訊。更棒的是，你也有機會在這些場合認識出版作家，在認識的過程中，你可能有機會詢問他們是與哪位經紀人合作。

加入其他飲食相關的協會。經紀人可能也是其中的會員，並且會參與相關活動。裡面的會員或許有認識的經紀人，願意助你一臂之力。美國最有名的幾個協會，包括：

- 美國烹飪聯盟（The American Culinary Federation）：acfchefs.org
- 美國葡萄酒與美食協會（The American Institute of Wine & Food）：aiwf.org
- 國際專業飲食婦女協會（Les Dames d'Escoffier）：ldei.org
- 國際慢食（Slow Food）：slowfood.com
- 女性廚師和餐廳經營者協會（Women Chefs and Restaurateurs）：womenchefs.org

參加出版業相關的各種會議。經紀人經常是這類會議的來賓、與談人、講師，或是混在觀眾裡，你有機會在這些場合認識他們，甚至可以請經紀人稍微看幾頁你的提案計畫，並提供意見。

參加寫作課程，或是加入寫作小組。教課老師可能認識經紀人，並且能把你介紹給他，小組裡也有可能有人認識某位經紀人。

不需要經紀人的狀況

在美國，將目標放在學術、地方性或小型出版社的作家，多半不需要經紀人。事實上，經紀人對這些出版社也沒興趣，因為預付版稅實在太低，根本划不來。安德魯・史密斯（Andrew F. Smith）是一位多產的作者，寫了非常多本美食歷史相關書籍，他在沒有經紀人的情況下，透過經營人際關係與認識小型出版社編輯，成功出版了不少著作。

寄出投稿提案之前，你要先做功課。到圖書館或書店了解類似的圖書，查清楚哪家出版社最有可能出版你這類型的書。大部分出版社都有網站，都會列出投稿指南。投自薦函或提案之前請先詳閱，只提供他們要求的內容。如果他們只想要收到一份目錄，不要把整份提案寄給他們。

如果有出版社對你的書有興趣，你可能會想找一位經紀人幫你談合約細節。處理這類案子時，經紀人通常會稍微減價。如果找不到適合的經紀人，你可以聘請專門處理出版品的律師，請他幫你審核合約。不要請專門處理基金或稅法的律師檢視你的合約，他們對出版業務的不熟悉，真的會把你的編輯逼瘋。

被拒絕的理由

寄出提案或自薦函之後，如果一直沒有得到回音，記得追蹤信件再次詢問。等待編輯或經紀人回覆通常都很久，可能要好幾週，甚至好幾個月才會回信。做好被拒絕的心理準備，但還是可以保持樂觀，只要有一位經紀人或編輯喜歡你的提案就行了。經紀人與編輯拒絕提案的原因很多，有時未必是他們不喜歡你的構想。以下是一些例子：

- 經紀人已經賣出一本類似的書籍，或是你的書和目前出版社正在著手進行的計畫有所衝突。
- 他們對這個主題沒興趣。
- 他們覺得這個點子太狹隘、能吸引的讀者不夠多。
- 這個主題已經被寫到爛了。
- 這個潮流已經過時了。不少出版社從初次接洽到出版書籍要花兩年的時間，因此寫跟潮流有關的書籍風險就比較高。小型出版社有時候出書的速度會比較快。
- 你的點子太新穎，或是不夠有趣、不足以為此寫一整本書。或許反而更適合寫一篇雜誌文章。
- 他們不喜歡你的寫作風格。
- 他們認為你的資格不足以寫這本書，或是社群動能不夠強。

不過，自薦函或提案被拒絕的最常見理由，往往是因為作者專業不足。多數作者總是沒有做足功課，因此寫不出有力的提案。伊庫斯說：「我常收到不完整、資料研究不透徹、太多人寫過，甚至是文盲等級的提案。」

有些出版社會認為你的點子可以激發出別的可能性，因此，會建議你改成他們喜歡的樣子。蘿莉．龍波坦（Lori Longbotham）原本想寫一本沒有圖片的烹飪書，專注描寫檸檬類的食譜，菜色有甜也有鹹。而編年史出版社（Chronicle）決定改成一本專門講檸檬甜點的烹飪書，收錄六十道甜點食譜，並附上美麗的攝影照片，結果大受讀者喜愛，於是，編年史出版社繼續與龍波坦合作，請她撰寫巧克力、莓果與椰子等食材的甜點書。

合約

無論你打算單打獨鬥，還是請一位經紀人，一旦你和編輯達成協議，你就會得到一份出版合約。每家出版社的合約長度與複雜程度都不一，但都會包括你要談判的幾個主要項目。

預付版稅。預付版稅就是向版稅借款的意思，但你不必償還這筆錢。在書籍銷售未超過預付版稅的額度之前，你不會得到多於的收入。

版稅。通常，版稅是精裝書售價的百分之十到十五，平裝書售價的百分之七點五。也就是說，如果你的平裝版每本書售價二十美元，你每賣一本可以賺進一點五美元。如果你的預付版稅是一萬美元，當這本書賣出超過六千六百六十七本時，你才會開始收到預付款以外的版稅。通常電子書的版稅是淨銷售的百分之二十五。有些出版社，尤其是小型出版社，會用淨銷售額而非售價來計算版稅的百分比。

有時候，出版社會付錢請攝影師，有時候你得要自掏腰包。如果是你自己要攤銷這筆費用，你收到的預付版稅應該要能夠支付這筆成本。

經紀人會努力爭取最多的預付版稅，因為大部分的書通常不會賺超過預付版稅的金額。無論你是否有請經紀人，你都可能要拿預付版稅得到的錢，用來支付旅行、食譜食材、研究與請測試員的成本。

你不會一次就領到所有資金。出版社會將預付版稅拆成幾筆分期付款（視預付版稅的金額而定），例如，簽約時付一筆、交稿時付一筆，書籍出版之後再付一筆。如果你有很多前置作業的成本，你可能會覺得這樣的付費方式與時程很吃緊。

版權。標準依合約不同而定，大部分出版社會買下全球版權、所有語言版權與再版權，包含精裝、平裝與電子書籍的版權。

出版時程。出版社給你寫作的時間沒有特定標準，通常會先想好出版日期，然後往後推算出截稿日期。有時候要花九個月至三年才會出版，要看這本書的複雜程度與是否要包含照片來決定。

出版社會選擇他們認為最適合出版這本書的季節。例如在秋季出版一本湯品與燉菜的烹飪書比較說得過去，這時候讀者大多在找溫暖、療癒的食物。大部分可以當作禮品贈送的書籍，會在鄰近節慶時出版。

「你要盡可能爭取最多時間寫作，慢慢來，做好你的工作。」多本烹飪書的美食作家珍娜特・佛列契（Janet Fletcher）建議。但她也曾經發生過出版社訂出特定出版日期後，很快地寫完幾本書，寫作時間不超過六個月的情況。

合約裡的小字。出版業界有自己的一套語言，有獎金條例（bonus clause）、附屬權利（subsidiary rights，包含圖書內容用在簡略、改編與精簡的版本中）、選擇權與購書時的折價方案。要完整解釋不同的選擇與法律用語，得花很多頁才講得完，本書的重點是寫作而非法務，所以就不多談了。如果你有聘請經紀人，你還是有是否接受合約的最終決定權。一旦你同意了，要過大約兩、三個月才會收到雙方簽署的合約，與第一份預付版稅的款項。

如果你一邊讀這段，一邊有在計算的話，你會發現寫書並不是賺大錢的好方法。如果你花一年、用一萬五千美元以下的資金寫一本書，連生活開銷都會不夠付。既然你現在知道賺不了多少錢，這「沒多少錢」的百分之十五是不是花了也無所謂？花錢請經紀人很值得。他們想看到你成功，他們會努力幫你爭取最好的協議，也會幫助你繼續寫出第二本書。

經紀人會將作者視為長期投資，而不是一次性的買賣。伊庫斯說：「建議、激發靈感與安慰，都是作者與經紀人之間必要的羈絆，我會把自己想像成推銷員、談判者與母親的綜合體，過程中也要不斷培育與叨擾作者。」

出版經驗

恭喜你。你簽到出版合約，可以開始寫書了。以下是一般出版程序的過程描述：

與編輯合作。和你簽約的編輯可能就是你的執行編輯，但也不一定。你有可能要和新的人合作。你的編輯可能在你交稿之前就離職，你就會被分配給別的編輯。經紀人庫柏說，她曾有一位作家被分配給一位新編輯，而這位編輯在另一家出版社時，剛好就是拒絕該作者投稿提案的編輯！

你的工作是與編輯建立關係，趕上你的交期。你或許會和編輯討論一些關於書籍的初步規劃，但之後你就要獨立作業了。雖然每一位編輯做事風格不盡相同，就我看來，多數編輯會把大部分時間花在前端，購買版權與簽約事項上，之後就會放任你自己去寫這本書，然後在你交稿後才與你有多一點的互動。另外，你的編輯可能在同時處理十幾、二十本書籍，因此除非你是大牌作家，他們不會把最多心思花在你身上。

不過，若你有問題或疑慮，別讓這點阻礙你。跟你的編輯說明你對交期有問題、你對這本書的架構有重要的問題，或是你在考慮要不要寫另一本書。一開始就把這些問題提出來，而不是等到截稿日的前一週。佛列契說：「編輯聽到作者的消息都很高興，他們不會主動聯繫，但若作者遇到問題，他們會很樂意幫忙。出版社人力非常吃緊，所以他們時間不夠，沒辦法盡心看顧所有的稿子。」

佛列契建議提早給編輯一大部分的稿子，大概前三分之一的量，請編輯提供意見。「他們可能有不同的想法及好的建議，但你不會想要在快寫完的時候，才聽到這樣的意見。」她建議道。類似的事件就發生在我朋友身上，他交了一本花好幾年研究、撰寫的書，結果編輯只給他幾個月的時間去重寫成他們想要的模樣。雖然這本書得到全國性的獎項，但我朋友也花了好幾年才漸漸釋懷。

交稿期限。在寫稿子時，除非你要在期限內交出某些特定的部分，否則你想從哪裡開始寫都可以。有些作者會從最難的地方開始寫，因為這邊會寫最久；有些會從開頭開始寫；有些會從最容易寫的部分著手，只為了有些進度。只要你有在前進，也有注意到進度與交期，你想怎麼寫都好。記得，你已經在提案裡寫了一、兩個章節，這應該能消除一些緊張感，即使你還是需要重新校對。另外，你要注意別對研究內容太著迷，以至於忘了時間。我們這種美食愛好者，很容易對新發現的事物感到興奮，你需要訓練自己有紀律一點。

最重要的是，不要被「要寫出一整本書」這個想法搞得心神不寧。拆解成章節、區塊，每次寫一部分，即使你每天只會花十五分鐘寫作。訂出自己的時程表，強迫自己遵守，一章一章地寫完。最後留一點時間回去檢視你的寫作，或是留一點空檔，讓自己和稿子保持一點距離。如果你在研發食譜，把你的烹飪與烘焙時間濃縮在一起，做事才能有最高的效率。作者瑞克・羅傑斯（Rick Rodgers）說，他每天都會測試六份以上的食譜。如果你還得自己拍書裡要用到的照片，天啊，你肯定已經是規劃專家了，要不然你可能得暫停自己平常的生活模式，全心投入。想在寫烹飪書的同時，還要繼續寫食譜部落格，會是一艱鉅的挑戰。

記得挪出一點時間，讓別人閱讀一些章節，或是測試你的食譜。至少請一位值得信賴的顧問，願意在你完成寫作時閱讀你的稿子，並且提供實用的意見。編輯看到稿子之前，有辦法先聽聽真實的聲音也不賴。有些人會僱用編輯，在寄稿子給出版社之前，先幫他們檢視寫作內容，只為了聽聽其他的專業意見。

編輯與意見反饋過程。編輯的工作就是檢視你的稿子、編輯，並且退還給你要請你修正部分內容。交出一疊稿子後，你可能一個多禮拜都不會聽到編輯傳來任何消息。不要放在心上。你最後還是會接到一通電話或收到信的。你的編輯需要一點時間看看整體畫面，檢視某個章節的內容是否搬到別的地方，或是跟其他內容合併比較好，還是某個部分缺乏重點或少了什麼，或者是你寫太多了。編輯可能會來信確認任何他覺得描述得不清楚、離題、不正確或寫得不好的地方。這些資訊可能是透過電話、信件，或是直接在稿子上標記出來的方式告訴你。

文章編修與製作過程。當你修改稿子，並且交出第二版稿子後，你的稿子會到文章編修編輯手上，這位編輯會依照出版社的寫作風格修改文章，加強行文的流暢度與清晰度，也會注意內容的一致性、標點符號與文法。文章編輯會提出他認為描述不清楚的地方。有時候，這些編輯會有意見和問題，尤其是在食譜方面，一位好的文章編輯若是專精於食譜寫作，他的意見非常有份量。他可能會質疑你寫的時間、成熟度、食材、鍋子大小、被省略的東西，有時也會建議作者該加點什麼。以前，作者會看到稿子上貼滿一大堆黃色的小便條紙，上面寫著這些建議。但是現在大多數的稿子都是電子形式，用微軟的 Word 檔案寄送這些問題。

攝影。如果你書裡要放相片，這個過程通常是在你交出文稿後開始，不過我也曾協助過更早開工的烹飪書。你可能會建議用哪一位攝影師，但最終仍由出版社決定，即便攝影成本來自你的預付版稅。每一家出版社的工作方式都有些微不同，但通常你的編輯會初步列出哪些食譜會有照片呈現。你也會看到一個書籍的版面設計，顯示這些相片會被放在什麼位置。

你或許不會親自參與拍攝過程，拍攝通常會是在攝影棚進行。有時攝影會在別的地方進行，像是鄉下的農場、家裡、餐廳或農夫市集。（更多攝影相關資訊，請見二八三到二八五頁。）

封面。美術設計可能很早就開始製作書籍的封面，出版社需要書的形象與標題，才能放進目錄與其他銷售與行銷材料上。編輯審核完封面會寄給你看，請你提出意見。作者通常無法決定這本書的設計與書名，這些都會由出版社決定。關於封面設計時要考慮的一點，就是它縮小後放在網路上的模樣。記得，根據尼爾森圖書與消費者市場研究統計，光是亞馬遜網站就佔了百分之三十六的烹飪書銷售量。

佛列契回想到有一次，出版社幫她的書做出來一個封面，幾乎和另一本書的封面長得一模一樣。「設計、字型與顏色十分雷同，我當時覺得出版社真的是腦袋進水了，這樣很容易讓讀者混淆，」她回想道。後來她打給那本書的作者，「我們兩人就一起要求出版社更改我的封面設計。」她滿意地說。

打樣。正式送印前，你會看到這本書的打樣，以加入了照片、設計好的樣書形式出現。記得花時間確認食譜都對得上照片。我曾經得修正排版，讓食譜與照片對上。有時我會發現食譜上說要有三片番茄，結果照片裡只有兩片。沙拉很麻煩，因為一旦澆上醬汁後，葉菜類就會開始軟爛，攝影師只有很短的時間可以拍攝。其中一張照片中，美食造型師淋上了奶油狀的沙拉醬，但看起來只有眼藥水般的水滴大小，幾乎看不出來。最後我們只好把食譜改成用油醋醬。

拿到打樣以後，請詳讀每一個字、檢查每一張照片、標題、品名、引言等等。雖然編輯都看過你的稿子了，到這個階段，你的書也應該已經校對過了，但還是可能有錯誤在裡面，如果真的這樣印出來，最遭殃的會是你。

推薦文。到這個階段，剩下前幾頁要搞定了，這本書就會被送去給那些答應幫你寫推薦文的人。找出聯絡資訊並且提供給出版社是你的工作之一，編輯可能也會建議找哪些人替你推薦這本書比較好。

最後階段。這本書就要送印了。大型出版社旗下新手作家的第一版印刷，通常會是五千至一萬本，小型出版社可能只會印兩千到三千本。印刷數量有時要看書籍預購的數量。出版社寧願少印幾本書，之後再版，而不要留下數千本庫存、浪費倉儲費用。

你也可以選擇自費出版

關於自費出版，端看你出書的目的。如果你是為了自己或家人寫一本烹飪書或回憶錄，你也不打算賣書，自費出版是個很好的想法。自費出版最廣義的定義，就是作者自掏腰包出版書籍，支付所有的費用。如果你把自己寫在電腦裡的文件列印二十份，每一份都用資料夾裝訂來，這也算是自費出版。如果你要製作一本有裝訂、看起來很專業的書，你可以選擇自資出版或自行出版。

自資出版。你負責寫書，然後付錢請出版社製作、出版。通常這類印刷使用的是電子印刷，也叫「自選印刷服務」（POD, print-on-demand）。電子印刷不用製版，因此少量也可以印，可以按照你的實際需求量印刷，就算你只要一本也可以印出來。

大部分自資出版都是印製平裝書，有些出版社提供精裝、全彩書籍印刷，還能搭配彩色相片，但是製作成本非常高。我看過自費出版的精裝書、搭配彩色照片，一本就要花作者五十美元來製作。出版社通常會制定零售價格，但也有可能會收一筆固定費用，所以你得精算出零售價格要訂多少，才能吸收成本並開始賺錢。精裝全彩印刷太貴，沒辦法轉售以賺取利潤，但若只是想印幾本，當作禮物送人，那就另當別論。

自資出版有其好處，出版社會將書籍寄給每一位購書者，並且處理相關資金，你不必自己囤積書籍。書籍賣出時，出版社還會付版稅給你。你可以隨時修正書的內容，交給出版社新的版本，然後印出來。

但另一方面，多數書店不會進自費出書的書，因此你可能需要特殊的經銷管道。有些出版社可能會將你的書安排在網路書店銷售，或是向你收取額外費用，提供公關與行銷服務。

自行出版。你要找一個印刷廠商，願意印製你想要的書籍數量，並且把貨寄給你。你還要跟出版社一樣，聘用一批人來製作這本書，包括編輯、美編及校對人員。你得自己選擇書本的大小與紙張，決定是否要加入攝影或插畫，接著找攝影師或插畫師合作。

你開始著手之前，最好是先考量印刷廠的報價。例如，如果你發現要把你想放的照片也印出來的話，成本會高達一萬五千元美金，而每一本的印刷費用是四十美元，這樣的話，你可能會想重新思考整體內容。最後，你必須扛下所有要出版的書、找地方容納庫存，然後想辦法把書銷售出去。

簡言之，把書寫完只是第一個步驟。你要決定設計、製作的每個細節。若你想控制這本書的每一個製作過程，選擇自行出版是很好的方法。

自費出版有很多好理由，看看下列有哪些情況適合你：

- 你在部落格或網站上的社群粉絲數量龐大，能透過網路銷售書籍。復古飲食部落格「Well Fed」的梅麗莎．喬爾萬，就透過網路賣出超過十萬本書。
- 盈餘全歸你。你要負擔所有成本，但盈餘也全是你的。自資出版社通常會提供比傳統出版社還要高的版稅。
- 相較於傳統的出版管道，你能更快進入出版業界。從你寫完書稿後到你拿到成品，傳統出版一般要花一年半至兩年時間。自費出版通常快很多。
- 你能擁有你的著作版權與附屬版權。與傳統出版社合作也能保留著作權，但很難保留附屬版權，包括外國版權、第一與第二連載版權、影音版權與戲劇版權。
- 如果你是新手作家，你能透過自費出版打造出版紀錄，展現相關經歷給傳統出版社看。「如果有人書買得非常好，像是一年賣出一萬本書，又有公開演講與示範課程的經驗，我會認真考慮他。」經紀人畢迪尼克說。如果你願意花錢請人設計、印刷以及一本一本地賣出你的書，你會在經紀人與編輯心中留下非常積極上進的印象。

- 你想掌控整個出版過程中的每個環節，從編輯、設計到行銷。如果你是那種非常討厭別人叫你做事的人，自費出版比較適合你。你不必找一位編輯來評斷你的句子、內容與結構，但我還是建議這麼做。你可以設計封面，即使只是套用自資出版社網站上的模板。你能決定開本大小、紙張與字型設計。有些人把這視為一個全新的學習經驗。
- 你能印製少量的書。如果你資金不夠，不想囤積一大堆書在家裡，也不想處理、寄送每一筆購書訂單，自選印刷服務就很適合你。

寫一本家族烹飪書

《大熔爐回憶：拉比諾維茲家族烹飪書與懷舊歷史》（*Melting Pot Memories: The Rabinowitz Family Cookbook and Nostalgic History*）作者茱蒂・崁希戈爾（Judy Kancigor）說：「一開始寫這本書，是因為大家最愛的阿姨即將過世，同時她的媳婦正懷著她的第一個孫子。我當時想把家族的歷史保存起來。我跟大家說：『無論你是血親還是姻親，你都會出現在這本書裡。』」

崁希戈爾寫了一封信寄給她所有的親戚，建議他們提供她想要的食譜類型。有一些親戚立刻回覆，有一些則要等人催才寫。「我表姊的老公把阿姨的整本手寫食譜書影印起來，因為她是整個家族的大廚，」她回憶道：「她當時將近九十歲了，但她什麼都記得。我們一頁一頁地討論她的食譜書，她告訴我要把哪些食譜放進書裡。」

崁希戈爾一開始整個忙不過來，漸漸地，她把這件事當成了全職工作。「如果你有辦法找到人幫忙，趕緊把工作分下去。」她建議道。三年後，她完成了一本有八百五十篇食譜、描述家族的猶太根源與飲食傳統的烹飪書。她與一家能客製化製作烹飪書的出版社合作，將手寫的食譜分頁寄給編輯，讓打字員將這些食譜輸入成電腦檔案。崁希戈爾最後決定放手一搏，一口氣訂了五百本，其中三百本分送給親朋好友，剩下的兩百本竟然全部賣光，她修改部分內容之後，又再加訂五百本，結果在六週之內又賣完了。

「我這本書賣得很貴，我堅持照片一定要以某個方式呈現，而且我要求用比較重的紙來印製。」崁希戈爾最後總共印了一萬一千本，並且售罄。她的銷售管道與方式有：對猶太女性社交圈演講、在書後面貼折價券、在猶太商店和烹飪書店上架、在猶太禮拜堂的禮品店中寄賣，也把這本書放到亞馬遜網站上賣。即便如此，這本書並沒有為她賺大錢，她父親以前總會開玩笑地說：「妳每賣出一本書就虧錢，如果實銷量可以抵銷虧損金額的話，我們早就發了。」

崁希戈爾表示：「我的孩子一直想不透，問我：『別人為什麼會對我們家有興趣呢？』讀者會買這本書，是因為他們自己也有這樣的家族經驗，或是這讓他們想起自己的家人。在美國，移民家族很普遍，有人會買這本書，送給嫁進門的非猶太裔媳婦，或是買來當新娘的單身派對禮物。」

在國際專業烹飪協會舉辦的年會上，崁希戈爾受邀與露絲．雷舒爾一起當客座講者，多位編輯跑來認識她。她也就在這一年內簽下合約。沃克曼出版社（Workman Publishing）出版了《猶太烹飪》（Cooking Jewish），首刷就出了三萬五千本。在編輯的鼓勵下，她把這本書重寫一遍。她說：「這家出版社教我如何好好地寫食譜。我之前都沒寫鍋子大小、食譜份量等等，但沃克曼出版社要求非常精準。」這家出版社後來帶她去了二十四的城市做宣傳，帶她上電視、請廣播電台連續四天進行四場不同的訪問，她同時也繼續發展自己的公關宣傳。

遲疑的理由

在你興奮過頭、衝去自費出版之前，請先冷靜下來。如果你的目標是賺大錢，那麼自費出版應該會有很多讓你遲疑的理由。最主要的理由就是，和傳統出版一樣，你還是需要一套行銷系統或社群動能。希望正在考慮自費出版的你，已經是一位烹飪老師、餐廳老闆、零售店老闆、電視節目主持人、擁有流量龐大的網站的人、正在發行通訊報給上千人的作者，或是在網路上已經有龐大的人際網絡。

無論在何種情況下，你的書都應該要出現在願意掏腰包購書的讀者面前。卡蘿．馮斯特

（Carol Fenster）自費出版一本關於節食的書，透過巡迴演講賣書。「她有數據、資料庫、巡迴演講與強大的社群動能。」她的經紀人麗莎・伊庫斯表示。伊庫斯後來將馮斯特自費出版的這本書，成功以套書形式賣給企鵝出版社（Putnam/Penguin）。

我曾一起合作過的作家，梅麗莎・傑拉（Melissa Guerra），當時在公共電視（PBS）有一個節目叫作「德州鄉巴佬廚房」。她自費出版了五千本由專業人士設計的彩色平裝烹飪書，並且在節目每一集的最後，以每本十九點九五美元賣書。之後她又印製了八千本，而且也全數賣出。她這本書在節目停播以前，總共賣出一萬兩千本。

雖然她的書每本的成本是五美元左右，但她說她最後也只有打平，而且若不是因為有免費倉儲，絕對連打平也做不到。（仔細算算：每本五美元，總共有一萬三千本，那就等於一開始就要投資六萬五千美金。）「新手作家會犯的最慘烈的錯誤，就是聽不進別人分享關於業界如何運作的經驗談，」傑拉表示：「替出版社寫作絕對是上上策。」我協助她一起寫的自薦函，談的是第二本書的出版事宜，就吸引到八位經紀人的興趣。最後是由約翰威立出版社（Wiley）出版了《野馬沙漠佳餚》（*Dishes from the Wild Horse Desert*）。

另一個理由是，當你自費出版時，你得寫很多支票。你得想辦法出版這本書，通常還得自己銷售，除非你交給專門分銷自費出版書的經銷商去處理。還有，前面也提到過的，自費出版的書，很難打進書店與其他零售市場。

對於是否要自費出書，以下是我會遲疑的理由：

◆你認為自己的書會賣出上百萬本，你也會因此大賺一筆。無論你想要怎麼出版，這都不是個好理由。如果金錢是你唯一的動力，寫書太辛苦了。

◆自己出版的書和傳統方式出版的書相比，公信力較低。有傳統出版社的認證標章，就表示這個業界裡還有別人認為你的寫作值得一讀。這樣的著作地位也比較高。

◆你如果答應印刷廠商的最低印刷數量，你可能得想辦法先找個地方囤放上千本書。「我沒想到這個問題，」茱蒂・崁希戈爾說：「這些書就出現在你家了。堆滿整個車庫，我還得找個高一點的地方放，免得如果洗衣機漏水毀掉它們。」她最後把書都存放在疊高的透明塑膠箱裡。

◆如果你要一本一本地賣，你要賣到天荒地老。九成九的書店都是跟經銷商進貨，而大多數的經銷商都不會接受自費出版書籍。有些自資出版公司會提供更多分銷的服務，你最好事先了解一下你的書會在哪些地方展售。

◆如果你不喜歡自我行銷，要賣掉那麼多書是很困難的。

◆你得成為出版業中多方面的專家，包括編輯、設計、選紙、製作與印刷。如果你只想寫作，這些責任可能會壓得你喘不過氣。

◆除非你和自資出版社或經銷商合作，否則履行訂單就是你的責任。履行訂單就是處理訂單的美化詞：你要去兌現支票、接受信用卡付款、把書籍封箱，然後一本一本地寄出去。

◆你想製作一本全彩、精裝本、擺在咖啡桌上好看的書。算了吧，除非你很有錢，然後想要送一本書給自己，或是給親友幾本。

◆ 自費出版可能出奇地昂貴。你得負擔所有前置作業成本，而且還有可能要處理賣不完的庫存。

如果要自費出版，預算要如何訂？

這沒有標準答案。一切都要看你訂了幾本書；你要精裝、平裝還是電子書（或是多種形式都要）；你書裡有幾篇食譜；書裡有沒有照片……我的部落格上，有幾位曾經自費出版的作家，分享了他們當時花了多少錢。瑪爾希・高爾德曼（Marcy Goldman）說她當時花了五千美元，出版一本精裝書與電子書。南西・巴蓋特說她花了八百美元出版她的電子書，而且大部分的錢是花在使用營養分析軟體。

如果你不打算賣你自費出版的書，你或許可以考慮使用客製化的軟體，它們能協助你整理與儲存食譜，然後印出來裝訂。最有名也最受歡迎的軟體有：Living Cookbook、Cook'n Recipe Organize、Mastercook（編按：目前均未提供中文化服務）。這些網路上的程式，能幫你制定飲食計畫、購物清單與營養成分分析。（但若你拿到出版合約，你就得重新打字、調整格式，因為出版社會希望你使用標準的微軟Word檔案。）

那電子書又如何呢？

許多作家都出過電子書，但目前為止，銷售表現都不如實體書。大部分讀者還是想要購買實體的烹飪書。另一個麻煩點是，作者可能需要為不同裝置製作不同檔案，有時需要特殊編碼。而且這種書的售價又遠低於實體烹飪書，一本的通常價格都標在二點九九美元。我還是覺得不值得花這麼多時間製作電子書，至少現在還是這樣。當然，如果你已經有一大群觀眾，等著要買你自費出版的電子書，你的成績也會相當亮眼。

寫作練習

一、如果你在找經紀人，列出十位適合的人選。調查每一位經紀人，在提案信中才能個別談一些事情，像是你對某位經紀人曾協助代理的一本書特別有共鳴，或是也可以談談你在網路上讀到他們的相關報導。如果你要直接與小型出版社接洽，列出五家可能對你的書有興趣的出版社，上網研究他們的投稿程序。

二、開始寫你的投稿提案計畫，先寫出一份大綱，再填寫每個部分的內容。先從最簡單的部分開始：你的自傳。

三、如果你想要自費出版，找出三位曾自製過你欣賞的圖書的作家。搜尋一些背景資訊，告訴你他們是如何辦到的。許多部落客會把他們出書的過程寫成網路文章，或是大篇幅地宣傳他們的作品。你也可以在我的部落格 diannej.com/b，讀到這些作者與他們自費出版的心路歷程。

第十二章

獲利之道：從美食寫作到獨立創業

BRINGING HOME THE BACON

我喜歡「百分之一的無限」這個想法，也就是不要去想這個月你要完成什麼大事，你只是用一天的百分之一精進自己。一天之內的十五分鐘做不了什麼，但累積一年就能完成很多事。要著眼在目標，以及今天如何開始執行。你不會馬上打出全壘打，甚至安打也很難，但你每天都會碰到球，打久了就會進步、成功。萬事起頭難。

——「Pro 級美食部落客」工程師、作家／比喬克．歐斯壯

也許你寫美食的初衷純粹是為了好玩，一旦你投注了更多心力，你可能就會希望收回你的時間成本。無論你是想賺外快、想當成全職工作、或是追尋事業另一春，在這一章裡，我們將探索各種獲利之道。

對大多數人來說，靠美食寫作來賺大錢的確不容易，但對於那些有野心、有鬥志又才華洋溢的人來說，卻是不無可能的。我前幾章有提過一些傳統的賺錢方式，特別是第五章的自由撰稿和第七章的食譜寫作，此外，其實還有更多的賺錢方法，內容絕對讓你大吃一驚，雖然我無法保證這些方法一定能讓你賺大錢，但或許能激發出一些適合你的靈感。

傳統的方式

首先來看看美食作家的傳統生財之道，有全職與兼職，實體刊物與網路文章。

報紙與雜誌作家：因為人員縮減的關係，全職報章雜誌作家的職缺很難取得。但也非完全沒機會。梅麗莎．克拉克（Melissa Clark）在《紐約時報》擔任自由撰稿人，在和幾位知名主廚合作了數本烹飪書之後，終於成為該報的全職作者。擔任自由撰稿人，替報章雜誌撰寫具有新聞價值的文章，是比較可行的辦法，也是很好的入門管道。有些刊物還有自己的實驗廚房，你可以由此出發，發展出寫作機會。若具備新聞、英文或烹飪學位的背景是最為理想的。

網站寫手：美食網站的全職工作，通常都是由同時也在寫文章的編輯來兼任。可以參考的網站有「美食認真吃」（Eater, Serious Eats）和「美味餐桌」（Tasting Table）。報紙雜誌網站也需要作家來替他們撰文，其中也包括擁有豐富美食專欄的週刊部落格。菲絲・杜蘭德（Faith Durand）起初接觸熱門網站TheKitchn.com時只是個讀者，接著她成為評論家，最後成為作家，現在她已經是該網站的總編輯了。

專欄作家：許多美食作家撰寫週刊專欄，然後聯合發表到眾多報紙或網站上。

公關人士：你可以替食品公司工作，或是在代表食品公司、居家用品或美食名人的公關公司工作。工作內容包括新聞稿和網頁副本撰寫、籌辦活動、和新聞媒體人交涉達到曝光效果，以及替公司操作社群媒體策略。

廣告文編：替網站、目錄、宣傳手冊或廣告撰寫文宣。工作內容可能包括替產品塑造品牌風格、傳達關鍵訊息、替電視廣告撰寫腳本、替新產品起名並協助上市。你也可能要撰寫產品本身上面的文字，例如手工醋瓶上的標籤。

食譜研發：若你具備營養師背景，或擁有烹飪相關學位，就能在那些需要特別宣傳產品的食品公司擔任專業食譜研發員。這些食譜可能會出現在公司的官網、商品標籤，或是書籍上。此外，與農業、酪農業、畜牧業、水產業有關的政府或民間單位，也可能會有食譜寫作的需求。

編輯：美食網站或書刊都需要全職編輯來編排文章、管理自由作者和編輯文章。通常編輯本身也需要參與寫作。可能的工作內容還有編輯企劃研發、策展以及宣傳頂級食材、編輯新聞簡報、管理社群媒體和監督創作內容。

烹飪書代寫：如果你可以先把自尊拋到一旁，替名人或主廚寫書，這也不失為一個賺錢的好方法。欲知更多這方面的資訊，請參閱本書第二七九頁。

美食寫作進階工作

許多寫美食起家的作家，會將觸角伸進仍與美食相關、但非關寫作的領域。以下列出一些例子。

烹飪老師：如果你是優秀的廚師，上過很多烹飪課，本身也是好老師，那這份工作很適合你。很多烹飪教室願意請你當助教，你就能在廚房見習，學費還能打折。然後你就能試著在社區中心或小型烹飪教室教課。烹飪書作者和部落客的資歷很容易爭取到這份工作。

食物造型師：部落客很習慣為菜餚擺盤，一些烹飪書作者在拍照時也是。有些人乾脆把替食物做造型變成一種職業，跟攝影師、公關公司、產品及設備製造商、電視製作人簽約合作。工作內容包括採買、烹煮、整理廚房。廚藝學校或廣泛的烹飪課經驗會為你加分。

美食導遊：很多烹飪書作者都會帶團在國內外做美食之旅。帶團不一定要離家，有些美食作家也會在居住地出團賺外快。在舊金山灣區，有許多自由作家與部落客，都透過一間名為「美食之旅」（Edible Excursions）的公司來接案帶團。

食品商店員工：全靠食品商店的薪水過活可能會很危險，但我的確認識一些部落客在酒鋪和居家用品店兼差。嘿，如果你愛烹飪又愛喝酒，何不享受點折扣呢？

零售商老闆：也許你會在美食寫作的過程中，深深地愛上某些概念很好的產品。劉琳達（Linda Lau Anusasananan）在擔任全職美食作家及《日落》（*Sunset*）雜誌編輯時，和丈夫一起創業，生產一系列高品質亞洲醬料。二〇〇五年，她從雜誌社離職後，開始在「玉醬料」網站（JadeSauce.com）上寫部落格，為各銷售據點提供新食譜和目錄。海蒂・史旺森開過一間快閃店，後來發展成名叫「Quitokeeto.com」的網路供應商。部落客邁可・魯曼也在他的網站上，販售他共同設計的廚房用具。

美食寫作老師：全美各地有許多人在教授美食寫作（而且還用這本書當作教材，感謝大家）。如果你喜歡教書，也相信自己能激勵他人寫作，那這會是很好的兼差機會。

演講者：很少有機會能靠演講賺錢，我常常公開亮相，因為我很愛說話，也愛到處趴趴走，而且演講能拉抬我作品的人氣。

廣播節目主持人：有些作家發現自己對廣播節目特別擅長，無論是當主持人或撰稿者。如果你是美食評論家，喜歡討論新餐廳，或推薦最佳餐廳，那這會是個好機會。有些人還會在節目上訪問烹飪書作者和主廚。

建立廣播事業

南西・雷森（Nancy Leson）：對於食物的了解，大多來自她第一份工作，也就是餐廳服務生。十五年來，她擔任《西雅圖時報》（Seattle Times）的餐廳評論和美食作家，獲獎無數。現在她多了好幾個副業：廣播節目主持人、演講者和導遊。南西說她的廣播主持人身分是這樣發展出來的：

熟悉我文章的人常說：「聽你說話就像在看你的文字！」二〇〇六年，全國公共廣播電台西雅圖分部（Seattle NPR-affi liate KPLU）給了我一個機會，我開始主持一個長青廣播音樂會，跟台裡的爵士音樂主持人一同搖擺，並且一個名叫「美食思維」（Food for Thought）的四分鐘單元。主持廣播節目，每週可賺一百美元。

每週一集的節目，大概需要一小時來準備並錄製，一共重播三次。廣播節目幫我宣傳在《西雅圖時報》的專欄，更棒的是，讓我能為了跟食物相關的事開懷大笑，或猛發牢騷。雖然我一直被公認為《西雅圖時報》的「美食之聲」，但數年之內，更多人透過廣播節目認識我，而非經由報紙。這個有趣的廣播音樂會，提高了我擔任公開講者的身價，最重要的，應該是讓我在二〇一四年選擇提前退休、去當自由工作者時，還能保有持續的平台及收入。

多虧我長期在電台工作，如今我的事業，以過去難以想像的各種方式開花結果。我曾以廣播名人的身分，參與一個電台贊助的舞台表演，並在私人晚宴娛樂捐款人，還和旅行社合作帶團去歐洲，那份工作讓我在二〇一四年多進帳兩千美元。

烹飪書自由編輯：有些烹飪書作者學會了編輯的工作，於是開始從烹飪書編輯那接案，負責編排原稿。有些美食作家則發現自己很會審稿，所以也能接到烹飪書出版社的工作。

品牌經理或社群媒體專家：如果你已經是社群媒體專家，也許就能勝任全職工作或顧問工作。你的工作可能包括經營公司網站及社群媒體策略。你也許得負責生產內容，像是寫部落格文章、網站內容、或平面文宣，還有聘用寫手。在各種針對意見領袖或媒體做宣傳的場合，將由你來代表公司。如果獲得顧問職位，要表明你的部落格會避免利益衝突，否則就清楚說明哪些是業配文。

食品業顧問：如果你特別專精某種料理或烹飪技術，或許能擔任食品製造商或餐廳的顧問，獲得可觀收入。

我擔任食品顧問的收獲

安德莉雅．阮（Andrea Nguyen）是五度獲獎的烹飪書作家、烹飪老師兼顧問，合作對象包括地方小餐館和雀巢等大公司。她分享了接案的經驗：

我一九九六年開始擔任顧問，很快就開始應用在食品業學到的經驗。這份工作不是我的主要收入來源（很幸運地，寫烹飪書就讓我應接不暇），大多數客戶都是從烹飪書或網站認識我，我能提供對亞洲飲食文化及策略溝通的專業。

舉例來說，有間地方餐廳請我去評估他們的越南河粉。我去店裡跟老闆和廚師做諮詢，大家用西班牙式英語溝通。老闆後來說，採用我的建議後，亞裔新客增加了。有一家國際食品公司想開發亞洲餃子市場，請我去指導他們的研發團隊。我還必須在他們公司總部辦一場六十人午餐會。我從未嘗試過，但有何不可呢？我只要有條不紊，施展我身為烹飪老師和講者的經驗就好。

有間義大利麵小公司在為一個自有品牌生產餃子時遇到瓶頸。我們討論了目標市場的期望、競爭品牌的餃子及產品名稱。老闆和高階主管希望我除了改進內餡之外，也要教導他們如何操作從台灣買來的自動製餃機。我去了他們位於康乃狄克州的工廠，和研發主廚一起研究，幫機械人員解決問題。我還說服兩位固執的東歐員工改變做法，因為工廠製作的義大利餃，跟他們從小吃到大的波蘭餃不太一樣。

說到洽談合約，有相關經驗的朋友曾傳授我程序和條件，像「黃金標準」就是你身為顧問時，替客戶設定的理想目標。我也學會如何在文件中闡明目標、角色、時程和費用。為了避免利益衝突，我會告訴顧客我能力所及，包括提供建議、協調合作及擔任品牌大使，以及超出能力範圍的工作，像是擔任公關聯絡窗口或發送新聞稿。

代言人：這時，你就代表產品以及客戶認可的所有話題。你可能得替報紙或通訊社寫評論，主持廣播節目，接受媒體訪問，或主持網路研討會。你一定要確保替公司發言及宣傳這項產品時，自己能問心無愧。你的薪資可能用固定費率、依照出場時間或次數來計算，或是按日計酬。有些作家會靠經紀人牽線，有些則是靠自己。

二○一一年，「果汁機女孩」（BlenderGirl.com）部落客、《攪動吧，人生！果汁機健康裸食聖經》（編按：本書繁體中文版為賀婷翻譯，常常生活文創股份有限公司出版）作者泰絲·瑪斯特（Tess Masters）和「維他美仕」（Vitamix）食物調理機合作，擔任操作影片及食譜影片的主角。拾速出版社幫她出了果昔手機應用程式，還簽了兩本新書的合約。

電視主持人：這項成就的典型代表是「先鋒女子烹飪」部落格的蕊·杜魯蒙。她的部落格和烹飪系列書籍很受歡迎，因此獲得一個「美食頻道」（Food Network）節目的主持工作。不是人人都有此機緣，但這的確是美食寫作所帶來的絕佳際遇。

創辦線上雜誌：查克·瑞斯（Chuck Reece）和他的夥伴：一位平面設計師及一位社群媒體專員，共同創辦了「甘苦南方人」（BitterSoutherner.com）線上雜誌，透過食物等角度訴說美國南方的故事。他和平面設計師及社群媒體專員為了創刊，都沒有支薪。最近他們在為募款宣傳，還提供回饋商品，結果一舉募到數千美元。瑞斯預估，一年之內，他們的收入就足夠支付大家的全職薪水。

利用廣告創造收入

無論你是寫部落格，還是以美食為主題的網站，都有賺錢的機會。在這個部分，我們會先介紹最廣為人知的賺錢之道，再向外擴展、了解一些創業家想到的新點子，這些新點子可能會讓你相當驚訝。

最著名也最傳統的方式，是利用廣告創造收入。有些人對這做法感到不舒服，這也沒關係，並不是每個人都想用他們的網站賺錢。但我不覺得這麼做有什麼問題，只要廣告合適，而且不會佔滿整個版面就好。首先，寫部落格要花很多心思，我們花了那麼多時間寫部落格文章，因此得到一點金錢補償，我也覺得不過份。

你看的雜誌也有廣告，對吧？這些廣告會讓你無法專心看文章內容嗎？不會。我把自己想成我部落格的發行者，而不只是作家。身為發行者的責任之一就是創造收入。我在雜誌社工作時，我曾擔任編輯部的負責人，當時雜誌的內容是由許多位作家撰寫的。但是在寫部落格時，我既是發行商，也是技術團隊經理、作家、設計師、攝影師、廣告部門還有行銷部門的主管。「我們現在身兼數職、做事要更有彈性，也要當更好的商人。」邁可．魯曼表示，他在自己的網站上也會販賣自己設計的產品，以及他與太太一起開發的應用程式。

大衛．勒保維茲也認為，許多美食部落客對於賺廣告費這個想法感到不自在，甚至覺得賺錢也是不應該。他在一封電子郵件中跟我說：「對寫部落格的人來說，談錢有時會讓他們覺得不自在。一部份原因是他們覺得個人興趣不該商業化。」事實上，多數的部落格也賺不了多少錢，頂多是賺點零用錢。然而，有些人看到別人寫部落格可以賺進六位數收入時，卻還是會覺得心理不平衡。

勒保維茲說：「對，看來美食部落格社群裡，很多的抱怨聲其實是在忌妒別人的某種成就，通常都是跟錢有關。我不會去討論它，這就像是在到處宣傳你寫一本烹飪書可以賺多少錢一樣。我會在專業層面上跟朋友討論，或是跟想要寫烹飪書的人聊一聊，但這不是我寫部落格（或寫烹飪書）的首要原因。放眼望去，有些賺很大的部落客的網站實在不太吸引我，像是網站上充斥著隨時可以發表到社群媒體上的那種照片。」

勒保維茲透過網站上的廣告得到不錯的收入，這也是從網站製造收入來源的最有效方法之一。你賺的錢要視你的網站流量而定。舉例來說，如果你每個月都有十萬人次的瀏覽量，每一千人次你能賺二美元的話，就等於一個月可以賺一百八十美元。而且二美元據說是非常高的價格。當然，你不一定只能刊登一則廣告，但你也要讓網站上的畫面空間平衡呈現。有些部落客與不只一家廣告網絡簽約，然後會在網站上的右側欄位（右欄似乎是廣告的標準位置）、在文章裡，以及在部落格的最上方與最下方放廣告。

廣告聯播網（ad network）會在你的網站上預定一個特定的空間位置，然後用不斷變動的廣告填滿這個空間，刊登的廣告大部分是來自全美的廣告廠商。有些廣告會有聲音與動畫影片，有一些還會暫時用廣告蓋掉你的文章內容。有些廣告聯播網會要求你提出申請。他們會分析你的網站上的訪客數量數據，以及部落格的獨特之處，看你們是否適合一起合作。其中一些廣告聯播網包括：BlogHer、Federated Media、Mode Media、Martha’s Circle。

當你更進一步檢視這些廣告聯播網時，你可以決定自己是否喜歡這些廣告商，以及他們展示商品的方式。你會想在自己的部落格上，看到花生醬、洗衣精或抗皺乳霜的廣告嗎？你能忍受一隻小狗不停跑過你電腦螢幕畫面的動畫嗎？不是每個人都能接受。「美味日子」（DeliciousDays.com）創辦人尼奇．史蒂奇（Nicky Stich）表示：「到目前為止，我們已經拒絕超過百分之五十的廣告合作提案，因為那些廣告不適合放在我們的網站上。」

因此，你應該選擇一家能讓你客製化網站廣告的廣告聯播網，並且拒絕你不要的廣告。「簡單食譜」網站作者艾莉絲．包爾說：「信不信由你，讀者會把你和你網站上的廣告聯想在一起，尤其是那些圖片式、無文字的廣告。」

有些廣告聯播網會特別要求廣告的擺放位置，例如上半版面（above the fold），這是新聞報紙相關術語，意指頁面上半部最顯眼的位置。以網頁畫面來說，就是不需要移動卷軸就能看到的地方。有些廣告商則會要求同一頁不能有其他廠商的廣告。

除了廣告聯播網，你也可以成立自己的廣告公司，一個一個賣廣告，但大部分的人都會覺得這樣太花時間。阿赫恩的網站「無麩質女孩」就是運用這個模式，但是要找到那麼多無麩質產品廣告，並留住這些客戶，得花非常多的時間。有些部落客會在「熱情水果廣告網」（PassionFruitAds.com）出售自己網站上的空間。對多數人而言，透過為網路而設計的管道比較實際，像是使用廣告聯播網，或是 Google 的 AdSense。

Google AdSense 那些可以點擊的廣告小視窗，是免費的服務，不需要擁有超高瀏覽量也能申請。申請時，你要選擇跟你網站有關的關鍵字，例如「低脂健康」，Google 會讀取這些關鍵字，選擇相關的廣告刊登。他們會按照以點擊率為單位的價格付錢給你。一開始，一天只會收到幾毛錢，過一段時間，如果你的網站內容變得更豐富、瀏覽人次有增加，那麼收入可能就會增加。大部分用戶不會從AdSense賺到多少錢，除非網站流量很高。有些部落客有和Ahalogy（ahalogy.com/publishers）合作，讓Pinterest上的網站流量導向他們的部落格，間接衝高廣告收益。

其他來自部落格的收入

如果你實在很不喜歡在部落格上放廣告，還是有別的賺錢方法。但是和廣告一樣，這些方式也都要看你的網站流量。關於如何衝高部落格流量，大部分專家都會建議要有易取得、高品質的內容，以及固定發表文章的時程表。以此看來，提升內容的品質準沒錯！其他靠寫部落格的賺錢方式如下：

加入聯盟。你可以加入某個聯盟行銷方案，如果讀者透過你的網站連結到別的網站並且購物的話，你能得到一部份的收入。現在有很多聯盟行銷可以選擇。你應該依照你的讀者偏好什麼樣的產品做選擇。市面上有「維他美仕」食物調理機這種廠商，零售商如威廉斯所羅莫（Williams-Sonoma），以及網站主機公司及其他網路廠商。設立一個亞馬遜網站帳號也很受歡迎。

有些創作電子書的部落客也會用到聯盟行銷，他們要靠其他部落客來賣出他們的商品。像 E-Junkie 這樣的軟體讓一切都變得很容易進行。你可能要在文章裡嵌入連結才能獲得一部份讀者付的錢。有些部落客很會使用聯盟行銷，為自己增加收入。

成為品牌大使或是撰寫邀請文。許多食品公司或品牌都會有產品大使計畫，他們會付錢給你，請你親自在會議、媒體，或是在一定的時機點在你部落格上宣傳他們公司與其產品。有時候你可能只要使用該公司產品創造出一份食譜，然後在你的社群媒體上宣傳。這些宣傳活動稱為「廠商邀稿」，你必須在部落格上說明，你在網站上介紹這個產品或服務，有收取廠商的金錢。

還有其他方式能得到這類工作。有些部落客會與這類公關有些私下的交情。有些則是在部落格會議上認識這些公司的員工，然後持續保持聯絡。有些人會直接跟這些公司提案，提出概念以及寫這篇文章的報價。有些部落客則會追蹤廠商的社群帳號，慢慢建立關係。這些廠商可能會想知道你部落格讀者與社群媒體讀者的數據，也會依此考量是否要聘用你。

如果你想要這樣的合作機會，最好去找你真心喜歡使用的產品，而不要隨便接下一個其實你也不在乎的產品。讀者能立刻嗅出虛偽，你也不會想要自己的部落格充斥著空泛的宣傳術語，只因為你沒辦法為某個產品想出什麼原創性的推薦內容。

至於費用多寡，業界其實沒有標準，在設定費用時，你可以考慮自己要花多久時間去研發一份食譜、購買食材，這些食材與必要器具的購買費用，你是否會做這道菜超過一次？要花多久做美食造型、拍攝、寫文章以及宣傳？你也要考慮自己的價值，或許做這道菜只需幾個小時就能完成，但你認為自己值得比時薪更高的價格。多數邀請文其實都算是廣告，必須清楚地標示在文章的頂端，甚至有些國家會立定相關法規，要求一定得按照某種規範標註。有些廠商可能會要求你簽一份合約，什麼樣的協議條款都有，有的會明定你不能在幾個月之內與競爭廠商合作，有的會要求你在發文之前先給他們審核，有些則是會要求你嵌入他們公司自製的宣傳影片或連結。如果是這樣，你應該收取更高的費用。你有權控制自己的內容與文章，所以要好好地保護它。有些合約也是在保護這些權益。所以重點是要仔細閱讀，弄清楚細節。

寫邀稿文的要訣

我自己並沒有很喜歡看到邀稿文，因為大部分的部落格都寫得不好，他們常常寫過頭，變成在寫推銷文案，而不是他們自己的文章。而這些文章所收到的錢，多半與寫文章內容所花的時間不成比例，但不可思議的是，廠商通常不用花太多錢，就能讓部落客在網路上「大推」他們的產品。以下負責任的廠商邀稿寫法：

像平常一樣，描述一個故事。你要讓這篇文章讀起來就像你平常寫的文章一樣。

不要過分誇讚。簡言之，就是不要浮誇地為廠商歌功頌德，讀者會覺得你很假。

不要作賤自己。你的專業與影響力是關鍵，這也是廠商來找你的原因。如果廠商沒付錢給你，你就沒有義務要在文章裡嵌入他們製作的影片。你也不必使用該公司的宣傳語氣，這樣會讓你的文章讀起來不自然。

利益揭露。美國有立法規定，寫廠商付費邀稿的文章時，一定要明確標示。你可以建立一個文章標籤，例如「廠商邀稿」，或是在每一篇文章的開頭明顯標示出來。如果利益揭露讓你感到不自在，就不要接受廠商邀稿。

有些公司要的不只是你寫一篇文章就好。例如他們會希望你舉辦派對，邀請你的部落格朋友來，置入他們的產品，然後用影片與照片在社群媒體上宣傳這個活動。若你對這類工作有興趣的話，可以依照自己的時間成本與影響力收取合理的費用。以這個例子來說，若你有收到廠商付費，你也要在社群媒體上標示這是與贊助廠商合作的活動，因為你等於是直接替一個產品背書。

社群媒體沒有特定的利益揭露方式。有些人會在推特文或臉書文上標出「#廣告」或是「#贊助」。重點是要對你的讀者坦白。

贈送贊助商品。有些部落格會收費撰寫一個商品文章，然後將這個商品送給一位幸運的

讀者。我個人不太喜歡這種做法，因為讀者不一定能理解這個部落客是收錢替產品背書。這是另類的廠商邀文，你也需要對讀者說明這一點。當然，你大概也無法寫出很客觀的文章。你可以請廠商提供專業的產品照片，並且將產品寄給獲獎的讀者。

部落格社群之間的機會。這種類型的人際網絡，例如 BlogHer 與 Mode Media，能提供機會讓你收費宣傳某種產品。先確定自己是否真心喜歡他們付費請你宣傳的產品，以及你能收到合理的費用（一般行情是兩百美元以上）。別太常接這種宣傳活動。你不會想要部落格上每篇都是付費宣傳某商品的文章，讀者會開始不信任你寫的任何內容。

透過 YouTube 賺廣告費用。曾擔任烹飪老師與廚師的約翰．米茲維奇（John Mitzewich），成立「美食願望」（Food Wishes）影音部落格，並製作出一系列精采的影片。米茲維奇將這些影片放上 YouTube，並且成為他們的廣告夥伴。這些影片非常受歡迎，以至於 Allrecipes.com 決定以六位數的價格，收購他的影音頻道與影音資料庫，並且聘用他繼續當頻道顧問。

接受捐款。我不是在開玩笑。如果你是那種會為了興趣把自己餓死的部落客，你可能會遇到願意資助你的贊助人，甚至是定期捐款（subscription）。PayPal 與 Patreon 線上付款軟體會向你的支持者提供回饋，像是在推特上寫感謝文、送贈品，或是資助者限定的「搶先看」活動，例如你發表新影音的前一週，就讓他們先觀賞。

美食部落格以外的獲利之道

到目前為止，我都是在分析如何直接利用部落格賺錢。當了一陣子部落客之後，你會發現自己獲得了一些技能，讓你有資格從事一些新工作，或是讓你有資格要求以時計費。以下是一些全新的工作機會。這些差事大部分都不是全職工作的性質，但若你在尋找固定的收入來源，或許值得一試：

成為企業部落客。找出你喜歡的產品所屬的網站，看看他們是否有一個由自由作家撰寫的企業部落格。有些美食網站會有附屬的部落格，內容是原創的，收入也不錯。如果這些企業網站也需要你提供照片或影片，你應該和他們談一個更高的價錢。

替人氣網站撰文。有些以消費者導向的美食部落格，會聘用部落客替他們撰文，像是「Kitchn」與「美食認真吃」等網站。更多關於自由工作的資訊，請閱讀第五章。

提案之前，先研究這些網站，試著留言並訂閱內容，以了解這個網站喜歡什麼類型的文章。查詢網站的投稿相關規定，並且嚴格遵守。編輯不喜歡跟無法按照規定做事的人共事。

如果你投稿成功，記得分享給你的社群媒體追蹤者。

為了寫一篇「美食認真吃」的專欄文章，我和一個客戶腦力激盪，直到想出一個還沒有人寫過的專欄類型。身為廚師的她，能夠寫任何跟食物有關的內容，而且對這個主題很有自信。她把這個分類提案給這個網站，然後長期定時提供文章，這也是累積作品的好方法。

與品牌合作

身為線上社群經理，安娜莉絲．賽德維爾（Annelies Zijderveld）會造訪許多美食部落格會議，在現場找尋適合替她工作的部落客。如果你想和食品業者合作，以下是她身為聘用與管理部落客者的建議：

認真查資料。寄出自薦函之前，先仔細研究一下該公司網站介紹。你的專長必須符合這家公司的需求，因此最好找出他們的主旨，試著了解他們的目標客群是什麼類型的人。同時把自己的讀者放在心上，盡量挑選適合的內容。問自己：若你的讀者非常介意食品添加物，那你適合找一家產品含有十九種調味料的公司合作嗎？試著設定一個上限，免得自己的部落格最後看起來像是產品排行榜，因此失去從讀者身上長期累積、得來不易的信任。

以一篇介紹開始。若你是某家公司的死忠粉絲，你可以寄信給他們的行銷部門，說你超愛用他們家的食品或產品。問他們是否願意接受你的一些構想，讓這個品牌透過食譜、部落格文章，或社群媒體活動提升能見度。但是在首次接洽時，先不要做出任何具體提案，你要考量長期合作的可能性，先建立一層關係。準備好你的提案清單，只要你的網路影響力夠強大，他們大概都會跟你聯絡。

品牌的成功就是你自己的成功。我曾經替一家早餐麥片公司做行銷計畫，參與這個計畫的其中幾位部落客，讓我印象特別深刻，他們不但提早交出文章，還做了許多超過我們原本說好的工作份量。他們了解「品牌的成功，就是自己的成功」這個道理。這些品牌大使把自己視為團隊的一份子，也投入了相對的成本。他們的作品刊登在公司部落格上之後，將這個消息透露給自己的讀者看，就像是在介紹一篇被刊登在一本光鮮亮麗的雜誌中的作品。我知道他們就是我們長期下來信得過的人，他們也會提供新點子讓大家都一起合作。

對部落客而言，若是平常就有在使用某家產品，這樣與品牌合作的企劃，不但是與喜愛的商品有創意上的互動，同時也擴大了該公司讀者的範圍。

替客戶舉辦社交活動。「無麩質醫師」部落格（GlutenFreeDoctor.com）的創辦人吉恩·雷頓醫師（Dr. Jean Layton）曾替客戶建立社群，這個社群每週都會有一組部落客討論其中一種特定的穀物。每辦一場活動，雷頓就會收費四百至六百美元。她發現自己比許多公司行號還要了解社群媒體經營的複雜程度，因此開啟了她的顧問事業，協助企業與個人有效地管理他們的社群媒體平台。她也有在社區大學裡開課。

成為專業攝影師。不少美食部落客都因發文需求而練就一身高超的攝影功力，無論平面或影片。麥特．阿曼達茲（Matt Armendariz，網站：MattBites.com）、海倫．杜賈丁（Helene Dujardin，網站：Tartelettblog.com）、陶德．波特（Todd Porter）與黛安．古（Diane Cu）（網站：WhiteonRiceCouple），都是轉職成為攝影師的成功案例。他們開始為其他作者拍攝烹飪書照片，也接了不少企業客戶的攝影工作。阿曼達茲出了一本《部落客的美食攝影》（*Food Photography for Bloggers*）的教學書，杜賈丁也出了《從味覺到象素》（*Palate to Pixel*）一書，並接受奧克斯莫屋出版社（Oxmoor House）聘請成為公司的全職資深攝影師。波特與古會拍攝影片，他們替許多烹飪書作家與企業客戶製作書籍預告片。此外，我們提到的這幾位攝影師，都有開設攝影課程。

導覽式宣傳活動。某些食品公司會花錢邀請部落客前往參觀，請他們在參觀過程中不斷在社群媒體上發表狀態，並且在參觀過後寫一篇文章來分享這個經驗。許多有名的部落客，甚至還有演藝經紀人，會替廠商接洽安排這類行程。

寫一本電子書。這不是在藉機回收你的部落格舊文章。賣得好的電子書都有新的內容，因為沒有人會付錢購買可以免費取得的內容。電子書通常比烹飪書簡短，成本也較低。這類書籍最好是有特定的主題。

「一小撮美味」（PinchofYum.com）美食部落客琳賽・歐斯壯（Lindsay Ostrom）自學如何使用她的 dSLR 相機，以及如何使用 Photoshop 與 Lightroom 編輯照片。她透過照片分享社群媒體 Pinterest 讓部落客讀者人數飆升。她寫了本電子書，討論技術性的技巧、道具、構圖、燈光與其他美食部落客會有興趣的內容。她還製作了一個詳細的網站、列出電子書上的目錄，並放上幾頁內容與影音教學，還有一些推薦者的心得。這部電子書賣了五千本左右。歐斯壯還創辦了一個行銷聯盟，讓其他部落客幫她賣書收取回扣。她後來又出版了更多以烹飪為主題的電子書。

授權別人使用你的照片。如果你是一位優秀的攝影師，你可以讓人付費使用你拍攝的照片，放在網站上或是當作商業用途，例如廣告與產品包裝。你可以在一些網站，如 ZenFolio.com、SmugMug.com、iStockPhoto.com 等攝影相關網站販售攝影作品。不過這些網站不會幫你宣傳作品，因此你需要知道如何標註影像，讓它們出現在搜尋引擎的搜尋結果裡，或是想辦法接觸到願意付費使用照片的公司行號。

開發應用程式。有些部落客會和企業或工程師合作，開發行動裝置的軟體程式。勒保維茲就開發了一個售價三點九九美元的「巴黎甜點指南」（Paris Pastry Guide）應用程式，安德莉雅・阮與編年史出版社合作，替多種行動裝置系統開發了「亞洲超市大買家應用程式」

（Asian Market Shopper App）。

邁可・魯曼寫了一個應用程式叫作「給 iPad 的感傷」（Schmaltz for the iPad），之後又把它寫成一本實體書。他還有另外兩個應用程式，一個是根據他的書《比例》（*Ratio*）所開發的，另一個則是關於烤麵包的應用程式。當我問他如何定義一個好的應用程式時，他說：「要具有啟發性，讓烹飪變得更輕鬆有趣，要能做到其他裝置做不到的事情。不只是播放影片給你看，這樣你看電視就可以了，或是給你看食譜，這個你買一本烹飪書就行了。」

關於美食部落客應該精進什麼樣的技術，魯曼表示：「他們需要對數位裝置有更多想像與了解，擁有豐富料理知識與烹飪技術的人，需要更聰明地去使用新科技。」

販賣部落格周邊商品。製作印有部落格標誌或者照片的圍裙、T恤、筆記本、馬克杯、帆布包、餐具或廚具等來賣給粉絲，前提當然還是你粉絲夠多，社群動能夠強。

在群眾集資平台上啟動一項計畫。你有想要嘗試的新鮮事，但不想跟銀行貸款，你可以試試到 Kickstarter.com、Indiegogo.com 或類似的群眾集資網站（crowdfunding website）啟動一項計畫。阿赫恩曾利用一個群眾募資計畫，成功開發自己的無麩質麵粉品牌。部落客傑瑞・詹姆士・史東（Jerry James Stone，網站：CookingStoned.com）的第一本烹飪書也是靠群眾募資出版的，他在三天之內就集滿資金，最後賣完時，比原先預估的利潤目標高出三倍。草本植物學家迪尼・法爾柯尼（Dini Falconi）與插畫家溫蒂・荷蘭德（Wendy

Hollender）合著《覓食與饗宴》（*Foraging and Feasting*），募集了十萬美元，能夠寄給投資者一人一本售價三十八美元的精裝書。她們原本的集資目標是兩萬五千美元。

「過去三年，溫蒂和我一起無酬寫了這本書，」法爾柯尼表示：「我們在集資平台上設定了較低的目標，以降低風險。因為如果沒有達標的話，我們一毛錢都拿不到。這兩萬五千美元其實不夠攤銷書籍製作的總成本，主要是用在印刷方面的花費上。」

經營餐廳。好，這條路並不適合每個人，但是美食部落客皮姆．泰可汪薇薇特（Pim Techamuanvivit，網站：ChezPim.com）就成功做到了，茉莉．懷森伯也是。兩位的另一半都是廚師（其中一位是著名的餐廳經營者），這點應該多少也有幫助吧。

建立會員制的主題式群組，提供特殊優惠。部落客克莉絲汀．傑克森（Kirstin Jackson，網站：ItsNotYouItsBrie.com）組織了一個收費的乳酪群組，每個月會寄出三種乳酪和一份乳酪相關資訊與食譜的電子報，給她那些成為會員的讀者。你可以成為三個月的會員，而那些成為一年會員的人，還會收到一本她送的簽名書。

擔任電視節目顧問。嘉比．莫斯科維茲（Gabi Moskowitz）是部落格「窮光蛋美食家」（BrokAssGourmet.com）的作者，她在一個根據她的生活與著作改編的電視喜劇「又餓又年輕」（Young and Hungry）擔任顧問。她也曾經參與一個網路短片的拍攝，和演員們一起煮東西。

與食品零售業者合作。蜜雪兒·譚與北加州一家擁有四十間分店的超市合作，推出一系列「復古飲食選物」促銷活動。她根據超市裡販賣的商品，做了一份「蜜雪兒親手挑選的最愛商品」宣傳單。並將她選到的商品貼上標籤，陳列上架。這些店裡也有賣她的烹飪書。

成為健康教練。「美麗佳餚」（DashingDish.com）的凱蒂·法瑞爾（Katie Farrell）除了是美食部落客之外，也是一位專業護士。在她的部落格上，你可以找到四週或八週的健康飲食指導計畫，其中還有一個專門針對新娘的減重計畫。

賺大錢

到目前為止，我們談的這些方式，都能幫你賺點零花錢，就看你的網站流量和你的努力程度，或許可以賺個幾百美元。接下來，你會讀到一些網路名人的成功案例，以及他們加倍努力的成果。有些美食作家能賺進驚人的收入，他們不只是美食作家，更是懂得利用科技提供的機會、呈現富有原創性內容的超強行銷人才，而行銷對象都是願意付費的群眾。這些機會不斷在進化，發明這些賺錢方法的美食作家，都有無限的想像力。

所謂「賺大錢」，是指在這裡提到的人物裡，有些人的事業已經能養活其他人，有些人甚至能賺到幾十萬美元的收入。

能出現在這個層級的人物，還有一個值得嘉許的特質：這些人是非常有毅力、競爭力、才華洋溢的作家，同時也是優秀的行銷人才，學習能力強，很會使用社群媒體，而且經常日日工作過分超時。以下是現在的網路生態：

成立具有搜尋功能的網站，而不是部落格。有些美食作家已經開始架設網站，他們不親自撰寫內容，而是提供足夠的機會，用市場價格聘用其他人才。

「萊特的美食博覽會」從一九九九年成立至今，一開始是萊特用來張貼寫作樣本、吸引編輯目光的地方。以此為基礎，他將網站發展成一個以食譜為主、能夠搜尋內容的網站，內容大多是由一群專業廚師與家庭料理者測試、評價過的烹飪書食譜。網站的所有收入來源是廣告，這些廣告會付費給他，以及一群外包廠商。經常性地贈送烹飪書，也成功衝高網站的總體瀏覽量。

你是一位美食作家，你想創立一個成功的網站，萊特會這麼建議你：「找出自己與別人的不同之處。以我們來說，網站主打美食寫作，也有測試區，裡面有至少有一百五十位測試員。我們也非常頻繁地回覆網站上的讀者留言，以及社群媒體平台。我們會選擇刊登烹飪書裡的食譜，讓讀者可以搶先試做。」以個人角度而言，他則說：「你要堅持不懈。我一個禮拜要花六、七十個小時處理這些事情，我們的總編輯也是花差不多的時間。千萬不要違背自己的原則，一旦失去就再也拿不回來了。」

另一個成功案例是「Food52」。前《紐約時報》美食作家亞曼達．赫瑟爾與合夥人梅瑞爾．史特柏斯（Merill Stubbs），在二〇〇九年創立的「Food52」，是一個群眾募資的網站，一開始是以廚師為導向的平台，鼓勵廚師們分享他們的食譜以贏得獎項。兩位創辦人將她們的網絡拓展到三萬篇食譜，其中百分之七十是免費取得的。近期，她們發表一個網路商店「糧食」（Provisions），佔該網站整體收入的三分之二，剩下的三分之一則是廣告收入。這個網站在二〇一四年，每個月都有三千八百萬個別讀者造訪。

別期望自己能一夕致富。以上這些網站的目標都是吸引群眾，這要花很多年不斷累積。其他近幾年來成功的網站包括「美食認真吃」與「吃的」（Chow），這個網站同時也買下了以論壇為主的網站「獵食」（Chowhound）。

提供訂閱服務。珍妮．麥克古魯瑟（Jenny McGruther）二〇〇六年開始採用傳統飲食法，並且在二〇〇七年開始寫「滋養廚房」部落格（NourishedKitchen.com）。根據讀者在部落格與通訊報上所呈現的興趣取向，她開始提供一種網路事業，教人如何烹煮傳統飲食（營養豐富、非精緻食物，包括使用內臟與發酵、發芽與生食食材）。

她的線上烹飪課與健康飲食計畫，都是以月或以單堂課計費，超過百人報名參加這些課程與計畫，讓她可以辭去白天的辦公室主管全職工作。

她賣的是飲食計畫、食譜與多媒體烹飪課程。以第一個飲食計畫而言，讀者每個月會付費得到飲食計畫、每週的採購清單、食譜資料庫使用權，以及每週的額外食譜。多媒體系列影片「發酵講堂」（Get Cultured）以發酵食品為主題，提供超過五十個影片教學、十二本電子書，以及超過一百篇食譜、教學文章、美食文章與資料文件。

麥克古魯瑟說，她累積的文章內容，是與「其他多位部落客一起宣傳彼此的優質文章，幫助彼此接觸更廣大的觀眾。我們也會分享意見、秘方與技術上的建議。」她會準備非常多的文字內容去描述每一種商品，使更多人下單購買，她說：「買東西之前，我會想看到實際的商品。如果是實體產品，你可以看到它。但若是數位資訊，就比較有挑戰性。我盡量確保大家能理解自己會得到的服務與內容。這樣我就是在幫助別人成為明智的消費者，因此他們不會被商品搞混。」

當我問她其他美食作家該如何打造這樣的事業時，她回答：「他們需要依據自己的專業知識，累積一群死忠讀者。一旦作家有辦法傳遞知識給他的讀者，清楚說明產品對讀者有什麼好處，並提供物超所值的服務，他們的處境就沒什麼問題了。」

愛維瓦・戈爾德法布（Aviva Goldfarb），「六點鐘開伙」（Six O'Clock Scramble, TheScramble.com）創辦人，也是一個線上飲食計畫訂閱服務，她的網站有大約六千名訂閱用戶，每位用戶每個月會付三到七美元。這樣最少一個月就賺進一萬八千美元了。

名廚「肉頭」高爾文（chef "Meathead" Goldwyn）的做法略有不同，他在「美味肋排」網站（AmazingRibs.com）發起了一個「烤肉大師俱樂部」（Pitmaster Club）。月付九點九五美元，會收到一個溫度指南磁鐵、頂尖烤肉大師的現場影音教學、使用論壇的資格，以及抽獎機會。他也會用亞馬遜聯合行銷的連結，在網站上販售烤肉用具。

寫到這裡，不得不提到兩個優秀的網站，「一小撮美味」和「Pro 級美食部落客」（FoodBloggerPro.com）。琳賽．歐斯壯在二〇一〇年成立「一小撮美味」。她的工程師先生比喬克．歐斯壯（Bjork Olstrom）負責管理網站的技術與商業問題。不久後，為了回答讀者來信詢問關於如何成為美食部落客的問題，比喬克成立了「Pro 級美食部落客」，一個針對美食部落客的訂閱付費網站，每個月的訂閱費用是二十五美元。寫這本書時（編按：本書原文版於二〇一五年七月出版），他的訂閱人數已經接近七百人。你應該可以算出來他賺多少錢吧。（利益揭露：我最近也成了該網站的聯合行銷夥伴。）

過去三年，琳賽．歐斯壯會在「一小撮美味」部落格上，列出這兩個網站每個月的收入明細，讓大家都能看到他們如何賺錢。當然，每個月有兩百萬個別人次造訪他們的網站也不無小補，但除了來自廣告商的大宗收入以外，他們也透過聯合行銷計畫製造收入。他們同時會發表聯合行銷的連結，也會替別的連結製作內容。身為聯合行銷成員，他們的網站包含一些主機服務與其他軟體的連結。身為內容的撰寫者，他們提供其他部落客聯合行銷計畫，讓這些想販售商品的部落客，花費一點佣金在他們的網站上打廣告。你可以去看看「一小撮美味」部落格中的「收入來源」，檢視他們的每月報表。這本書送印時，他們每個月都在進帳高達兩萬美元。

歐斯壯夫婦倆最近都成了全職的自雇者。走到這一步實在不容易。比喬克說：「琳賽直到六月（二〇一四年）都還是小學四年級老師，之前，她每週有三天會在早上五點醒來，在早上七點半去學校之前寫一篇部落格文章。下午三點回家後，她會試做新食譜，然後在週末拍攝兩、三道食譜的照片。」

談到如何找尋動力嘗試新計畫時，比喬克說：「我喜歡『百分之一的無限』這個想法，也就是別去想這個月你要完成什麼大事，你只是用一天的百分之一精進自己。一天之內的十五分鐘做不了什麼，但累積一年就能完成很多事。要著眼在目標，以及今天如何開始執行。你不會馬上打出全壘打，甚至安打也很難，但你每天都會碰到球，打久了就會進步、成功。萬事起頭難。」

利用電子郵件販售有價值的資訊。潔達・瑟爾納（Jadah Sellner）與珍・漢薩爾德（Jen Hansard）幾年前成立「簡單綠果昔」網站（SimpleGreenSmoothies.com）時，剛好搭上一股潮流，賺進一筆。一開始，她們會透過電子郵件，提供用戶免費的食譜、購物清單與小祕訣。之後，她們說服顧客購買一個二十一天淨身計畫。客戶花費五十九美元，會得到一份飲食計畫、食譜指南、每週食材採購清單，以及利用線上互助小組的資格。大約一年半過後，瑟爾納將原本的「簡單綠果昔」社群拓展到二十萬訂閱者，網站也擁有超過一千萬的瀏覽量。與其他在這部分提到的人一樣，這兩位創業家現在也請得起員工了。

瑟爾納如今也擔任別人的顧問。這本書出版之際，她的一對一「導師實驗室」計畫（Mentorshop Lab），一個人就收費一千五百美元。她也主辦一個「商業與靈魂決策者身心成長營」（Business + Soul Mastermind Retreat）。「當大家準備好，要將自己的社群拓展成一個有意義、能改變世界的活動時，他們就會來找我。」

在 About.com 上成立自己的品牌。About.com 光是在美國，每個月就有八千七百萬的個人訪客，這個網站與撰寫美食和烹飪相關內容的作家合作。作者會在這裡創造一個類似部落格的空間，成為駐站作家，負責內容撰寫，而行銷的部分由 About.com 負責。我聽說一些作者若能創造出一個穩健的網站，他們的收入跟全職工作不相上下。意思是如果你越努力工作，網站成長得越順利，能接觸到的人就越多。這個網站會按照每篇文章與每一千個瀏覽人次付錢給你。隨著流量增加，付得錢也就越多。

About.com 的美食總經理，艾瑞克．漢德斯曼（Eric Handlesman）表示，駐站作家的月收入平均是六百到七百美元，但「也有兩、三位美食作家一年賺超過十萬美元，要看 Google 隨機的統計數據。我們最厲害的那位作家，每年都賺超過十萬美元。」

如何打造專業的事業

讀到這裡，你心中是否已燃起鬥志，想要趕快讓自己的事業起步？有些人沒想太多就去做了，另有一些人則是希望能慎重行事。如果你是那種喜歡看到計劃藍圖、願景看板的人，這部分就是為你寫的。這裡條列了幾種讓專業事業起步的不同方式。即使你已經當自由作家很多年，可能還是有些事情是你還沒有嘗試過的：

寫一份商業計畫書。商業計畫旨在設定你的事業目標。你要考量自己可以花多少時間致力於事業成長，以及你期望賺到多少錢。

這個計畫書不必寫得太正式。我已經當了十八年的自雇者，如今我不會寫出正式的年度計畫，但我會往前規劃，思考下個年度想要做些什麼事情，也會時不時地想像自己幾年後在做什麼事。我會把一個比較大的任務擺在眼前，像是在世界各地授課，或是規劃私人的一日工作坊課程。今年（二〇一五年），我回過頭開始寫個人散文，目前有一篇已被刊登出來。之後我打算教授一門線上課程。我非常喜歡這種變化多端、不斷挑戰達成不同目標、把自己向前推進的過程，因此我也很少感到無聊。

一個好的計畫，可以讓你把事情安排得有條有理、按部就班。你也可以定時回顧，檢視自己正在走的方向對不對。寫商業計畫書時，可以考慮以下幾點：

- 你的專長或商機是什麼？
- 你的目標受眾是誰，你要如何接觸他們？
- 你的團隊有誰？
- 誰是你的競爭者？
- 你欣賞誰？

◆ 哪些出版刊物會對你的點子有興趣？

◆ 參加哪些會議對於拓展社交圈最有幫助？

◆ 你的自我行銷計劃是什麼？

◆ 你最需要精進的技能是什麼？

◆ 你需要學習什麼新電腦技術？

◆ 你需要怎樣的外援？例如請一位設計師、網頁開發者，你的預算是多少？

◆ 要怎麼判斷自己是否成功了？

自問一些「或許」的問題可能對你有些幫助。你原本以為不可能做到的事可能就變得可行，《獲利世代：自己動手，畫出你的商業模式》（*Business Model Generation: A Handbook for Visionaries, Game Changers, and Challengers*）（編按：本書繁體中文版由早安財經出版）作者亞歷山大・奧斯瓦爾德（Alexander Osterwalder）與伊夫・比紐赫（Yves Pigneur）表示。「或許」類型的問題，應該能夠「刺激我們，挑戰我們的想法，」他們說：「這類問題應該是一些發人省思、難以實踐的提案，會讓我們亂了陣腳。」

「熱氣廚房」部落客潔登・黑爾非常喜歡使用願景看板（vision board），一種用視覺呈現的方式，表達生活與職業生涯中想要達成的事情。目的是要讓你的目標與慾望更明確，以及視覺化地呈現出來。黑爾將她的看板裱框起來、掛在顯眼的地方，讓她持續有動力。你可以拿一個海報板，一大疊雜誌和膠水來做這個看板。問問自己想要的是什麼，有些人目標很明確，有些人會把各種可能性呈現出來，也有一些人是創造一個有主題的看板。

創造出個人的品牌宗旨。我以前總覺得這種東西很老套，但它其實很有價值。品牌宗旨不只是為自己，也是為了潛在客戶，說明清楚你是誰、你在做什麼。它能定義出三樣東西：

- 你最擅長的事情。
- 你為誰服務。
- 你服務的獨特之處。

目的是讓這個品牌宗旨令人印象深刻、有力度，且著重在提供解決方法。這句話會出現在你的網站上，當有人問起你的工作時，這也是值得背下來講述的一句話。創造品牌宗旨，強調你的特殊經歷與商業技能，並聚焦在你的獨特賣點。

多花點時間在這件事上。例如，很多人會研發食譜，但你的做法有何獨特之處？你想要別人記得你有什麼樣的特點？解釋你為什麼想做這件事，你為何會被它吸引？

行銷大師賽斯．高汀（Seth Godin）建議，你的獨特賣點並非適合每個人。一個獨特賣點能賦予競爭優勢，讓你不必取悅每個人。獨特賣點的重點就是「差異化」：你會做，但競爭者不會做的事。用對客戶的好處，與讓人印象深刻的特點描述你的技能。具體一點。如果你是自由撰稿者，專長是提供編修完整的稿子，又能如期交稿，編輯就會想跟你合作。

將品牌宗旨寫給潛在客戶看。如果你不確定潛在客戶的模樣，認真思考後，寫出可能的頭銜或情況。用白話、簡潔有力的語言，而不是行話。有些人喜歡用第三人稱描述自己（「她…」），但我個人是喜歡用第一人稱書寫（「我…」），因為說話的人是我自己。宗旨要保持簡短，盡可能是一口氣能唸完的長度。

你的目標是讓讀者立刻能了解你在做什麼。用精確的資訊引導他們，促使他們想要了解更多。如果你認真看待這件事，你可以尋求文案編輯或品牌顧問的協助。以下是兩位品牌專家的建議：

「把你的品牌火力建立在事實上（不要太官腔，但也不要像是在寫日記，拜託）以及真實的你。你的努力會製造出吸引別人的光輝，不要怕和人聊你的專長、你如何被聘用，以及別人能對你有什麼期待。當他們因為你這股熱情而聚在你身邊時，這也是能支撐你繼續向前的動能。」塔拉・史崔特（Tara Street）這麼說，她是 BraidCreative.com 的共同創辦人，這是一家針對專業創意人才，建立品牌與規劃商業願景的顧問公司。

「我做行銷多年，體認到一件事，我必須先認清我要服務的對象是誰，然後拿出我的專業與自信來面對他。如果我面對的是一群模糊的大眾，我會覺得自己在死纏爛打，感到很不安，我會退縮、不敢勇敢往前走。但若我能聚焦在大眾裡的某個人，為我理想中的客戶創造一個形象，我就能清楚地看到，他們見到我時有多興奮、有多麼需要我提供的服務。」「滋補網」（NourishNetwork.com）創辦人與品牌顧問莉亞・休柏（Lia Huber）表示。關於「如何定義品牌」，可以參考「BuildingAuthenticBrands.com」網站上休柏的一系列教學影片。

架設一個專業的網站。寫好品牌宗旨後，將它放在你在販售服務或商品的網站上。你要固定去檢視網站，確保內容都精確。它永遠都有需要進步的空間。

未來要聘用你的人，可能會造訪你的網頁，藉此對你有更多的了解。若你有一個美食部落格，你的「關於我」頁面，可能無法、也不適合鉅細靡遺地寫出你所提供的服務與商品。因此，許多成功的部落客，都為了潛在客戶而架設了更正式的網站。如果這個部落客有了新的事業，像是攝影或擔任社群媒體顧問，這一點就更明顯了。

這個網站不必過於龐大複雜。它要能連結到你的部落格，設計風格也要相似。重點是要包含一個自傳，敘述你的成就、作品集，或是一些推薦文。有些人會將他們的專業資訊與部落格結合，有些則是會把部落格合併到他們的專業網站裡，方法不只一種。你可能會把這些內容放在網站上：

- 一個「關於我」的頁面。在一個私人層面與潛在客戶交談。分享你的故事，讓他們因為你的個性、成就、經歷而想要與你共事。有需要的話，列出你的學歷。整體寫個三、四段就夠了。
- 一張好看的大頭照。讀者想知道是誰在跟他們說話。
- 列出你寫過的書或文章連結。如果你想讓編輯或其他人士看到你的作品，你應該讓他們輕鬆就能找到。
- 列出即將開班的課程或活動。若你想受邀擔任演講者，列出與時事相關的例子或過去演講的記錄，都會有幫助。

- 一則與你事業成就有關的報導或媒體頁面，直接連結的網頁就好，不要只張貼小到不行的文章擷取畫面，那根本沒辦法讀。。
- 加入訂閱通訊報的方式。你的目標讀者是你最有價值的資源。社群媒體的追蹤者來來去去，通訊報訂閱者則是真正想要聽到你消息的人。因此，如果可以的話，每個月寄一封通訊報，即使很短也好，提供在別處找不到的實用免費資訊。偷偷加入一些自己或自家產品的廣告。

建立一個媒體資料包與費用表。寫一個簡介，幫助你的潛在客戶與你連結。裡頭應該簡單介紹你的部落格主題。如果你想要在部落格上有廣告或贊助商，請詳細描述你的目標讀者是誰，列出每個月的總瀏覽量與個別瀏覽量，以及其他社群媒體數據。加上相關日期，當作提醒自己要定期更新。詳述廣告空間的大小與價格，並且說明廣告會出現的位置。如果贈禮與產品邀請文章要收費，也要列出來。寫這些東西會很枯燥，所以要將目標讀者想像清楚，直接對他／她說明。加上幾張拍得最好的照片，以求圖文並茂。你可以把文章變成可以下載的ＰＤＦ檔案，或是請人直接與你聯絡索取。在結尾請讀者採取行動，像是請他們寄信給你，以開啟兩方的合作關係。

有些網站會提供範本或更多建議。若要下載一份為美食部落客量身打造的媒體資料包範本，請到：recipetineats.com/blogger-resources /free-media-kit-template。

社交。找到那些已經在做你想做的事的人，仔細研究他們，但請不要隨便打電話過去，說你想要跟他們從事一樣的工作，然後問該怎麼找到機會，這太白目了，甚至還會讓你被視為一種威脅。相較之下，你若想當面詢問，應該去找正在做能和你相輔相成的工作的人。如果她提供的是無麩質飲食計畫訂閱服務，而你想要提供類似服務給正統派猶太教徒，你可以問她是與誰合作，以及如何整理她的產品，也不用讓她覺得你是要來搶生意。

加入一個社交群組。例如，許多部落客開始加入私下交流小組，幫助彼此的事業成長。他們也會在臉書上加入非公開群組，像是「美食部落客之友」（Food Blogger Friends）與「美食部落客社交圈」（Food Blogger Network），並且在這些地方提問，以及得到別人的意見。

加入一、兩個專業的群組。我因為成了國際專業烹飪協會、舊金山專業美食社群（San Francisco Professional Food Society）、「烘焙一打」（Baker's Dozen）以及美食記者協會的成員而有了不少收穫。為了認識我欣賞的人、交流以及學習，我參加過大大小小的會議。其中一些成員曾聘用我，接著再成為老顧客。我還在這裡交到一些一輩子的朋友。

嘗試去一個美食部落格會議。現在有非常多這種活動，也有比較小規模的課程，教授如美食攝影與造型等主題。

參加部落格會議的五大理由

有些人會覺得參加會議讓人壓力很大，有些人則是能立刻融入，享受這一切。在離開會場前，為自己設下目標：你要在這裡學到什麼？你想認識誰？設下確切的目標，看是要認識幾個人，或是發出至少二十張名片都好。接著就是盡量享受整個參加過程：

◆ 認識其他人，包括那些你很欣賞，但只有在網路上拜讀過文章的人。
◆ 取得社群媒體、美食潮流、書籍出版、搜尋引擎優化服務與攝影方面的最新消息。
◆ 受到現場啟發、燃起鬥志。你會找到一些改善部落格、攝影、商業模式與社群媒體影響力的點子。
◆ 與公司、大咖部落客、出版社，甚至是圖書經紀人交流互動。
◆ 玩得開心！跟著團體參加派對與拜訪餐廳，花一點時間探索，在會議之外的時間喘一口氣、休息一下。

學會談判。我把最重要的技能留到最後談。如果你和客戶在談合作的條件，你有幾個方式為自己報價。你可以嘗試：

◆ 以時薪計算整個案子的報價。若你覺得這案子值得報二十五美元的時薪，你就把總共可能會花費的時間加總起來。把你能想到的所有環節都加總：測試產品、拍照、研發與測試食譜、買菜、編輯照片、社群媒體等等。再加上百分之五十（因為你一定會有忘記的項目），然後以此作為報價。

◆ 設定案子的費用。我喜歡這個方式，因為收入通常比較好。我認識一位美食部落客，曾經有廠商邀請她在自己的部落格寫一篇食譜文章加上照片，而這位部落客就說整體的費用是三千美元。她是以自己的身價，而不是時薪為報價。最後，她不只得到這個合作案，客戶也成了她的老顧客。

◆ 決定自己每年想要賺多少錢，以及想要工作幾個小時。舉例，假設你一年想賺五萬兩千美金，也就是說每週要賺到一千美金。接著，你一週想要工作幾天？一天想要工作幾小時？假設是五天，每天八小時好了，那麼一週就是四十個小時，等於你的時薪是二十五美元。

你也可以問對方預算是多少，然後等待回覆。有些談判者認為，第一個開口的人就是會吃虧。無論對方回覆你什麼數字，你都要說：「這樣好像有點少。」你這麼說也沒什麼損失，而且以美食部落客而言，這通常是事實。

如何以美食部落客的身分進行談判

「熱氣廚房」部落客潔登．黑爾有多年談判經驗。除了經營部落格以外，她還出過三本烹飪書，同時也是「美食部落格論壇」（FoodBlogForum）創辦人之一。最近，她設立了「廚房餐桌征服網」（KitchenTableMastery.com），裡面談到不少針對美食部落客的商業小秘訣。以下是她最實用的建議：

你的客戶也是有在賺錢。若客戶有錢請得起公關公司，就有能力提供你合理的報酬。

知道自己要什麼。跟潛在客戶相談之前，打聽並想像一下雙方合作的樣貌。發表這樣的文章時你會有什麼感受？你的讀者與客戶會有什麼樣的反應？你的目標價格、你最低能接受的條件是多少？談判之前，先想好這些數字，同時準備詳細的時程，以及時薪價格，讓潛在客戶了解，想要得到高品質的成果，需要做多少工。

勇敢離開談判桌。有時候，優雅地說一句「不，謝謝」，比努力做完一個爛案子更好。說「不」能表現出力量。這樣就是在定義，什麼東西對你而言是最重要的，而且你願意保護你重視的事情。

千萬不要用電子郵件談判。最好是面對面談，這樣才能抓到不明顯的臉部表情、語氣和身體語言，幫助你了解對方在想什麼。次要選擇是使用網路視訊電話。若無法使用影像，就直接打電話，最好是用傳統的市話，確保雙方有好的通話品質。

不與品牌廠商直接談條件。我比較喜歡和公關或行銷公司合作，有個中間人當緩衝。行銷公司的工作就是與客戶合作宣傳、設定預算並追蹤進度，以及深入了解客戶想要什麼、需要什麼、渴望什麼。而且，行銷公司比較了解網路生態。如果你做得好，未來也有可能會有其他廠商願意和他們合作。

如果對方要求打折，不要減少你的費用。要打折，就削減應交付的成果。如果你讓別人減少費用，下次他們再聘用你時，你就無法要求調回原本的費用。

若你打算要再為企業工作的話，千萬不要免費幫忙。如果有廠商發現你願意免費工作，他們會一直找理由繼續支撐這個陋習。話說回來，其實我經常免費幫迷你型的公司行號做事，他們請不起廣告或公關公司，我沒有期望他們會付我錢，也不期望他們未來還會再聘用我，這沒關係，就當作是我送他們的禮物。

結語

從本書的第一章開始，我的目標就是幫助你寫和食物有關的文章，無論是為了自己還是讀者，為了興趣還是收入。希望你有找到用文字描述概念、想法與意見的工具。現在就要看你的個人努力了。相信自己與你的點子，也要相信自己能不斷向前邁進。持續書寫與重寫，即使一天只動筆十五分鐘。

堅持、不放棄，就是出版之路成功的一半。你只要記得，就連茱莉雅・柴爾德第一次投稿也曾被編輯拒絕過，你能想像嗎？她如果當下就放棄了，對我們而言會是多麼大的損失？出版界的老手，哈里葉特・貝爾（Harriett Bell）曾跟我說：「每一位成功的烹飪書作家，都是從一個簡單的點子開始的。」發掘有潛力的新作家，是編輯與經紀人最喜歡的工作之一。從現在起，讓他們有機會遇到你吧。

附錄：本書中出現過有繁體中文版的範例書籍（依書中出現之順序排列）

Between Meals: An Appetite for Paris, A. J. Liebling, 1962 ——《在巴黎餐桌上：美好年代的美食與故事》，A. J. 李伯齡，馬可孛羅出版，二〇〇八

Mastering the Art of French Cooking, Julia Child, 1961 ——《茱莉雅的私房廚藝書：一生必學的法式烹飪技巧與經典食譜》茱莉雅．柴爾德，台灣商務出版，二〇一三

The Physiology of Taste, Jean-Anthelme Brillat-Savarin, 1825 ——《廚房裡的哲學家》，布里亞．薩瓦蘭，霍克出版，二〇〇六

A Natural History of the Senses, Diane Ackerman, 1990 ——《感官之旅--感知的詩學》，黛安．艾克曼，時報出版，二〇〇七

A Cook's Tour: In Search of the Perfect Meal, Anthony Michael Bourdain, 2001 ——《安東尼．波登之名廚吃四方》，安東尼．波登，台灣商務出版，二〇一〇

The Elements of Style, William Strunk Jr., 1999——《風格的要素》，威廉・史壯克，所以文化出版，二〇一五

How to Cook a Wolf, M. F. K. Fisher, 1942——《如何煮狼》，M・F・K・費雪，麥田出版，二〇一一

Consider the Oyster, M. F. K. Fisher, 1941——《牡蠣之書》，M・F・K・費雪，麥田出版，二〇一三

On Food and Cooking: The Science and Lore of the Kitchen, Harold McGee, 1984——《食物與廚藝》，哈洛德・馬基，大家出版社出版，二〇一一

South Wind Through the Kitchen: The Best of Elizabeth David, Elizabeth David & Jill Norman, 1997——《南風吹過廚房》，吉兒・諾曼，臉譜出版，二〇一〇

Endless Feasts: Sixty Years of Writing from "Gourmet", Gourmet Magazine Editors (Author), Ruth Reichl (Editor), 2003——《無盡的饗宴：「美食」雜誌創刊六十年精選作品》，露絲・雷舒爾編撰，麥田出版，二〇〇五

The Sweet Life in Paris, David Lebovitz, 2009——《巴黎・莫名其妙》，大衛・勒保維茲，時報出版，二〇一四

A Homemade Life, Molly Wizenberg, 2010 ——《家味人生：自家廚房的故事與私房食譜》，莫莉・懷森伯，九印文化出版，二〇一五

Writing Down the Bones: Freeing the Writer Within, Natalie Goldberg, 1986 ——《心靈寫作：創造你的異想世界》（三十年紀念版），娜塔莉・高柏，心靈工坊出版，二〇一六

Tender at the Bone: Growing Up at the Table, Ruth Reichl, 1998 ——《天生嫩骨：餐桌邊的成長紀事》，露絲・雷舒爾，高寶出版，二〇一一

Fast Food Nation: The Dark Side of the American Meal, Eric Schlosser, 2001 ——《一口漢堡的代價：速食產業與美式飲食的黑暗真相》，艾瑞克・西洛瑟，八旗文化出版，二〇一五

Under the Tuscan Sun: At Home in Italy, Frances Mayes, 1996 ——《托斯卡尼艷陽下》，芙蘭西絲・梅耶，台灣商務出版，一九九九

Kitchen Confidential: Adventures in the Culinary Underbelly, Anthony Bourdain, 2000 ——《安東尼・波登之廚房機密檔案》，安東尼・波登，台灣商務出版，二〇一〇

Blood, Bones & Butter: The Inadvertent Education of a Reluctant Chef, Gabrielle Hamilton, 2010 ——《廚房裡的身影：餐桌上的溫暖記憶》，嘉貝麗葉・漢彌頓，馬可孛羅出版，二〇一二

Julie & Julia: 365 Days, 524 Recipes, 1 Tiny Apartment Kitchen, Julie Powell, 2005 ——《美味關係：茱莉與茱莉亞》，茱莉．鮑爾，時報出版，二〇〇九

Toast: The Story of a Boy's Hunger, Nigel Slater, 2004 ——《吐司：敬！美味人生》，史奈傑，大田出版，二〇一一

Writing About Your Life: A Journey into the Past, William Zinsser, 2005 ——《如何寫出好人生》，威廉．金澤，大塊文化出版，二〇〇六

Much Depends on Dinner: The Extraordinary History and Mythology, Allure and Obsessions, Perils and Taboo of an Ordinary Meal, Margaret Visser, 2010 ——《一切取決於晚餐：非凡的歷史與神話、吸引與執迷、危險與禁忌，一切都圍繞著普遍的一餐》，瑪格麗特．維薩，博雅書屋出版，二〇一〇

The Jungle, Upton Sinclair, 2014 ——《魔鬼的叢林》，厄普頓．辛克萊，柿子文化出版，二〇一四

The Omnivore's Dilemma, Michael Pollan, 2007 ——《雜食者的兩難：速食、有機和野生食物的自然史》，麥可．波倫，大家出版社出版，二〇一二

In Defense of Food, Michael Pollan, 2009 ——《食物無罪：揭穿營養學神話，找回吃的樂

趣》，麥可・波倫，平安文化出版，二〇〇九

Food Rules, Michael Pollan, 2009 ——《飲食規則：八十三條日常實踐的簡單飲食方針》，麥可・波倫，大家出版社出版，二〇一二

Five Quarters of the Orange, Joanne Harris, 2001 ——《柳橙的四分之五》，瓊安・哈莉絲，商周出版，二〇〇三

Anna Karenina, Leo Tolstoy, 1877 ——《安娜・卡列尼娜》，托爾斯泰，木馬出版，二〇一六

The Age of Innocence, Edith Wharton, 1920 ——《純真年代》，伊迪絲・華頓，台灣商務出版，二〇一六

Down and Out in Paris and London, George Orwell, 1959 ——《巴黎・倫敦流浪記》，喬治・歐威爾，書林出版有限公司出版，二〇〇三

The Great Gatsby , F. Scott Fitzgerald, 1925 ——《大亨小傳》（出版九十週年經典重譯紀念版），法蘭西斯・史考特・費茲傑羅，漫遊者文化，二〇一五

Swann's Way, Marcel Proust, 1913 ——《追憶似水年華（第一卷）在斯萬家這邊》馬塞爾・普魯斯特，譯林出版社，二〇一〇

How to Write a Damn Good Novel: A Step-by-Step No Nonsense Guide to Dramatic Storytelling, James Frey, 1987——《超棒小說這樣寫》，詹姆斯・傅瑞，雲夢千里出版，二〇一三

Like Water for Chocolate: A Novel in Monthly Installments with Recipes, Romances, and Home Remedies, Laura Esquivel, 1992——《巧克力情人》，蘿拉・艾斯奇維，漫遊者文化出版，二〇一一

The Food of Love, Anthony Capella, 2005——《廚師布魯諾的誘惑》，安東尼・卡貝拉，繁星多媒體出版，二〇一〇

Chocolat, Joanne Harris, 1999——《濃情巧克力》，瓊安・哈莉絲，商周出版，二〇〇一

The Blender Girl: Super-Easy, Super-Healthy Meals, Snacks, Desserts, and Drinks--100 Gluten-Free, Vegan Recipes!, Tess Masters, 2014——《攪動吧，人生！果汁機健康裸食聖經》，泰絲・瑪斯特，常常生活文創股份有限公司出版，二〇一六

Business Model Generation: A Handbook for Visionaries, Game Changers, and Challengers, Alexander Osterwalder & Yves Pigneur, 2010——《獲利世代：自己動手，畫出你的商業模式》，亞歷山大・奧斯瓦爾德與伊夫・比紐赫，早安財經出版，二〇一二

國家圖書館出版品預行編目（CIP）資料

飲食寫作：暢銷美食作家養成大全——全美最強寫作教師教你從部落格、食譜、專欄、評論、散文、小說，到社群經營與自由創業，成為備受矚目的飲食名家。／黛安・雅各（Dianne Jacob）作；王心宇譯. -- 初版. -- 臺北市：常常生活文創, 2016.12

面；　公分.

譯自：Will write for food

ISBN 978-986-93655-7-4（平裝）

1. 飲食　2. 文集

427.07　　105023971

飲食寫作：暢銷美食作家養成大全

全美最強寫作教師教你從部落格、食譜、專欄、評論、散文、小說，到社群經營與自由創業，成為備受矚目的飲食名家。

Will Write for Food：
The Complete Guide to Writing Cookbooks, Blogs, Memoir, Recipes, and More

作　　者／黛安・雅各（Dianne Jacob）
譯　　者／王心宇
責任編輯／曹仲堯
封面設計／謝安庭
內頁排版／張靜怡

發 行 人／許彩雪
出 版 者／常常生活文創股份有限公司
E-mail／goodfood@taster.com.tw
地　　址／台北市 106 大安區建國南路 1 段 304 巷 29 號 1 樓

讀者服務專線／(02) 2325-2332
讀者服務傳真／(02) 2325-2252
讀者服務信箱／goodfood@taster.com.tw
讀者服務專頁／https://www.facebook.com/goodfood.taster

法律顧問／浩宇法律事務所
總 經 銷／大和圖書有限公司
電　　話／(02) 8990-2588（代表號）
傳　　真／(02) 2290-1658

製版印刷／凱林彩印股份有限公司
初版 4 刷／2024 年 3月
定　　價／新台幣 499 元
ＩＳＢＮ／978-986-93655-7-4